应用型本科 电子及通信工程专业系列教材

U0159617

SDN 技术及应用

（第二版）

主　编　谭振建　　毛其林

参　编　吴海涛

西安电子科技大学出版社

内 容 简 介

本书首先阐述了 SDN 的产生背景、体系架构和发展概况,其次对 SDN 的控制平面和以 OpenFlow 为代表的南向接口协议进行了重点分析,接着阐述了数据转发平面的交换机类型和特点以及 SDN 中的网络虚拟化技术,最后通过搭建模拟网络环境,给出了 SDN 在实际应用中的基础实践和应用开发实践过程。

本书对理论分析和实践开发都进行了详细的讲解,对相关专业高校学生、从事 SDN 技术研发的专业人员、网络运营服务从业人员以及对 SDN 技术感兴趣的读者,都具有一定的参考价值。

图书在版编目(CIP)数据

SDN 技术及应用/谭振建,毛其林主编. —2 版. —西安:西安电子科技大学出版社,2022.4
ISBN 978 - 7 - 5606 - 6384 - 5

Ⅰ.①S… Ⅱ.①谭… ②毛… Ⅲ.①计算机网络—网络结构—研究
Ⅳ.①TP393.02

中国版本图书馆 CIP 数据核字(2022)第 050070 号

策　　划　马乐惠
责任编辑　马乐惠
出版发行　西安电子科技大学出版社(西安市太白南路 2 号)
电　　话　(029)88202421　88201467　　　邮　　编　710071
网　　址　www.xduph.com　　　　　　　电子邮箱　xdupfxb001@163.com
经　　销　新华书店
印刷单位　西安创维印务有限公司
版　　次　2022 年 4 月第 2 版　2022 年 4 月第 1 次印刷
开　　本　787 毫米×1092 毫米　1/16　印张　14.5
字　　数　338 千字
印　　数　1~3000 册
定　　价　33.00 元
ISBN 978 - 7 - 5606 - 6384 - 5/TP

XDUP 6686002 - 1

* * *如有印装问题可调换* * *

序 言

随着互联网应用规模的持续扩大，网络流量呈现爆发式增长，网络结构变得越来越复杂，这种复杂的网络结构常常使得人们对它"碰不得，动不得"，其复杂的规划和配置过程越来越难以适应网络的发展创新需求。另一方面，伴随计算机软件技术的发展，系统软件化的趋势越来越受到业界的重视，硬件逐渐变"薄"，软件逐渐变"厚"，硬件通用化、软件开放化已成为当前 IT 信息技术发展的重要趋势。在这样的背景下，传统的网络体系架构在可扩展性、安全性、移动性、开放性、可编程性、高效性以及绿色节能等方面日益难以适应当前时代网络应用发展的需要，由此人们提出了各种未来网络发展的方向。

近年来，软件定义网络(Software Defined Networking，SDN)以其全新的网络架构、开放性以及可编程的特点吸引了越来越多的组织、企业、科研机构对它进行不断的思考、研究和实践。传统网络中对流量的控制和转发都依赖于网络设备实现，设备中集成了与业务特性紧耦合的操作系统和专用硬件，这些操作系统和专用硬件都由各个厂家自己开发和设计。而在 SDN 中，网络交换设备采用通用的硬件设计，通常只负责数据转发，原来负责控制设备的操作系统将提升为独立的网络操作系统，负责对不同业务特性进行适配，而且网络操作系统以及硬件设备之间的通信都可以通过编程实现。

本书从初学者的角度出发，系统地论述了 SDN 的概念、SDN 控制器、OpenFlow 协议、SDN 交换机的相关概念。同时，书中提供了大量的实验，能够有效地帮助初学者感性地认识和理解 SDN 的原理，通过这些应用案例，读者可以真正体会到 SDN 不同于传统网络的特点。为此，我推荐本书给有意愿从事网络领域学习和研究的科技工作者、老师和同学们，相信本书能够为你们从事 SDN 学习、研究和应用实践提供很好的参考与帮助。

北京邮电大学教授、江苏省未来网络创新研究院副院长

黄 韬

西安电子科技大学出版社
应用型本科 电子及通信工程专业教材
编审专家委员名单

前　言

随着云计算、大数据、虚拟化等技术的发展以及它们在数据中心的广泛应用，网络流量急剧增加，业务种类不断丰富，为了满足不同业务对带宽、时延和可靠性等方面的需求，网络拓扑结构也越来越复杂。软件定义网络(SDN)是一种对传统网络进行变革的技术，它打破了传统网络的技术壁垒，让网络技术更开放、更便于管理和使用，也有利于网络技术不断创新。

SDN 是一种新型的网络体系结构，通过将网络控制与网络转发解耦来构建开放可编程的网络体系结构。与传统网络相比，SDN 提高了组建网络的灵活性和管理水平，网络运营商在部署和维护网络方面也更便捷，尤其是近年来 SD-WAN 的发展，能够大大降低网络的运营成本。

SDN 正在不断地得到实际应用，其是否可以替代现有网络，或是仅能对现有网络进行完善和补充，其对现有网络的影响又如何，都还有待观察，但 SDN 已经引起了人们的广泛关注和期待，在数据中心和广域网应用领域已有不少商业运营案例。

本书共 7 章，各章的主要内容为：第 1 章为 SDN 概述，主要介绍了 SDN 的体系架构、SDN 交换机、SDN 控制器、OpenFlow 协议、SDN 发展历史和应用领域等基础知识；第 2 章为 SDN 控制器，主要介绍了 SDN 控制器的体系结构、关键要素以及控制器群技术，对开源的 SDN 控制器也进行了解析，最后讨论了 SD-WAN 技术形成的原因和相应的技术要求；第 3 章为 SDN 南向接口协议，主要介绍了基于 OpenFlow 协议的交换机、端口类型，并详细解析了流表的操作，对 OF‑CONFIG 协议也进行了介绍；第 4 章为 SDN 交换机，解析了传统交换机和 SDN 交换机的区别，主要介绍了多个厂家的 SDN 硬件交换机和软件交换机；第 5 章为网络虚拟化，主要介绍了 SDN 接口的可编程性和网络虚拟化技术及其在 SDN 中的应用；第 6 章为 SDN 实战基础案例，通过搭建 SDN 网络环境，进行 SDN 协议分析工具使用、流表下发及网络均衡、SDN 网关功能、OpenDaylight 集群等实验，有助于开发人员掌握 SDN 网络架构和网络配置方法；第 7 章为 SDN 应用编程案例，详细介绍了 ARP 代理服务器、防 DDoS 网络攻击和基于 OpenDaylight 的 REST API 的应用与开发，同时对源码进行了分析。

本书第 1 章、第 2 章、第 6 章和第 7 章由毛其林编写，第 3 章和第 4 章由谭振建编写，第 5 章由吴海涛编写。周陆宁、徐相娟、杜静茹参与了部分章节的资料整理工作，黄韬教授认真审阅了全书，并提出了许多宝贵意见，在此一并表示感谢。

由于 SDN 技术发展迅速，内容更新快，加上编者水平有限，书中疏漏和不当之处在所难免，恳请各位读者不吝指正。

编　者

2022 年 2 月于南京

目　录

第 *1* 章
SDN 概述

1.1　计算机网络概述

计算机网络是指一些互相连接的、自治的计算机的集合，即连接分散计算机设备以实现信息传递的系统。自从 1969 年美国国防部高级研究计划署（Advanced Research Projects Agency，ARPA）资助的世界上第一个 ARPANET 分组交换网创建以来，计算机网络得到了飞速发展。1983 年，TCP/IP 协议成为 ARPANET 上的标准协议，使得所有基于 TCP/IP 协议的网络可以实现互联。

近年来，随着互联网应用于经济、社会和生活的各个方面，网络的规模和应用呈现出爆炸式增长。同时传统的电信网络在互联网的技术推动下也正在发生着剧烈的变革，多种网络的互通融合已成为当今网络发展的大趋势。1986 年，美国国家基金会（National Science Foundation，NSF）资助建成了基于 TCP/IP 技术的主干网 NSFNET，世界上第一个互联网由此产生，此后互联网迅速连接到世界各地，起源于美国的因特网如今已发展成为世界上最大的国际性的计算机互联网。随着互联网的出现，一大批基于互联网的技术应运而生：1992 年 Web 技术诞生；1995 年 Java 技术出现；1997 年多协议标签交换（Multi-Protocol Label Switching，MPLS）开始得到应用；1998 年 IPv6 的概念出现在人们的视野中；2004 年随着 Web2.0 概念的提出，互联网应用向个性化协作发展；2006 年随着云计算概念的出现，互联网应用向平台化发展。同时 IP 技术的广泛应用催生了三网融合，IP 协议将成为物联网互联的基础协议。

当前计算机网络应用发生了日新月异的变化，但网络结构的变化却发展甚微。随着网络自身规模的扩大和业务能力的不断创新，海量数据的产生以及大数据的存储与计算所带来的挑战日益严峻。目前，传统网络的发展遇到了严重的技术瓶颈，主要体现在以下几方面：

（1）IP 地址空间严重不足，由此导致网络地址转换（Network Address Translation，NAT）的规模越来越大，极大地增加了网络运维成本，并降低了服务质量。此外，全球 IPv4 地址面临资源枯竭的问题。2011 年 2 月 3 日，全球 IP 地址分配机构 IANA（The Internet Assigned Numbers Authority，互联网数字分配机构）宣布其地址池中 IPv4 地址已分配完。CNNIC（China Internet Network Information Center，中国互联网络信息中心）在 2021 年 9 月份发布的《第 48 次中国互联网络发展状况统计报告》中说明：截止到 2021 年 6 月中国（含港澳台）一共拥有 IP 地址数量为 3 亿 9319 万个，人均不足 0.27 个。IPv4 地址资源的相对匮乏将成为制约我国物联网、移动互联网、云计算、三网融合等发展的瓶颈。

（2）路由表快速膨胀。通过 telnet 登录 route-views.routeviews.org（用户名为 rviews）能够查询到最新的全球 BGP(Border Gateway Protocol，边界网关协议)路由信息。截至目前，全球网络 BGP 路由前缀已有 929 511 条，全网路径已达 19 573 412 条，如图 1-1 所示。

```
Username: rviews
route-views>show bgp all summary
For address family: IPv4 Unicast
BGP router identifier 128.223.51.103, local AS number 6447
BGP table version is 297103471, main routing table version 297103471
Path RPKI states: 6579177 valid, 12979045 not found, 15190 invalid
925911 network entries using 229625928 bytes of memory
19573412 path entries using 2348809440 bytes of memory
3221641/158325 BGP path/bestpath attribute entries using 798966968 bytes of memory
2965397 BGP AS-PATH entries using 151970748 bytes of memory
184363 BGP community entries using 25642428 bytes of memory
2567 BGP extended community entries using 200880 bytes of memory
0 BGP route-map cache entries using 0 bytes of memory
0 BGP filter-list cache entries using 0 bytes of memory
BGP using 3555216392 total bytes of memory
BGP activity 32983882/31912869 prefixes, 1156573133/1133284384 paths, scan interval 60 secs
```

图 1-1　全球 BGP 路由表信息(2022 年 2 月 7 日)

（3）IP 网络安全无法保证，网络透明、加密失控、数据平面和管理平面不分离，因而造成网络管理低效。

（4）资源管理模式难以为继，网络服务质量难以保证，大型数据中心和互联网消耗了大量能源，节能减排责任重大。

目前的网络通常由单独运行的、封闭的设备连接构成，每台设备都有单独的操作系统，通过路由协议等交换可达信息。现有网络主要存在以下不足：

（1）交换机和路由器等网络设备运行于封闭的操作系统中，各厂家只是有限地开放了一些命令配置接口，并不提供核心网络功能的编程接口；

（2）网络设备的管理和控制分散在不同的设备上，无法提供集中统一的网络视图；

（3）灵活性不够，很难进行网络创新；

（4）上层业务无法感知底层网络细节，无法基于网络灵活性进行流量优化；

（5）虚拟化支持困难，网络的灵活性太差。

1.2　软件定义网络

20 世纪 90 年代，随着计算机软件技术在传统通信领域的深入应用，网络 IT 化、设备软件化、硬件标准化、计算资源虚拟化以及系统的开放性已经成为未来信息技术发展的一种趋势。尤其是系统的开放性已经成为技术发展的利器，最典型的代表莫过于智能手机的快速发展。例如，苹果的 iOS 系统和谷歌的 Android 系统利用其开放的特点吸引了成千上万的软件开发者为其开发应用软件，移动终端的应用层出不穷，超越了传统意义上"移动电话"的概念。从某种程度上可以说软件定义了移动手机终端，现在智能手机的主要内涵就是开放的平台加上众多的应用创新。同时，硬件向软件演进的趋势越来越明显，硬件越来越"薄"，软件越来越"厚"，硬件提供基本的性能，而软件保障更高的生产效率和按需而变的速度，业务按需而变和人力成本上升是硬件软件化的主要驱动力。软件定义的概念引发了产业界的高度关注，IT(信息技术)、CT(通信技术)融合趋势越来越明显，IT 产业的中心已经从设备制造转移到软件设计。实际上，软件定义的概念无处不在，例如在电力系统中引入了软件定义电网(Software Defined Grid, SDG)，在通信领域引入了软件定义无线电(Software Defined Radio, SDR)等。有人甚至提出，未来将是一个"软件定义企业"的时代。

传统网络设备路由器和交换机在封闭的系统中运行，不利于网络自身的发展和创新，因为路由、控制和管理功能紧紧耦合在同一台设备中，应用层无法感知底层网络细节，网络配置复杂，逐台设备的管理模式难以完整地了解网络运行状态。因此，路由器利用率不高，网络的效率较低。据思科分析报告显示，当今网络骨干链路的带宽利用率不足 40%。另外，网络交换设备的高能耗也背离了当前绿色节能的发展理念。另一方面，随着网络规模的扩大以及应用的不断丰富，作为网络核心的路由器承载了过多的功能，如分组过滤、区分服务、多播、服务质量保证、流量控制等，使得路由器变得臃肿不堪，充斥着各种"补丁"式的设计结构。为了解决现有网络结构所面临的诸多难题，世界各国已经大规模地开展了未来网络的研究。

软件定义网络(Software Defined Network, SDN)是软件定义在网络领域的应用。SDN是一种新型的网络架构，其设计理念是将网络的控制平面与数据转发平面进行解耦，并使网络面向业务层可编程。网络可编程意味着应用层可以直接控制底层网络的数据转发行为，应用层业务可以感知底层网络的运行状态，可以细粒度地管控流量，网络的流量分配是可预测的。反过来说，SDN 运行的好与坏很大程度上取决于业务层对底层网络的管控能力。从这个意义上来讲，所谓的软件定义网络，实际上是业务定义网络。

随着软件定义网络的概念被延伸扩展，不同行业、不同应用领域对 SDN 有着各自不同的需求，因此人们在谈论软件定义网络时通常也有着不同的理解。从宏观上讲，有专家学者认为 SDN 是一种建立新的网络科学的思想，是可望建立的一种复杂网络系统抽象的网络科学。根据开放网络基金会(Open Networking Foundation, ONF)对 SDN 的定义，软件定义网络是一种新兴的架构，是动态的、易管理的、性价比高的、适应性强的网络，这些特点使其成为如今高带宽的、动态的、自然的、应用型的理想网络。这种体系结构解耦网络控制和转发功能，使得网络控制可以直接编程，底层的网络基础设施被抽象为应用程序提供的网络服务。

SDN 架构的逻辑视图如图 1-2 所示，传统网络设备紧耦合的网络架构被拆分成应用层、控制层和基础层。

基础层(数据转发层)被抽象为网络底层服务，主要完成数据平面的存储转发功能。

控制层通过南向接口(见图 1-3)控制数据平面层的数据转发、流量控制、数据统计等功能。

控制层对应用层提供统一的网络服务应用编程接口(Application Programming Interface, API)，这些 API 通常也称为面向具体业务模型的北向 API 接口。

应用层软件借助北向 API 接口实现对网络的控制和定义。软件定义网络开放了网络的基础设施，如同计算机上的操作系统以及设备驱动程序为应用程序开放了其 CPU、内存、硬盘、打印机等基础设备，应用程序通过操作系统或设备驱动程序提供的 API 接口可以很方便地访问并控制底层设备。

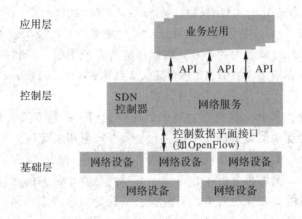

图 1-2　SDN 架构的逻辑视图

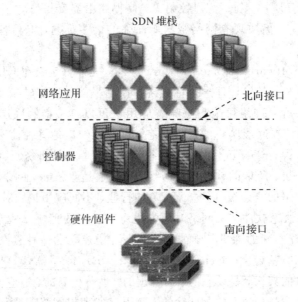

图 1-3　SDN 北向、南向 API 接口

SDN 与传统网络相比主要有以下特点：

（1）集中控制。SDN 的控制平面和转发平面分离，转发设备可以专注转发而使自身功能变得更简单，集中的控制平面具有更好的灵活性和创新性。集中控制可以简化网络运行管理，提高业务配置速度，有利于实现网络的快速升级和创新。集中控制还有利于网络的全局优化，例如可以从全部业务的角度综合考虑流量工程和负载均衡。

（2）开放软件编程接口。通过开放的 API 提供可编程的客户定制化的网络业务。应用程序可以与网络进行无缝对接，可以告诉网络如何运行才能满足自身业务的需求。例如，针对各种业务混杂的运行环境，可以从业务层的角度划分出一定带宽的流量供某种重要业务使用，以确保该业务不受其他业务流量的影响。

（3）网络虚拟化。通过逻辑网络与物理网络分离，确保逻辑网络不受物理网络的限制，逻辑网络可以进行任意的组合、移动。网络虚拟化可以轻易地将实际的物理网络虚拟出多个逻辑网络，用来满足不同业务和网络创新的需要。

表 1-1 给出了传统网络与 SDN 的比较，更好地展示了 SDN 的特点和优势。

表 1-1　传统网络与 SDN 的比较

传统网络	SDN
物理网络	虚拟网络
硬件决定网络	软件决定网络
垂直集成，软硬件紧密耦合	水平集成，软硬件分离
智能在核心	智能在边缘
组网要对硬件进行配置	组网只需要软件编程
网络主体复杂、刚性	网络主体简单、抽象
网络新功能开发时间长	网络新功能开发时间短
网络创新难，网络封闭	网络创新容易，网络开放

SDN 的核心特点是以实体设备作为基础资源，抽象出网络操作系统（Network Operating System, NOS）。NOS 隐藏底层物理细节，向上层提供统一的管理和编程接口，以 NOS 为平台开发的应用程序可以实现通过软件来定义网络拓扑、进行资源分配和处理等。Google 最早将 SDN 技术应用于实际网络环境。SDN 有以下优点：

（1）提供网络结构的统一视图。SDN 对整个网络架构实现统一的浏览视图，从而简化配置、管理和优化操作。

（2）高利用率。集中化的流量工程能够有效地调整端到端的流量路径，从而达到网络资源的高效利用。

（3）快速故障修复。链路、节点故障都能实现快速修复。系统能够快速地聚合网络资源，实现平均分配，并且对于一些网络行为可进行预测。

（4）平滑升级。控制平面和转发/数据平面的分离可以做到在软件平滑升级的同时保证没有数据丢包或者性能衰减。

（5）弹性计算。大规模的计算、路径分析都被集成在子控制器中，由较高性能的服务器完成。

同时，Google 也指出 SDN 所面临的挑战，包括：

（1）协议不成熟。OpenFlow 协议还处于发展初期。

（2）高容错的控制器。为了提高容错率，必须在网络中部署多个控制器，因此需要区分主、次控制器，以便进行高效配合。

（3）功能区分复杂。路由器和控制器的功能区分仍在探讨阶段，功能配置仍是一个悬而未决的问题。

1.3　SDN 交换机

SDN 交换机与传统网络交换机最大的区别就是将普通交换机的数据平面和控制平面相分离，SDN 交换机只负责数据的转发，而控制数据转发指令则由 SDN 控制器下发。从这个意义上说，SDN 交换机相比传统交换机更为轻巧和简单，但这并不意味着 SDN 交换机没有任何控制协议，而是所有的控制协议均在控制器上运行。实际上很多情况下交换机上也可以驻留一些关键的控制协议，以便在局部情况下能够更迅速地作出相应的决策，只不过这些协议都会留有一些供调用的外部接口。数据平面（也称转发平面）关注的焦点是性能优先、专业芯片优先以及标准化抽象的编程接口等方面，而控制平面则专注于灵活性优先、通用软硬件以及开发者环境等技术领域。

SDN 的实现方式主要有基于专用接口、基于开放协议（如 OpenFlow）以及基于 Overlay 等三种方式。其中，基于 OpenFlow 协议的实现相对更为成熟，研究更多，获得了众多厂商支持，业界影响大。因此，本书主要讨论支持 OpenFlow 协议的 SDN 交换机。SDN 交换机的主要处理单元是由一组流表构成的流水线，每个流表由许多流表项组成，流表项主要由匹配字段、计数器和操作等三部分组成，表示数据分组的匹配条件和数据转发条件。匹配字段几乎涵盖了传统网络中数据链路层、网络层和传输层的许多特征要素，如以太网类型、IPv4 源地址和目的地址、ICMPv6 Type、VLAN 优先级等 40 种匹配类型；计数器用于对数据流进行统计；操作则是指用于符合匹配条件将要进行下一个动作的指令。

基于 OpenFolw 协议的交换机开源项目有 OpenvSwitch（简称 OVS），该项目主要提供多层虚拟交换网络，通过 OpenvSwitch 扩展接口可以支持多种网络协议，其中包括 OpenFlow 协议。虚拟交换网络具有配置灵活、成本低廉、使用方便等特点，有利于网络创新。OVS 是由 Nicira Networks 主导的一个高质量的多层虚拟交换机，遵循开源 Apache 2.0 许可证。通过可编程扩展，OVS 可以实现大规模网络的自动化操作（如配置、管理、维护等），同时支持现有标准管理接口和协议（如 NetFlow、sFlow、SPAN、RSPAN、CLI、LACP、802.1ag 等）。用户可以使用任何支持 OpenFlow 协议的控制器对 OVS 进行远程管理控制。OpenvSwitch 的特性如下：

（1）支持通过 NetFlow、sFlow、IPFIX、SPAN、RSPAN 以及 GRE-tunneled 镜像使虚拟机内部通信可以被监控；

（2）支持链路汇聚控制协议（Link Aggregation Control Protocol，LACP）的多端口绑定；

（3）支持标准的 802.1Q VLAN 模型以及中继模式（Trunk）；

（4）支持 BFD 和 802.1ag 链路状态监测；

（5）支持生成树协议（Spanning Tree Protocol，STP）；

（6）支持细粒度的 QoS；

（7）支持 HFSC 系统级别的流量控制队列；

（8）支持对任一虚拟机网卡的流量控制策略；

（9）支持基于源 MAC 负载均衡模式、主备模式、L4 哈希模式的多端口绑定；

（10）支持 OpenFlow 协议（包括许多虚拟化的增强特性）；

（11）支持 IPv6；

（12）支持多种隧道协议（GRE、VXLAN、IPsec、GRE 和 VXLAN over IPsec）；

（13）支持通过 C 语言或者 Python 语言接口远程配置；

（14）支持内核态和用户态的转发引擎设置；

（15）支持多列表转发的发送缓存引擎；

（16）支持抽象的转发层，易于转发到新的软件或者硬件平台。

利用在传统交换机设计方面的技术优势，传统硬件厂商也纷纷推出了自己的 SDN 解决方案，可以在原有交换机上提供支持 OpenFlow 协议的模块，或者利用 SDN 的概念去改进原有的解决方案。

S12500 和 S10500 是华三通信两款采用先进的 CLOS 多级、多平面交换架构的系列交换机，S12500 是面向云计算数据中心设计的核心交换产品，S10500 是面向云计算数据中心核心、下一代园区网核心和城域网汇聚而专门设计开发的核心交换产品。

Pica8 公司专为云平台和虚拟化场景设计的 SDN 交换机具有充分的灵活性和可适配性，Pica8 交换机既可以满足传统网络架构需求运行标准的二层和三层网络协议，也可以支持最新的 OpenFlow 协议，同时，基于专利技术实现两种模式基于端口的混合应用，保证现有网络向 SDN 的平滑过渡。Pica8 交换机高性能硬件平台涵盖 1 G/10 G/25 G/40 G/100 G 等不同规格，1 GbE 设备的最大交换能力可达 176 Gb/s，10 GbE 设备的最大交换能力可达 1.44 Tb/s，40 GbE 设备的最大交换能力可达 2.56 Tb/s，25 G/100 GbE 设备的最大交换能力可达 3.2 Tb/s。

PF5240 系列交换机是 NEC 公司设计的 SDN 交换机，同样可以满足传统网络架构需求运行标准的二层或三层协议，也可部署 SDN 技术。PF5248－2T8X 交换机提供 8 个 10 GbE(SFP＋)/1 GbE(SFP)端口以及 2 个 1GbE 端口，交换容量达到 164 Gb/s，转发能力达到 122 Mb/s，支持全线速转发。

V350 系列不仅仅是具有较优成本效益的高性能 OpenFlow 交换机，更是一个完整的开放 SDN 平台(见图 1－4)。盛科提供从核心芯片到系统软硬件的整体解决方案，并集成开源的 SDK(Software Development Kit)，帮助 SDN 厂商减少产品上市时间，降低研发成本。V350 平台的开放性可以给 SDN 厂商提供差异化的定制方案，帮助其创新。依托于盛科第三代高性能以太网交换机芯片 CTC5160，V350 提供了高达 240 Gb/s(8x1GE ＋ 12x10GE)的转发能力，并具备丰富的 OpenFlow 特性。V350 系列提供了两种交换平台，即 V350－48T4X 和 V350－8TS12X。盛科 V350 OpenFlow 交换平台曾在 ONS2013 中荣获 SDN Idol@ONS 奖。

图 1－4　盛科 V350 交换机

通常情况下转发设备的数据包解析、转发流程已经固化在硬件设备转发芯片中，转发芯片中所支持的协议一般是固定的，仅支持一些简单的参数配置。设备厂家如果需要支持新的协议通常需要重新设计芯片电路结构，这将导致开发成本高、时间周期长等一系列问题。在某种程度上可以说，这种将设备功能和协议支持与硬件绑定的模式限制了网络的创新和快速发展。既然网络的控制面可以编程，那么网络的数据面是否也可以引入可编程的理念，让软件能够真正定义网络和网络设备，实现网络控制面和数据面的"双开放"。

McKeown 等人针对转发面的可编程性提出了 P4 编程语言，发表了 P4：*Programming Protocol-Independent Packet Processors* 论文，随后 *The P4 Language Specification*、《Barefoot 白皮书》等文章的出现有力推动了 P4 编程语言的发展和应用。此后工业界纷纷跟进并着手研制一系列高性能的可编程硬件，其中主要包含 Barefoot Tofino、Cavium

XPliant 以 及 Netronome NICs 等。P4 (Programming Protocol-independent Packet Processors)是一种专门的网络设备,特别包含了数据平面如何处理数据包(交换、网络接口控制、过滤等)的编程语言 。P4 与具体的协议无关,只需要关注如何处理转发包,而不需要关注底层协议细节。目前支持 P4 编程的数据平面芯片既可以是传统的网络处理器(NPU),也可以是 FPGA 芯片。

1.4 SDN 控制器

SDN 控制器是 SDN 的核心和大脑,SDN 可以由简单的转发设备加通用服务器组成,其中,转发设备就是 SDN 交换机,通用服务器就是 SDN 控制器。SDN 控制器实际上是将传统交换机中的控制平面进行解耦,并集中统一汇聚到一台高性能的通用服务器上实现操作,它集中了传统交换机中控制平面的功能,所以又简称为控制平面。这样,原来在交换机中实现的网络功能,如防止环路、路径计算、基于策略的路由等,就可以统一由 SDN 控制器来完成,如图 1-5 所示。而 SDN 控制器 CPU 的性能和内存明显好于交换设备,因此使 SDN 的性能、可扩展性、灵活性、易操作性能够得到极大的提高。同时,网络交换设备运行更简单,更易于管理,并能够较快速地获得全网视图。SDN 控制器通过横向扩展,能够以集群的方式确保网络规模具有更好的伸缩性。它的服务功能一般分为基本服务和扩展服务。基本服务是 SDN 控制器必备的一些网络基本功能,如拓扑计算;扩展服务是可选的,如基于策略的路由、多租户网络隔离等。

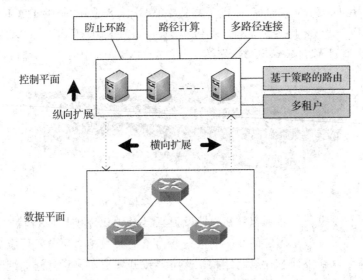

图 1-5 SDN 控制器(通用服务器)

SDN 控制器是纯软件设备,其核心功能之一是提供南向接口和北向接口。目前,南向接口主要采用 OpenFlow 协议,通过下发流表控制 SDN 交换机的转发行为。北向接口尚没有统一的标准,主要为上层应用提供调用接口,通常有两种形式:一种是本地调用的 API 接口,另一种是远程调用的 REST(Representational State Transfer) API 接口。支持 OpenFlow 协议的开源 SDN 控制器和商用 SDN 控制器多达几十种,其中,主要的开源控制器有 OpenDaylight、ONOS、Floodlight 等。下面简单介绍这几种典型的 SDN 控制器。

1）OpenDaylight 控制器

2013 年 4 月，IBM、Cisco、微软、NEC、Juniper、BigSwitch 等多家 IT 巨头合作启动了 OpenDaylight 项目，该项目采用 Java 语言开发。OpenDaylight 是由 Linux 基金会推出的一个开源项目，集聚了行业中领先的供应商和 Linux 基金会的一些成员。其目的在于通过开源的方式创建共同的供应商支持框架，而不依赖于某一个供应商，竭力形成一个供应商中立的开放环境，从而不断推动 SDN 的部署和创新。同时，打造一个开放的 SDN 平台，并在这个平台上进行 SDN 的普及与创新，供开发者利用、贡献和构建商业产品及技术。OpenDaylight 的终极目标是建立一套标准化软件，帮助用户以此为基础开发出具有附加值的应用程序。

2）ONOS 控制器

ONOS 是首款开源的 SDN 操作系统，由 The Open Networking Lab（ON. Lab）和 ONOS 社区内领先的服务提供商、供应商和开发者共同开发，主要面向服务提供商和企业骨干网。ONOS 的设计宗旨是满足网络需求，实现可靠性强、性能好、灵活度高的操作要求。此外，ONOS 的北向接口抽象层和 API 支持简单的应用开发，而通过南向接口抽象层和接口则可以管控 OpenFlow 或者传统设备。

3）Floodlight 控制器

Floodlight 是由 BigSwitch Networks 公司主导开发的开源项目，它的目标是成为企业级的 OpenFlow 控制器。Floodlight 遵循的是 Apache 许可证。基于 Java 的 OpenFlow 控制器，其核心代码被 BigSwitch Networks 的商业化产品所使用并经过专业测试，具有较高的性能和可靠性。Floodlight 不仅仅是一个支持 OpenFlow 协议的控制器，也是一个基于 Floodlight 控制器的应用集。当用户在 OpenFlow 网络上运行各种应用程序时，Floodlight 控制器实现了对 OpenFlow 网络的监控和查询功能。Floodlight 的软件模块可以分为两种类型，即用于实现 SDN 核心网络服务的控制器模块和针对不同业务实现解决方案的应用模块。控制器模块还提供了 Java API 供应用模块调用，两类模块还共同支持向上层开放 REST API 作为北向接口。

1.5　OpenFlow 协议

自 2009 年年底非营利性组织 ONF 发布 OpenFlow 第一个正式版本（v1.0）以来，OpenFlow 协议已经经历了 1.1、1.2、1.3、1.4 以及 1.5 等版本的演进过程。2012 年，OpenFlow 管理和配置协议也发布了第一个版本（OF - CONFIG1.0&1.1），用于配合 OpenFlow 协议进行自动化的网络部署。图 1-6 给出了 OpenFlow 协议各个版本的演进过程和主要变化，目前使用和支持最多的是 OpenFlow1.0 和 OpenFlow1.3 版本。除了 OpenFlow 和 OF - CONFIG 规范外，ONF 还提出了 OpenFlow 流表类型匹配样式规范以及 OpenFlow 测试规范。

OpenFlow 协议的发展演进一直都围绕着两个方面进行：一方面是控制面的增强，让系统功能更丰富、更灵活；另一方面是转发层面的增强，可以匹配更多的关键字，执行更多的动作。每一个后续版本的 OpenFlow 协议都在前一版本的基础上进行了或多或少的改进，但从 OpenFlow1.1 版本开始其就和之前的版本不兼容了。为了保证产业界有一个稳定

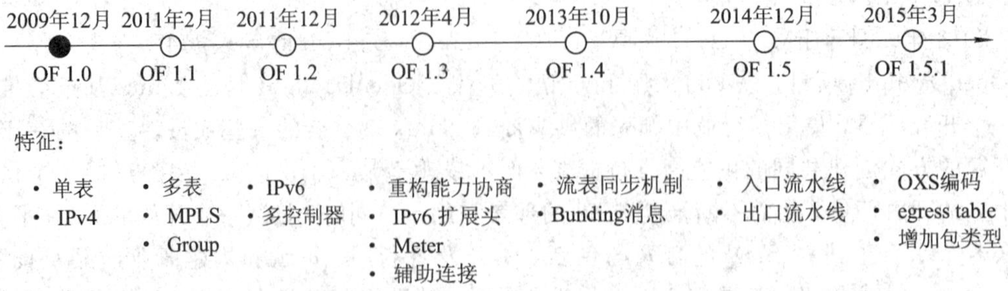

2009年12月	2011年2月	2011年12月	2012年4月	2013年10月	2014年12月	2015年3月
OF 1.0	OF 1.1	OF 1.2	OF 1.3	OF 1.4	OF 1.5	OF 1.5.1

特征:

- 单表
- IPv4

- 多表
- MPLS
- Group

- IPv6
- 多控制器

- 重构能力协商
- IPv6 扩展头
- Meter
- 辅助连接

- 流表同步机制
- Bunding消息

- 入口流水线
- 出口流水线

- OXS编码
- egress table
- 增加包类型

图 1-6　OpenFlow 协议各个版本的演进过程

发展的平台,OpenFlow 协议官方维护组织 ONF 把 OpenFlow1.0 和 1.3 版本作为长期支持的稳定版本,要求后续版本的发展要保持和稳定版本的兼容。OpenFlow 协议获得了众多厂商的支持,业界影响大。

OpenFlow 的目标主要有三点:

(1) 独立于协议的数据转发;

(2) 控制平面可以远程控制数据转发;

(3) 易于实现、低功耗,适用于多种交换结构的芯片。

OpenFlow1.0 协议规定,每个 OpenFlow 交换机中都存在一张流表,用于数据包的查找、处理和转发,流表的下发和维护都是通过控制器下发相应的 OpenFlow 消息来实现的。OpenFlow1.0 只支持单级流表。流表由多个流表项组成,每个流表项就是一个转发规则,它由匹配字段、计数器和操作组成。其中,匹配字段是流表项被应用到数据包上的主要依据,OpenFlow1.0 详细规定了设备匹配数据包的过程,并支持 12 个匹配字段;计数器用于流表项的匹配和收发包统计;操作指明对匹配流表项的数据包应该执行的动作,如转发到另一端口、丢弃或送控制器处理,甚至可以修改数据包字段转发。OpenFlow1.0 只支持 IPv4。

为了避免单流表数量膨胀,OpenFlow1.1 版本提出了多级流表的概念,将流表匹配过程分解成多个步骤,形成流水线处理方式,这样可以有效灵活地利用硬件内部固有的多表特性,同时把数据包处理流程分解到不同的流表中也避免了单流表过度膨胀的问题。除此之外,OpenFlow1.1 中还增加了对于 VLAN 和 MPLS 标签的处理,并且增加了组表(Group)。通过在不同流表项动作中引用相同的组表实现对数据包执行相同的动作操作(相当于将分散在不同流表中的相同动作抽离出来),从而简化了流表的维护。OpenFlow1.1 版本是 OpenFlow 协议版本发展的一个分水岭,它和 OpenFlow1.0 版本不兼容,但后续版本仍然还是在 OpenFlow1.1 版本基础上发展的。

由于 OpenFlow 将所有的控制协议都集中在控制器上,因而可能导致控制器负担过重,为了提高控制器的安全性和健壮性,OpenFlow1.2 版本引进了多控制器的概念,解决了控制器横向扩展的问题,同时也开始支持 IPv6。为了更好地支持协议的可扩展性,OpenFlow1.2 版本下发规则的匹配字段不再通过固定长度的结构来定义,而是采用了 TLV 结构(Type、Length、Value 三元组)来定义,这种方式称为 OXM(OpenFlow Extensible Match),这样用户就可以灵活地下发自己的匹配字段,增加了更多关键字匹配字段的同时也节省了流表空间。

2012 年 4 月发布的 OpenFlow1.3 版本成为得到长期支持的稳定版本，其支持的匹配关键字已经增加到 40 个，足以满足现有网络应用的需要。OpenFlow1.3 增加了 Meter 表，用于控制关联流表的数据包的传送速率，但控制方式相对简单。OpenFlow1.3 还改进了版本协商过程，允许交换机和控制器根据自己的能力协商支持 OpenFlow 协议版本，同时也增加了辅助连接，提高了交换机的处理效率和实现应用的并行性。其他改进还有 IPv6 扩展头和对 Table - miss 表项的支持。

2013 年最新发布的 OpenFlow1.4 版本仍然是基于 1.3 版本的改进。其在数据转发层面没有太大变化，主要是增加了一种流表同步机制，多个流表可以共享相同的匹配字段，但可以定义不同的动作。另外又增加了 Bundle 消息，确保控制器下发一组完整的消息或同时向多个交换机下发消息时状态的一致性。其他改进包括支持光口属性描述、多控制器相关的流表监控等。

为了处理多种类型的数据包，OpenFlow1.5 版本添加了数据包类型识别流程。OpenFlow1.5 协议的匹配流程几乎没有改变，只是细化了动作集的执行过程。其中，着重细化了出端口动作。OpenFlow1.5 协议引进了出端口流水线处理，可以在输出端口处理数据包。当一个数据包输出到某个端口时，首先从第一个入端口流水线开始处理，由流表项定义处理方式并且转发给其他出端口流表。OpenFlow1.5 协议还添加了一个数据包类型识别流程，之前版本的协议中交换机默认处理的是以太网数据包，1.5 版本中交换机还可以处理 PPP 数据包。此外，OpenFlow1.5 协议中还将原先由控制器指定的输出网络端口的相关操作下放到交换机中，提高了数据包的处理效率。2015 年 3 月 26 日，OpenFlow1.5.1 版本发布，对原来的 Pipeline 包类型进行了扩展，不仅能处理以太类型报文，而且能够处理多种其他类型的报文。在 OpenFlow1.5.1 中允许控制器向交换机发送 Error 消息。同时在 1.5.1 版本中提供了批量处理报文的 Vundle 机制，并新增了 Schedule Bundle，同时引入 OpenFlow eXtensible Statistics(OXS)编码格式，用于流表条目统计消息格式定义。最初的 OpenFlow 十分理想化，但是在其不断升级更新的过程中可以看出，OpenFlow 在向实际应用场景方面不断演进。

1.6　SDN 发展历史

美国斯坦福大学的 OpenFlow 项目推动了 SDN 的发展，其核心理念是希望网络设备的发展跟随计算机的开放之路。2007 年，斯坦福大学的学生 Martin Casado 主持了一个关于网络安全与管理的项目 Ethane，该项目试图通过一个集中式的控制器让网络管理员可以方便地定义基于网络流的安全控制策略，并将这些安全策略应用到各种网络设备中，从而实现对整个网络通信的安全控制。

2008 年 4 月，美国斯坦福大学的 Nick McKeown 教授发表论文 *OpenFlow：Enabling Innovation in Campus Networks*，向人们展示了斯坦福大学 Clean Slate 计划研究的 OpenFlow 协议，该协议提出了一种新型的网络模型，即将网络转发与控制功能分离。在此基础上，2010 年 Nick McKeown 教授又提出了软件定义网络的概念。2011 年由 Deutsche Telekom、Facebook、Google、Microsoft、Verizon 和 Yahoo 等作为发起者，成立了非营利性组织 ONF，致力于推动开放的 SDN 的发展，ONF 的工作重点是制定南向接口标准

OpenFlow 协议以及硬件行为转发标准。图 1-7 展示了 SDN 从实验室走向产业化的历史标志。

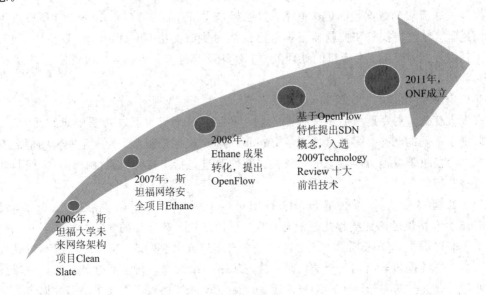

图 1-7 SDN 从实验室走向产业化

目前 SDN 南向接口主要采用 OpenFlow 标准协议，该协议发展迅速。2009 年 12 月，具有里程碑意义的、可用于商业化产品的 OpenFlow1.0 版本发布，这打破了 SDN 仅仅停留在学术研究层面的局面。后来，OpenFlow 家族又增加了 1.1、1.2、1.3、1.4、1.5 等多个版本。因为 SDN 北向 API 接口面向应用层，其标准化工作很难实现。ONF 认为规范北向 API 会妨碍应用程序开发人员的创新，所以不可能制定一个单一的北向 API 接口适用于所有应用环境，作为一个软件界面，北向接口是不适合标准化的。如果有必要，则其标准应该来自最终用户的实现和市场经验。

2011 年 12 月，第一届开放网络峰会（Open Networking Summit）在北京召开，此次峰会邀请了国内外在 SDN 方面先行的企业介绍其在 SDN 方面的成功案例，同时，世界顶级互联网、通信网络与 IT 设备集成商公司也探讨了如何实现在全球数据中心部署基于 SDN 的硬件和软件，为 OpenFlow 和 SDN 在学术界和工业界做了很好的介绍和推广。

2011 年江苏省未来网络创新研究院成立，它是由南京市政府、北京邮电大学、中国科学院计算技术研究所、清华大学、中国电子科技集团公司电子科学研究院等作为理事单位组建的事业法人单位。研究院是国内最大的第一家专门从事未来网络核心技术研发的科研机构，致力于建设成为国家级未来网络的协同创新中心。研究院依托著名科研院所，通过引进国内外顶级高端人才和技术团队，促进国际合作，为产业发展提供源源不断的动力，增强对信息产业、高技术服务业、经济社会发展的辐射带动作用。

2012 年覆盖美国上百所高校的 Internet2 部署 SDN，标志着 SDN 完成了从实验技术向网络部署的重大跨越。同年 Google 宣布在其内部骨干网络上通过 OpenFlow 部署 SDN。2012 年 IT 巨头们纷纷收购 SDN 创业公司，掀起了 SDN 热潮，如图 1-8 所示。一些从事 SDN 技术研究和设备开发的科技公司受到资本市场的追捧，如 VMware 公司以 12.6 亿美元收购了 Nicira 公司（SDN 初创公司）。

ORACLE®

2012年7月，
Oracle收购
Xsigo

 vmware®

2012年7月，
VMware以12.6
亿美元收购
Nicira

CISCO

2012年11月，
Cisco以1.41亿
美元收购Cariden

BROCADE

2012年11月，
Brocade以全现金
交易形式收购
Vyatta

JUNIPER
NETWORKS

2012年12月，
Juniper以1.76亿
美元收购Contrail
Systems

f5

2013年2月，F5
Networks收购
LineRate Systems

图 1-8 IT 巨头公司争相收购 SDN 初创公司

2012 年国家 863 项目"未来网络体系结构和创新环境"获得科技部批准。它是一个符合 SDN 思想的项目，主要由清华大学负责牵头，并由清华大学、中国科学院计算技术研究所、北京邮电大学、东南大学、北京大学等分别负责各课题。项目提出了未来网络创新环境 (Future Internet Innovation Environment，FINE)体系结构，基于 FINE 体系结构，项目将开展支撑各种新型网络体系结构和 IPv6 新协议的研究试验。2013 年 4 月底，中国首个大型 SDN 会议——中国 SDN 大会在北京召开。

2013 年 4 月，产业界巨头联合进行 SDN 产业化工作，思科、IBM、微软等超过 18 家企业合作建立开源的 SDN 项目 OpenDaylight，并与 Linux 基金会合作开发 SDN 控制器、南向/北向 API 等软件。

2014 年 12 月，ON.Lab 正式发布了 ONOS 第一个版本，此后 ONOS 接连发布了两个全新版本的标准协议，而且提出每三个月将发布更新版本，从而加速了产品的商用步伐。

2014 年 9 月 Ethan Banks 发表在 networkcomputing.com 的文章 *Software-Defined WAN：A Primer* 首先提出了 SD-WAN 一词，SD-WAN 逐步进入公众视野并得到了快速发展。SD-WAN 能够获得快速发展的原因之一是 SD-WAN 被很多人看作是 WAN 应用领域的一种革命性的技术。SD-WAN 技术可以帮助电信运营企业提高业务应用性能，并改变向用户提供服务的方式，SD-WAN 能够使 CIO(Chief Information Officer，首席信息官)或网络管理员根据组织的需求配置其网络流量和性能选择。

2014 年 McKeown 等人发表的论文 P4：*Programming Protocol-Independent Packet Processors* 标志着数据平面的可编程性时代的来临。随着 P4 编程语言和 ToInfo 芯片的发展成熟，网络运营者已经将其应用于带内网络遥测、传输层负载均衡、DDoS、NetCache、转发时延优化、边缘云卸载以及网络自动化测试等场合。

在 2015 年华为网络大会(简称 HNC)上，华为与腾讯联合展示了在广域 SDN 领域的最新成果。广域 SDN 解决方案基于华为 NE 路由器、SDN 控制器 SNC 和腾讯的智能调度系统，已经正式部署于腾讯网络。方案实现了智能的流量调度和网络管理，网络链路利用率提升到了 80%，节省了大量的带宽租赁费用。同时，方案实现了链路自动调整和全网链路可视化，加快了业务部署速度，且大幅减少了网络运维管理成本。

除了 ONF 组织在 SDN 标准化方面做了大量研究外，欧洲电信标准化协会(ETSI)、国际互联网工程任务组(IETF)、国际电信联盟电信标准分局(ITU - T)等行业组织各自成立了相应的工作组进行有关 SDN 的研究工作，讨论 SDN 在各自领域可能的应用场景和系统架构。图 1 - 9 为 IETF 定义的 SDN 架构，其基本思路遵循控制与转发分离的理念。我国通信标准化协会(CCSA)也成立了特别工作组，跟踪研究 SDN 技术的发展前景、应用需求、网络架构以及实现。

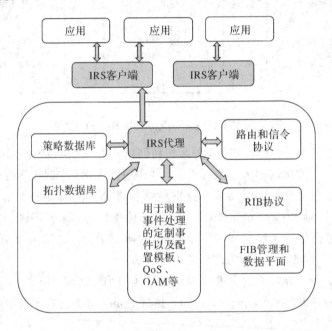

IRS：Interface to the Routing System(路由系统接口)

图 1 - 9   IETF 定义的 SDN 架构

2016 年 10 月微软公司宣布通过 Windows Server 2016 正式迈向 SDN。Windows Server 2016 内置 SDN 技术，包括网络控制器、Hyper-V 网络虚拟化、内部 DNS 服务(iDNS)、网络功能虚拟化、远程直接内存访问(RDMA)、交换机嵌入式组合(SET)、用于 SDN 的 RAS 网关、软件负载均衡(SLB)等模块组件。

1.7   SDN 的应用领域

SDN 转发和控制分离的特点可有效降低设备硬件成本，控制逻辑集中的特点可使得网络具有全局的视图，从而便于实现全局优化、多网融合和集中管控，网络能力开放化可促进更多的业务创新和网络服务创新。这三大驱动力推动着 SDN 的发展，也使得 SDN 有了更多的应用场景。但作为一门新兴的网络技术，SDN 尚不够成熟，只适用于相对简单、相对封闭的网络。在开始阶段最适合网络规模不大、单一运营主体的场合，如企业网、校园网、园区网和大型的数据中心，尤其是分布式数据中心。在这些应用场景中，SDN 集中控制器的负载压力相对较小，而且由于网络管理相对简单，所以路由策略制定也比较简单。但在公网领域，由于网络规模大，设备类型多种多样，SDN 控制器的转发策略（即流表）规模大，软件复杂性强，同时还涉及更多的商业利益冲突和协调问题，实现起来较为复杂。总之，目前 SDN 适合在下列一些场景中应用。

1. SDN 在数据中心网络的应用

数据中心网络 SDN 化的需求主要表现在海量的虚拟租户、多路径转发、虚拟机的智能部署和迁移、网络集中自动化管理、绿色节能、数据中心能力开放等几个方面。SDN 控制逻辑集中的特点可充分满足网络集中自动化管理、多路径转发、绿色节能等方面的要求；SDN 网络能力开放化和虚拟化的特点可充分满足数据中心能力开放、虚拟机的智能部署和迁移、海量虚拟租户的需求。数据中心的建设和维护一般统一由数据中心运营商或 ICP/ISP 维护，具有相对的封闭性，可统一规划、部署和升级改造，SDN 在其中部署的可行性高。数据中心网络是 SDN 目前最为明确的应用场景之一，也是最有前景的应用场景之一。

2. SDN 在数据中心互联的应用

数据中心之间的网络具有流量大、突发性强、周期性强等特点，需要网络具备多路径转发与负载均衡、网络带宽按需提供、集中管理和控制的能力，同时还要求是绿色节能的。引入 SDN 的网络可通过部署统一的控制器来收集各数据中心之间的流量需求，进行统一的计算和调度，实施灵活的带宽按需分配，从而最大限度地优化网络，提升资源利用率。

谷歌的数据中心广域网以 OpenFlow 为基础架构，提升了网络的可管理和可编程能力，同时提升了网络利用率以及成本效益。2010 年 1 月，Google 开始采用 SDN，2012 年年初，Google 全部数据中心骨干连接已经都采用了这种架构，网络利用率提升到 95%。

3. SDN 在政企网络中的应用

政府及企业网络的业务类型多，网络设备功能复杂，对网络的安全性要求高，需要集中的管理和控制，网络的灵活性高，且要能满足定制化需求。SDN 转发与控制分离的架构可使得网络设备通用化、简单化。SDN 将复杂的业务功能剥离，由上层应用服务器实现，不仅可以降低设备硬件成本，还可使得企业网络更加简化，层次更加清晰。同时，SDN 控制的逻辑集中可以实现企业网络的集中管理与控制以及企业的安全策略集中部署和管理，还可以在控制器或上层应用灵活定制网络功能，更好地满足企业网络的需求。由于企业网络一般由企业自己的信息化部门负责建设、管理和维护，具有封闭性，因此可统一规划、部署和升级改造，SDN 部署的可行性高。

4. SDN 在电信运营商网络的应用

电信运营商网络包括宽带接入层、城域层、骨干层等层面，具体的网络还可分为有线网络和无线网络，网络存在有多种方式，如传输网、数据网、交换网等。总的来说，电信运营商网络具有覆盖范围大、网络复杂、网络安全要求高、涉及的网络制式多以及多厂商共存等特点。

SDN 的转发与控制分离的特点可有效实现设备的逐步融合，降低设备硬件成本。SDN 的控制逻辑集中的特点可逐步实现网络的集中化管理和全局优化，有效提升运营效率，提供端到端的网络服务。SDN 的网络能力虚拟化和开放化的特点也有利于电信运营商网络向智能化、开放化发展，发展更丰富的网络服务。图 1-10 给出了 SDN 在电信网中的应用，如基于 SDN 的移动回传网、基于 SDN 的宽带接入网、基于 SDN 的核心网、基于 SDN 的数据中心网络等。

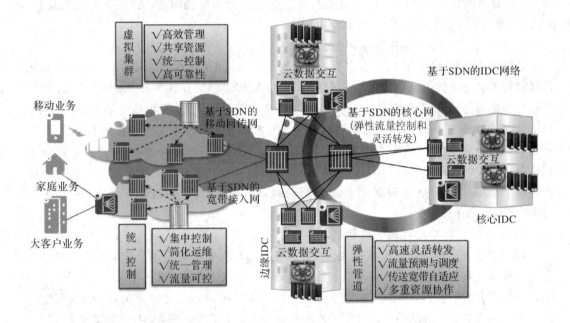

图 1-10　SDN 在电信网中的应用

5. SDN 在互联网公司业务部署中的应用

　　SDN 除了在数据中心内开始大量部署之外，还有一些客户开始考虑把 SDN 技术应用在运维领域。例如，百度开发了探针服务器，从网络两端发送探测报文探测网络链路质量，但是当探测报文到达网络一侧后，网络会根据最短路径优先算法及哈希表走某一条固定的路径，而无法遍历每条路径，这样就无法探测每条路径的质量。利用 SDN 技术可以控制探测包的转发路径，从而遍历每条可用路径，获取每条路径的质量。

1.8　小　　结

　　SDN 的核心思想就是数据平面与控制平面分离，将网络的转发规则集中到控制器上完成，并开放网络的可编程性。SDN 交换机(数据平面)相比于传统交换机而言更为轻巧和简单，专注于数据平面的转发功能。SDN 交换机的转发规则由控制器集中产生并下发到交换机，SDN 控制器成为 SDN 的核心部件，众多的网络功能集中在控制器上实现，并将这些功能通过北向接口提供给应用程序调用，其与 SDN 交换机之间则通过南向接口进行信息传递。目前，应用最广的 SDN 南向接口协议为 OpenFlow 协议，该协议得到了众多厂商和组织的支持。SDN 的发展历史虽然不长，但其适应时代发展的理念以及全新的网络架构赢得了众多好评，并能够迅速应用于实践中，在一些大型数据中心的应用中获得了极大的成功。

复习思考题

1. 就目前网络应用来说,传统的网络存在哪些不足?
2. 什么是软件定义网络? 软件定义网络的特点是什么?
3. SDN 实现方式主要有哪些?
4. 简述 SDN 的基本组成和接口。
5. 传统网络交换机与 SDN 交换机的区别是什么?
6. SDN 控制器的主要作用是什么? 当前常用的控制器主要有哪些?
7. OpenFlow 协议的主要功能是什么?
8. 最早提出软件定义网络概念的是哪位学者?
9. 简述当前 SDN 的主要应用领域。

第 2 章

SDN 控制器

SDN 控制器是基于 SDN 架构的网络核心，并且可能成为全网的性能瓶颈。SDN 控制器本身的性能、可靠性、安全性、易操作性、可扩展性等均极大地影响了整个网络的性能指标。本章主要论述 SDN 控制器的关键技术，这些关键技术组成了 SDN 控制器的骨架。SDN 的开放性主要体现在 SDN 控制器的可编程性上，应用程序可以通过 SDN 控制器提供的应用编程接口（API）对控制器的功能进行扩展和调用。在规模较大的 SDN 中，单个 SDN 控制器并不能很好地完成整个网络的控制、调度功能，这时候通常需要多个控制器组成集群模式来协同管理整个 SDN 系统，这就是所谓的分布式 SDN 控制器架构。随着 SDN 技术的发展，SDN 集中控制的理念给传统广域网（WAN）技术发展带来了一种新的应用思路，形成了具有多种应用优势的软件定义 WAN（SD-WAN）技术。

2.1 概　　述

与传统网络技术相比，SDN 带来了网络结构上的创新，SDN 的技术特征表现在以下几个方面：

(1) 控制平面（Control Plane）和数据平面（Data Plane）解耦；

(2) 网络具有可编程性，有利于网络创新；

(3) 网络虚拟化，网络具有更大的灵活性；

(4) 逻辑上的集中控制。

SDN 数据转发与转发策略相分离的原则使得 SDN 交换机得到了极大的简化和瘦身，SDN 交换机仅仅专注于数据的转发，例如，基于 OpenFlow 协议的 SDN 交换机仅仅是根据 SDN 控制器下发的流表进行数据包的匹配和动作（转发、丢弃等）。流表就是交换机数据包的匹配和转发规则，SDN 交换机上流表的形成是由 SDN 控制器根据上层应用程序的应用需求而制定的，这也就是所谓的软件定义网络的基本含义。由此可见，SDN 控制器是整个网络系统的核心和关键，SDN 控制器本身的性能、可靠性、安全性、易操作性、可扩展性等均极大地影响了整个网络的性能指标。

SDN 控制器是纯软件技术实现的一种"设备"，该软件对运行的硬件设备（一般是通用服务器）没有具体的要求，通常要根据实际网络的规模以及业务运行情况而考虑，但通用服务器的 CPU 和内存一般要明显强于单台 SDN 交换机的硬件设备。SDN 控制器除了实现与 SDN 交换机进行通信的基本功能外，还要包含在此基础上网络运转所需要的一些基本功能模块。这就好比买了一套毛坯的新房，一般是没法立即住人的（即使将就住了也会感到生活不方便），还需要进行装修、买家电设施才能住得舒服。这些基本功能主要包括通信协议实现、模块管理、事件机制、任务日志、资源数据库、交换机管理、网络拓扑管理、被动式流表管理等。

　　SDN 控制器通常需要为上层业务提供调用的接口，这些接口或者 API 应能够为应用程序的使用提供方便，这里所说的上层既包括本地上层应用程序，也包括远程应用程序(不在同一台硬件设备上)。另外，如果 SDN 需要和其他非 SDN 实现互通，必须具备一些非 SDN 所要求具备的接口协议，如边界网关协议(BGP)。SDN 控制器一般具有的基本功能如下：

　　(1) 与交换机实现通信的南向接口功能，如实现 OpenFlow 协议；

　　(2) 网络的基本功能要素，如链路发现、拓扑管理和主机追踪；

　　(3) 对外编程接口，如远程 REST API、本地 API；

　　(4) 与其他设备或路由器互通的网络功能，如三层路由协议。

　　从编程的模式上看，SDN 的可编程性非常类似于传统的软件设计，可以分为两个层次：一个是细粒度的函数级编程，即所谓的网络编程语言。它将 SDN 架构的网络元素进行功能抽象，形成各种用于编程中的库函数，这些函数的功能主要集中在向上层应用程序提供一系列描述 SDN 的网络状态、拓扑结构、端口数据统计、定义/改变/删除/查询/转发规则。应用程序可以直接调用这些函数对 SDN 进行编程控制。另一个实际上是模块化的"组件"设计，即网络功能抽象。网络功能抽象是在网络编程语言的基础上进行更高一级的封装，以实现某个较为复杂的网络功能，如负载均衡、环路避免等。

　　SDN 可编程性体现在两个方面：一个是 SDN 交换机的可编程性，另一个是 SDN 控制器的可编程性。对于 SDN 交换机的可编程一般应用较少，目前主要是基于 SDN 控制器下发一些转发策略，而不直接调用 SDN 交换机的 API 或统一资源定位符(URI)，例如，目前的 OpenFlow 主要依赖下发流表来改变交换机的行为。但也存在可以直接编程的 SDN 交换机，例如，扩展的 OpenFlow(OpenFlow＋Extensions)就是一种可以编程的通信协议，可以通过编程进行数据操作和管理操作(如队列管理、监控、测量)，扩展的 OpenFlow 支持 SDN 的高度可编程性。SDN 交换机的可编程性主要体现在以下几个方面：① 转发规则、算法的可编程；② 网络协议的可编程；③ 交换机资源分配和隔离的可编程；④ 交换机数据缓存的可编程。

　　如图 2-1 所示，SDN 控制器向上(北向接口)提供供本地调用的 API 和远程调用的 REST API，北向接口由于面向具体的应用，所以标准化工作一直不理想。SDN 控制器向下提供的接口(南向接口)目前主要是 OpenFlow 协议，用于下发转发策略(流表)。

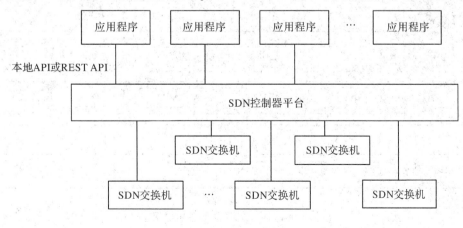

图 2-1　SDN 网络架构

2.2 SDN 控制器的体系结构

SDN 控制器是一种纯软件的设备，从某种意义上可以将 SDN 控制器看作是一种网络操作系统，该操作系统所基于的硬件设备可以看作是 SDN 交换机设备，但 SDN 控制器软件并不运行于众多的 SDN 交换机上，而是运行于分离的或集中的服务器设备上，这是 SDN 区别于传统网络的一个主要方面。通常我们将 SDN 交换机称为数据平面（Data Plane），而将 SDN 控制器称为控制平面（Control Plane）。传统的交换设备数据平面与控制平面紧密耦合，控制平面分散在每台交换设备中，而 SDN 技术将传统的交换设备中的控制平面集中到控制器上，并通过南向接口协议与数据平面进行互动。

图 2-2 给出了 SDN 控制器的体系结构。SDN 控制器的结构通常可以分为网络驱动层、网络抽象层、网络资源层和网络应用层。网络驱动层以插件的方式提供不同的南向接口协议，如 OpenFlow、NETCONF、XMPP、PCEP（Path Computation Element Protocol）等，SDN 控制器通过南向接口连接 SDN 数据平面，其数据传输一般采用 TCP（传输控制器协议）或 SSL（安全的套接字层）连接。网络抽象层是对网络物理资源的进一步抽象，屏蔽了底层网络协议之间的差异，以统一的接口向上提供服务，如逻辑路由、逻辑交换、逻辑 VAS（Value Added Service）、逻辑网络等抽象模块。网络资源层是对网络抽象层的功能进一步拓展，能够为更多的网络应用提供较为完整的网络服务，如 FARIC、拓扑发现、路径计算、主机管理等功能。网络应用层实际上是基于 SDN 控制器的应用开发，通常是通过本地 API 直接调用控制器所提供的网络资源服务，在形式上可以和控制器代码紧密集成在一起，也可以作为一个相对独立的应用程序存在，如 L3VPN 应用、L2VPN 应用、BGP 应用、

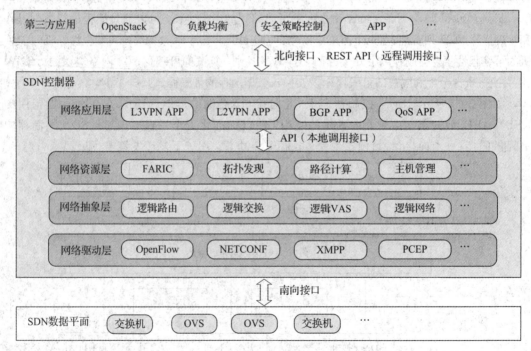

图 2-2 SDN 控制器的体系结构

QoS 应用等。SDN 北向接口为第三方应用提供了本地 API 或远程 REST API 接口,如 OpenStack、负载均衡、网络安全策略控制、质量保证、流量控制等应用,这些应用一般具备某种特殊的用途,而 SDN 控制又不具备这样的能力(通常适合特定的业务或组织机构使用)。

一个网络操作系统通常应具备下述功能:

(1) 公平合理地为用户管理网络资源。确保所有用户都拥有同样的权利,没有资源匮乏的用户,也没有资源泛滥的用户,能够公平合理地分配网络资源。

(2) 网络隔离。每个用户都希望全权分配资源,所以需要将用户相互隔离,在多个应用和多个设备之间进行多路传输,并且将资源虚拟化,让用户享用各自的网络操作系统(NOS)虚拟化实例。

(3) 提供一个抽象层让用户方便地使用操作系统所管理的服务和资源,并且无需了解网络的复杂性。在不改变应用的前提下,可以灵活拓展网络操作系统所管理的设备。

(4) 为用户提供安全保障。

(5) 提供敏捷高效的服务。那么,用户就不需要创建、重建相同的服务。

2.3　SDN 控制器的关键要素

表 2-1 列出了有关 SDN 控制器的 10 个关键要素,这些要素往往成为评价或决定采用哪种类型控制器的主要依据,这些要素也充分体现了 SDN 的特点。

表 2-1　SDN 控制器的 10 个关键要素

控制器关键要素	特征描述
OpenFlow 支持	• 实现了 OpenFlow 哪些版本 • 有哪些可选的特征选项 • 增加哪些供应商特有的扩展
网络虚拟化	• 构建虚拟网络结构,可不依赖于实际的物理网络拓扑结构 • 具有创建弹性服务质量的网络能力以适应不同的业务需求
网络功能化	• 可实现虚拟网络之间的全隔离 • 具备网络多路径发现和流量调配能力 • 能够逐跳设置 QoS(服务质量)参数
可扩展性	• 具备横向扩展能力,易于增加新的物理网络 • 能够支持较大数量的交换机,如一个用户数据中心的交换机一般不少于 100 台 • 支持在不同站点间的迁移
性能	• 尽可能在交换机预安装流表 • 使设置流表的时延尽可能小
可编程性	• 支持重定向,例如对访问服务器的入数据流重定向到防火墙,出数据流则不经过防火墙 • 具有复杂的过滤器能力 • 支持模板/命令行脚本、应用编程接口

续表

控制器关键要素	特 征 描 述
可靠性	• 可在源端与目的端之间多径传输 • 可进行软/硬件冗余设置,允许风扇和电源的热插拔 • 服务器集群
安全	• 可实现复杂的过滤器和虚拟网络隔离 • 支持用户认证 • 支持安全应用,如 DDoS 防护
集中控制和可视化	• 监控特定类别的流量 • 可进行物理网络和虚拟网络的可视化展示
供应商特质	• 供应商的承诺 • 产品的稳定性 • 产品研发进展和供应商财力

2.3.1 支持 OpenFlow 协议

尽管 SDN 的南向接口协议并没有规定必须是 OpenFlow 协议,但目前几乎所有的 SDN 控制器均支持 OpenFlow,人们也往往将 SDN 控制器是否支持 OpenFlow 最新协议版本作为衡量一款 SDN 控制器是否值得采用的重要依据。

OpenFlow 协议的创意最初来自斯坦福大学的创新团队,团队于 2009 年发布了 OpenFlow协议的第一个正式版本。OpenFlow1.0 版本的优势是它可以与现有的商业交换芯片兼容,通过在传统交换机上升级固件就可以支持 OpenFlow1.0 版本,因此是目前使用和支持最广泛的协议版本。随后该团队在 2011 年又推出了 OpenFlow 协议 1.1 版,同年 3 月成立的 ONF 组织用于主导并推动 OpenFlow 协议的发展。随着 ONF 组织的成立,OpenFlow 协议得到了更快的发展,目前已经发展到 1.5 版。

OpenFlow 协议中除了规定一些必须实现的功能外,还定义了一系列可选的特征选项,这些选项功能并不强制要求实现。另外,厂家在标准协议之外往往会额外添加一些扩展功能,这些扩展功能通常用于解决一些特殊的问题。在采购 SDN 控制器设备时,除了要关注设备是否支持 OpenFlow 相关版本之外,还需要了解相关设备厂商的技术路线图。

2.3.2 网络虚拟化

SDN 最重要的优点就是网络虚拟化。网络虚拟化并不是一个新的概念,在 SDN 概念出现之前网络虚拟化的概念就已存在。简单来讲,网络虚拟化是指把逻辑网络从底层的物理网络中分离出来,多个逻辑网络共享底层网络基础设施,从而提高网络资源利用率。

在传统网络中,网络虚拟化通常指的是虚拟局域网(VLAN)或虚拟路由和转发(Virtual Routing and Forwarding,VRF)。VLAN 可将网络划分为多达 4094 个广播域的子网,在以太网包头中可以为每个广播域指定一个 12 位的 VLAN 标识符(ID)。VRF 是面向三层网络虚拟化的一种,其中的物理路由器支持多个虚拟路由器实例,每个实例各自独立运行自身的路由协议,维护自身的路由转发表。

由于 SDN 具有集中控制的能力,因此具备全局网络视角,可进行全网范围内的流量调度和资源划分。传统网络资源的划分一般预先设置,是一种静态划分,但 SDN 因能够实时获知全网的动态运行状况,并据此进行资源的动态分配,所以能够更精确地、细粒度地配置网络资源,从而实施网络虚拟化功能,按需使用、调配各种网络软硬件资源。

2.3.3　网络功能化

随着云应用、云技术的发展,基于安全因素的考虑,云租户通常希望能将其业务应用流量与其他租户之间相互隔离,互不影响,逻辑上相互独立。SDN 控制器可以在提供网络虚拟化的同时提供更好的网络隔离措施,例如,OpenFlow 协议中数据转发是根据流表项匹配规则进行的,流表项涵盖了从物理层到应用层几乎所有的包头域信息,包括物理入端口、出端口、MAC 源地址、目的地址、源 IP 地址、目的 IP 地址、源端口、目的端口等,这种转发方式允许对业务数据流进行细粒度的控制。另一方面,SDN 控制器具有集中控制和自动配置的能力,有能力发现源端到目的端多条转发路径,并可以进行多条不同路径的数据流分发,即所谓的多径转发功能,同时能够逐跳进行 QoS 的参数定义。

SDN 的多径转发能力可以有效避免传统网络中生成树协议(Spanning Tree Protocol,STP)的限制,并且不再需要增加更为复杂的最短路径桥接(Shortest Path Bridging,SPB)和多链接透明互联(TRansparent Interconnection of Lots of Links,TRILL)协议。STP 的主要应用是为了避免局域网中的网络环回,解决成环以太网中的"广播风暴"问题,从某种意义上说是一种网络保护技术,可以消除由于失误或者意外带来的循环连接。STP 也为网络提供了备份连接的可能,但是由于协议机制本身的局限,STP 的保护速度慢,如果在城域网内部运用 STP 技术,用户网络的动荡会引起运营商网络的动荡。SDN 控制器具有全网视图,按照 OpenFlow 协议规定,当一台主机设备通过某网络端口加入现有网络时,由于现有交换机上没有处理该端口的流表,因此该台设备所发送的 ARP 数据包将被统一发送到 SDN 控制器,这样,SDN 可以获得任何端设备的网络路径,并计算出端到端设备之间的最短路径,所以在这种情况下没有形成网络环路的可能。

传统的局域网是二层和三层网络的结合,SDN 的引入不应该削弱原有二层和三层网络的应用功能。例如,SDN 控制器必须具有在多租户的虚拟网内创建二层和三层网络的能力,这种能力包括在末端设备之间的二层网络流量交换以及将二层流量封装到三层路由流量中(这实际上是 TRILL 技术的原理)。此外,SDN 控制器还需要包括使运营商可以实现智能过滤等功能。

2.3.4　可扩展性

传统的局域网中一般存在多个层次架构的网络,三层的路由主要用于不同的二层网络之间的互联。SDN 的横向扩展包括两种形式的扩展,一种扩展是在同一个 SDN 控制器所控制的区域内增加 SDN 交换机,如图 2-3 所示;另一种扩展不仅包括交换机的增加,也相应地增加 SDN 控制器的数量,如图 2-4 所示。

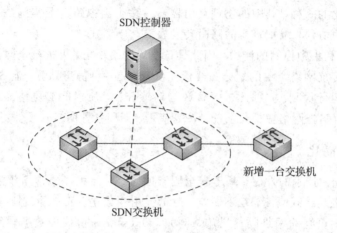

图 2 - 3 在同一个 SDN 内增加交换机

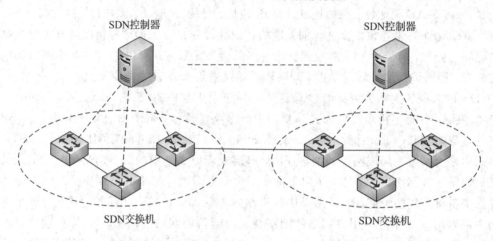

图 2 - 4 增加新的 SDN

    SDN 的结构是一种扁平化的网络结构,这是由于 SDN 交换设备可以处理不同层次的网络数据包,正如在 OpenFlow1.0 协议中规定的 12 元组分属于不同的网络层次。例如,流表项如果设置为目的 MAC 地址转发,这就相当于传统网络设备中的交换设备;如果是以目的 IP 地址进行转发,则相当于一台路由设备。这种网络处理特点使得 SDN 可以很方便地进行横向扩展,添加、更改、删除网络设备并不会对整个网络的管理产生影响,对全网的管理就如同对一台网络设备进行管理一样。SDN 的集中式架构的一个重要指标就是 SDN 控制器能够管理的交换机数量,网络管理人员和机构希望这个数量至少能够达到 100 台交换机,具体的数据应根据实际业务来调整。

    影响网络扩展性的另一个因素是网络广播,当一个网络内存在大量的网络广播数据包时必然增加 SDN 控制器的处理负担,导致 SDN 控制器控制网络的能力下降,因此,网络广播数据包的存在可能使 SDN 控制器的横向扩张性变差,SDN 控制器应具备缓解网络广播所造成的影响的能力。针对前面所说的 ARP 数据包,为了避免二层网络环路,很多 SDN 控制器都对 ARP 数据包进行了特殊处理。例如,Floodlight 采用多目标广播跨越树 (Multicast Spanning Tree)来避免二层环路,收到交换机发来的 ARP 包后会先查询广播树，然后决定 ARP 包该被泛洪或是从某些端口转发。

流表的数量也是影响扩展性的一个重要因素，流表数量大必将降低 SDN 的性能。SDN 控制器必须为每个数据流的每跳产生相应的转发规则（即流表），这样容易产生大量的流表操作（流表的增加、删除、更改）。目前虽然有些 SDN 控制器已经具备了很强的处理能力，例如，ONOS 控制器的流处理能力是 1 百万/秒个流操作，但在规模较大的 SDN 内其流处理能力恐怕也是不够的，因此，SDN 控制器必须具备对流表数量进行优化的能力，从而最小化流表的产生。例如，通过匹配元组支持通配符的方式将流进行分类，不再逐流设置流表而是按类设置流表。

此外，SDN 控制器的扩展性还体现在是否具备在不同站点之间迁移的能力。例如，两个不同的 SDN 站点服务器和存储设备相互备份，当其中一个网络站点出现故障时，SDN 控制器可将出现故障的站点网络转发策略自动应用到另一个正常运行站点的服务器和存储设备上。

2.3.5　网络性能

SDN 控制器的主要功能之一是创建流表，因此，SDN 控制器的两个关键性能指标是流表的设置时间和每秒设置流表的数量。当网络规模扩大，交换机所需要的流表数量超过了 SDN 控制器的处理能力时，必须增加新的 SDN 控制器设备。

流表的设置分为主动和被动两种方式，主动方式是指流表在数据流达到交换机之前就已经产生并下发到交换机上。在这种方式下，当第一个数据包到达交换机时，交换机就已经知道该如何处理该数据包，因此流表的设置时间可以忽略不计，并且也不限制每秒设置流表的数量。所谓的被动方式，是指当第一个数据包到达交换机时，交换机上没有处理该数据包的流表，该数据包将被交换机转到 SDN 控制器上进行处理，同时交换机缓存该数据包，SDN 控制器根据收到的数据包被动地产生流表并下发到交换机上，缓存的数据包以及后续数据就可以按此流表进行匹配操作。

在被动设置方式中，流表的设置时间是以下四部分时间之和：

（1）数据包从交换机发送到 SDN 控制器的时间；

（2）SDN 控制器处理该数据包的时间；

（3）新产生的流表发送到交换机的时间；

（4）流表保存在交换机上的时间。

因此，在被动方式下影响流表设置时间的关键因素是交换机的处理能力、控制器的处理能力和 I/O 性能，而控制器的处理能力和 I/O 性能不仅取决于硬件设备的能力，也受到软件的影响。例如，使用 C 语言编写的控制器要比 Java 语言编写的控制器性能好。

2.3.6　网络可编程性

在传统的网络环境中，通常需要对每个交换设备分别进行配置，这既费时又容易导致错误，并且容易产生配置信息不一致的情况。而且这种配置方法是静态的，不会随着网络状态的改变而改变配置信息，这种静态性会严重地影响网络性能。传统网络由于缺乏开放性，很难对其内部网络进行直接编程处理，一般是通过命令行编写脚本文件对网络进行一些参数配置。

SDN 的一个关键特征就是控制器具备开放的编程接口。例如，基于安全因素的考虑，SDN 控制器具有数据流重定向的可编程能力，网络管理员可以将访问服务器的输入数据流强制通过一个防火墙进行过滤处理，而从服务器流出的干净数据流则不必经过防火墙处理，这样的处理方式在传统网络中是很难实现的。

2.3.7 网络可靠性

SDN 控制器能够掌握全网视图，能够动态地、智能化地分析网络各链路之间的运行状态，可以自动配置网络以避免出现手工错误，从而提高 SDN 的可靠性。SDN 控制器提高网络可靠性的另一技术就是前面所提到的多径传输，SDN 控制器能够发现数据源端与目的端之间存在的多条传输路径，如果控制器配置的源端到目的端的一条传输路径失效，控制器必须能够快速地将流量迁移到另一条运行正常的链路上，这就需要控制器持续地监控网络拓扑结构。

对于外部连接的可用性，重要的一点是控制器应能支持一些可替代的技术和设计，如用于提高网络可靠性的虚路由冗余协议（Virtual Router Redundancy Protocol，VRRP）和多框链路聚合组（Multi - Chassis Link Aggregate Group，MC - LAG）。

人们担心的另一个问题是，如此重要的 SDN 控制器本身的可靠性又如何呢？显然，单个控制器的故障将会导致整个网络的可用性下降，为了解决这一问题，控制器无论在硬件上还是软件上均要进行冗余设计，SDN 控制器集群化是一种必要的手段。例如，对于两台 SDN 控制器集群，采取一台主用、一台热备份的模式能够提高网络可靠性、可扩展性以及性能。但是为了缩短自愈时间，这些集群的控制器之间应具有内存同步能力。

2.3.8 网络安全性

为了保障网络安全，SDN 控制器必须能够在网管系统中支持企业级鉴别和授权，网络管理员必须能够对控制器流量以及其他的一些关键流量进行管控。除此之外，SDN 的安全性体现在以下几个方面：

（1）复杂的包过滤能力或动态的、智能的访问控制列表（ACL）；

（2）网络多租户之间的网络隔离；

（3）对控制类通信流量的限制；

（4）网络受到攻击时，提供告警机制。

2.3.9 网络的集中管理和可视化

传统网络的运行过程中，通常首先是网络的使用者——用户，而不是网络的管理人员，发现网络的应用性能下降，这将导致用户对网络服务质量产生抱怨。网络管理人员未能及时发现网络性能下降的关键原因是网络管理人员无法看到端到端的网络流量。

SDN 的优势之一就是能够给网络管理人员提供物理网络和虚拟网络的端到端可视化视图，这些视图包括网络的拓扑结构和流量分布。SDN 控制器可以随时掌控网络拓扑结构的变化，一旦网络的拓扑结构发生变化，第一个获知者一定是 SDN 控制器。例如，当网络增加了一台设备时，由于没有为该设备设置相关的流表，因此与该设备相关的 ARP 数据包会第一时间发给控制器。同样，当 SDN 中某台设备出现故障导致该设备不可用时，网络拓扑结构发生了调整，SDN 控制器同样能发现网络拓扑结构的变化。其次，SDN 针对网络流量提供了多种多样的统计计数器。例如，OpenFlow 协议为每个匹配域设置了一个包计数器，为每个流表也设置了一个计数器字段。因此，SDN 控制器就能够非常详细地了解每一台设备、每一条链路上的流量分布，把这些信息通过一些图形化的显示技术提供给网络管理人员，会极大地提高网络管理人员对网络运行状态的了解。在某些理想情况下，上述网络信息也应该以 REST API 的方式开放给网络终端用户。另外，网络管理人员通常希望采用标准的协议和技术对 SDN 控制器本身进行监控。例如，使用简单网络管理协议(SNMP)监控 SDN 控制器和虚拟网络的健康状态。

2.3.10　SDN 控制器供应商

随着 SDN 技术和市场的发展，各大网络厂商争相进入这一领域，出现了越来越多的 SDN 控制器。由于 SDN 市场的不稳定性和特殊性，除了考虑技术本身之外，也应仔细考虑供应商产品的品质，这些品质包括供应商的财务、技术资源、对 SDN 技术的持续投入与关注、市场定位和竞争能力。

传统的网络协议在厂商之间具有很大程度的互操作性，例如，一家厂商使用 BGP 协议的设备可以被其他厂商使用 BGP 协议的设备所理解，虽然厂商可能会在协议中增加一些私有特性，但是通用网络设备厂商基本上都会遵守一条底线。然而在 SDN 方面，情况却并非如此。目前还没有创建 SDN 控制器的统一方式，也没有一套关于 SDN 必须具备哪些功能的要求。因为 SDN 还是一项新兴技术，所有厂商都在发布能够代表其 SDN 观念的控制器，尽可能在市场中突出自己，从而力争成为市场领导者，因此，在考虑 SDN 控制器供应商时，要谨慎考虑厂商锁定隐藏的风险。

2.4　SDN 控制器集群

毫无疑问，SDN 控制器对于把握全网资源视图、改善网络资源交付都具有非常重要的作用。但是 SDN 控制器管理着 SDN 中分布的多台转发设备，随着网络规模的扩大，控制能力的集中化，意味着控制器本身的安全性和性能成为全网的瓶颈，控制器也会面临单点失效的问题，一旦控制器在性能或安全性上得不到保障，随之而来的就是全网的服务能力的降级甚至是中断。另外，单一的控制器也无法应对跨地域的 SDN 问题，因此需要多个 SDN 控制器组成的分布式集群，以避免单一的控制器节点在可靠性、扩展性、性能等方面出现问题。单一的 SDN 控制器所能控制的 SDN 交换机转发节点数量有限，不能满足较大网络规模或地理范围分布较广的网络控制集中管理。例如，NOX 的处理能力大约为每秒 30K 个请求。因此，在较大规模的数据中心，必须考虑分级、分层的多级分布式控制的 SDN 集群控制器。据某数据中心测算，通常一个 1500 台服务器集群每秒产生 100K 个请求，100 台交换机的数据中心每秒产生 10 000K 个请求。

2.4.1　SDN 控制器集群的关键技术

如前所述，SDN 控制器本质上是通用服务器，因此 SDN 控制器集群实际上也就是计算机服务器集群。所谓集群，就是由一些互相连接在一起的计算机构成的一个并行或分布式系统，这些计算机一起工作并运行一系列共同的应用程序，同时为用户和应用程序提供单一的系统映射。从逻辑上看，它们仅仅是一个系统，对外提供统一的服务和接口。通俗地讲，服务器集群系统就是把多台服务器通过高速网络连接起来，对外就好像是"一台服务器"在工作。例如，当我们使用 Google 搜索时，看起来我们的搜索请求像是只被一台 Web 服务器所接受，但事实上我们的搜索请求是被一群 Web 服务器（可能成千上万台服务器）所接受，只不过它们是在一个集群中。

控制器的分布式集群从某种程度上解决了 SDN 控制器的横向扩展性问题。作为 SDN 的控制面，分布式架构的控制平面相比于分布的数据平面要复杂得多，关键在于必须将分布的网络拓扑数据当作一个整体来看待，这就需要在集群节点中建立一个可靠的组播通信系统，而不只是对分布的拓扑数据、计算任务进行简单的划分。SDN 控制器集群的主要作用体现在以下几个方面：

（1）规模化：在集群模式下多个控制器可以承担更多的任务或存储更多的数据。

（2）高可用性：如果在多控制器组成的集群中有一个控制器出现故障，其他控制器仍然可以继续工作，确保整个网络系统的正常运行。

（3）数据持久性：单台控制器重启或因故障而宕机不会造成数据丢失。

基于上述 SDN 控制器集群的主要特点，通常情况下 SDN 控制器集群系统的设计应考虑以下方面的一些关键技术。

1. SDN 控制器集群虚 IP 地址技术

交换机启动时首先要向集群控制器发起连接，但是向集群中哪一台控制器发起连接呢？当然应该是主控制器，问题是主控制器可能会发生变化，那么，当主控制器下线或发生故障时，交换机就要向新的主控制器发起新的连接，这样，交换机实际上要受到主控制器变动的影响。解决这一问题的思路可以采用服务器负载均衡技术，集群服务器对外只有一个统一的 IP 地址，该 IP 地址是一个虚 IP 地址，所有的交换机均以统一的虚 IP 地址连接控制器，集群服务器管理系统根据相关的负载均衡策略负责将虚 IP 地址映射到后台服务器真实的 IP 地址上，实现控制器集群对交换机的透明化管理。

2. 主控制器选举算法

在集群的主控制器运行期间，集群的备份控制器需要周期性地监控主控制器的状态，一旦发现主控制器下线或发生故障，网络访问不可达时，就要启动主控制器的选举算法。这里需要说明的是，主控制器可以是相对特定交换机而言的，也可以是相对所有交换机而言的。前者意味着交换机 A 和 B 可能有不同的主控制器，实现起来比较复杂，但性能较好；后者则意味着交换机 A 和 B 的主控制器是同一台控制器，实现起来相对比较简单，但性能肯定不如前者。假如某控制器成为交换机 A 的主控制器，其他控制器就成为交换机 A 的备份控制器，该控制器也可能成为其他交换机的主控制器或备份控制器，但属于交换机 A 的主控制器有且仅有一个。例如，交换机 A 连接主控制器 1，该集群中其他控制器就成为交换机 A 的备份控制器，一旦主控制器 1 下线或发生故障，就必须确定一台备份控制器成为交换机 A 的主控制器，一旦某台备份控制器成为交换机 A 的主控制器，那么其他备份控制器就不能再试图成为交换机 A 的主控制器，也就是集群中的备份控制器应就"谁"成为交换机 A 的主控制器的问题达成一致。解决分布式系统就某个值或决议达成一致这个问题的一个经典算法是 Paxos 算法，该算法是由 Leslie Lamport 在 1990 年提出的，是一种基于消息传递的一致性算法。在算法设计中，需要考虑算法实现的复杂度，特别是如果控制器集群部署在广域网中，还要考虑带宽延迟等网络质量因素。

3. 集群模式下全网络拓扑的获取、归集和分发技术

在一个大型的 SDN 中，基于全网的流量分布特点以及网络拓扑结构进行全网流量调度是一个重要的业务功能。SDN 区别于传统网络的一个重要特征是 SDN 控制器可以比较容易获得全网的流量分布情况。根据 OpenFlow 协议，一旦某交换机针对某个数据流未设置相匹配的流表，该流将被送到控制器上进行处理，因此，控制器很容易获得与其相连的各个网络拓扑以及流量统计的信息。在单控制器的 SDN 中，该控制器掌握着全网的拓扑信息，能够根据拓扑信息实现资源的优化调度，但在集群控制器中，这样的拓扑信息分布在不同的主控制器中，如何将这些拓扑信息进行集中处理以便进行全网拓扑信息的获取也是 SDN 控制器集群的一个关键问题。

为了获得全网控制器和交换机的工作情况，集群管理系统软件可以定期要求各个主控制器进行链路发现，并将采集回来的网络信息发送给集群管理软件进行汇总处理，分析出全网的拓扑结构以及流量分布特点，再由集群管理系统软件统一下发给各个控制器。在定制数据流的转发策略时，控制器一旦发现数据流传输涉及的设备超过其控制的交换机范围，就会根据全网拓扑告知交换机对应的控制器，并通过协商制定一致的策略，然后统一下发给交换机。

4. 主控制器负载均衡技术

当一台刚启动的交换机通过集群虚 IP 地址连接控制器时，集群中所有的控制器均是该交换机的备份控制器，备份控制器之间根据相关算法(如 Paxos)选举出该设备的主控制器，并将交换机访问的虚 IP 地址映射到该主控制器的真实 IP 地址上。如果选举算法中没有考虑负载均衡策略，就容易造成某台控制器成为很多交换机的主控制器，从而导致各控制器负担不均。例如，在 ONOS 控制器软件系统中 ONOS 实例会“抢夺”交换机设备，可能造成某些 ONOS 控制器设备管理过多的交换机设备，而另一些 ONOS 设备则没有或只有很少的交换机与其连接。

因此，利用负载均衡技术实现主控制器之间的负载均衡，连接新的交换机或将此前指派失效的服务器虚拟 IP 地址映射到其他工作正常的主控制器上，同时触发对全网拓扑信息的更新和获取。对于负载过重的主控制器，可以通过一些负载均衡算法让出一些交换机给其他备份控制器控制。

5. 控制器集群中如何确保各网络设备的逻辑和状态的一致性

在集群各控制器之间保存了大量的网络拓扑和状态信息，这些信息需要在各控制器之间保持信息的同步和一致性，这些信息的同步和一致性以及一致性时延问题是控制器集群高效运转的一个关键指标。集群的可用性和一致性往往是矛盾的，一致性强(信息同步时延少)导致可用性差，应在确保可用性的前提下尽量做到一致性强。集群控制器逻辑和状态一致性设计的关键是集群通信架构的设计，要采用一些成熟的集群通信架构，如 JGroups，该架构是一个开源的、使用 Java 编写的、成熟可靠的组播通信机制，其主要功能包括节点成员发现、节点间的组播通信以及节点间状态信息的传递等。JGroups 使用 TCP 作为传输方式并且通过 UDP 多播进行组成员节点的发现，其适合场合有服务器集群、多服务器通信、服务器复制、分布式 Cache 缓存等。

利用集群化的控制器，SDN 能够避免单一控制器造成的单点失效问题，同时具有良好的扩展性以应对海量的交换机流量。尤其是在广域网环境下，多地部署的集群控制器可有效改善 OpenFlow 数据包的传输延迟，较好地提升网络性能。

试想一下，当我们在一个已有的 SDN 控制器集群系统中引入另一种 SDN 控制器设备时，是否需要重新开发能够兼容新的 SDN 控制器设备的集群管理系统呢？显然，集群 SDN 控制器之间需要逻辑和状态信息同步，这些信息应该以标准化的格式出现，而适合于不同操作环境下信息交互的最好的形式应该是 XML（扩展标记语言），所以不同控制器之间应以 XML 文件格式来实现信息同步。SDN 控制器横向扩展的标准化工作也是未来 SDN 控制器性能扩展需要考虑的问题。

2.4.2 SDN 控制器集群的现有方案

针对 SDN 控制器横向扩展问题，目前也出现了一些设计方案，这些方案可以分为两大类：一类是扁平化的 SDN 控制器集群；另一类是分层级的 SDN 控制器集群。分层级控制的主要思想就是将现有网络划分为不同的控制区域，在每个区域内设置一个或多个控制器，这些控制器通过保证网络状态的一致性来实现对网络的统一管理和控制，如 HyperFlow、Kandoo，控制器之间也可以形成上下级关系。而所谓的集群模式，实际上是负载均衡在控制器上的应用，如 Master/Slaves、ONOS。

1. ONOS

由斯坦福大学和加州大学伯克利分校的 SDN 先驱创立的非营利性组织 ON.Lab 推出的开源 SDN 操作系统 ONOS 可以作为服务器部署在集群和服务器上，在每台服务器上运行相同的 ONOS 软件，在 ONOS 服务器发生故障时可以快速地进行故障切换。分布式核心平台是 ONOS 架构特征的关键，它能够为用户提供一个运营商级的可靠性的运行环境。

ONOS1.1.0 版支持集群模式，ONOS 使用 Hazelcast 架构实现对集群成员的管理，各控制器之间彼此分享各自的运行状态，共同管理网络中的设备。Hazelcast 是一个高度可扩展的 Java 数据分发和集群平台，可用于实现分布式数据存储、数据缓存。Hazelcast 的集群属于"无主节点"，不是传统的客户端/服务器(C/S)系统。

在集群中某台服务器上的 ONOS 实例启动以后，ONOS 将"抢夺"网络中的设备，开始请求成为该设备的主控制器(Master)，在成为该设备的主控制器后，ONOS 开始下发 BDDP(Broadcast version of LLDP)广播包来探测网络链路生成拓扑，链路更新触发拓扑更新事件并广播，其他实例也将同步更新，实现共享全局网络视图。一旦某台服务器上的 ONOS 实例成为网络中某台交换机的主控制器后，其他服务器上的 ONOS 实例则自动成为该交换机的备份控制器(Standby)。这种机制容易造成 ONOS 实例间负担不均，极端情况下某一个 ONOS 实例成为所有网络设备的主设备。为了缓解这种极端情况的产生，ONOS 提供了一种均衡机制，ONOS 可以将自己的主控制器身份"转让"给其他控制器。此外，当某台服务器上的 ONOS 实例突然下线或发生故障时，连接该实例的网络设备会重新连接其他活跃的 ONOS 实例。

2. HyperFlow

HyperFlow 是一种基于 OpenFlow 的分布式控制平面方案，实际上是基于 NOX(一种

SDN 控制器）的应用程序。HyperFlow 由控制器组件和事件发布系统（订阅/发布模型）组成。其中，控制器组件的主要功能包括控制器状态修改事件的捕获及序列化、事件发送与回放、向交换机发送命令等；事件系统拥有全网视图，并以订阅/发布模式来传输控制器节点之间的网络事件，完成节点间信息的同步。只有捕获到相应的事件，控制器才会改变状态，通过订阅/发布模式序列化并发布事件。HyperFlow 是基于分布式文件系统 WheelFS 而设计的，网络事件在不同控制器之间以文件的形式来传输。

　　HyperFlow 通过将网络划分为多个逻辑区域，每个区域内部署一个或者多个控制器来管理 OpenFlow 交换机，交换机采用就近原则连接控制器，每台控制器只需要管理特定区域中的 OpenFlow 交换机，拥有一定处理局部范围内事件的权利，而把影响全局的事件不定期地对外发布，其他控制器接收到事件消息后会重发该消息以达到全网视图的同步。HyperFlow 中每个控制器需要维护全局的网络状态，并且实时地对其进行同步更新。这种方式能够应对一些不频繁更新的事件，如链路状态的改变，但对于规模很大并且状态变化频繁的网络来说，控制器间的状态维护会带来一定的开销，成为系统的瓶颈。目前，HyperFlow 还无法实现对全局数据流状态的实时可见性。

3. MSDN

　　MSDN 是 a Mechanism for Scalable Intra-Domain Control Plan in SDN 的简称，是由清华大学提出的一种 SDN 控制器集群方案，如图 2-5 所示。MSDN 是一个大型的逻辑意义上的控制器，整个架构自顶向下分为三层：第一层是负载均衡系统；第二层是控制器集群系统；第三层是分布式的数据共享系统。当一个数据流请求数据包到达这个逻辑的控制器后，首先被负载均衡系统按照某种调度算法分发到第二层某台实际的物理控制器上，然后物理控制器调用第三层的数据共享系统查看网络的全局视图，计算该数据流的转发路径并生成、安装相应流表。对于请求的返回数据包，物理控制器直接返回，不再经过负载均衡系统。

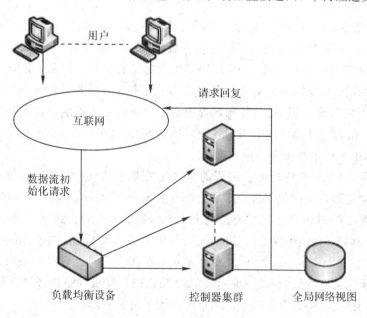

图 2-5　负载均衡思想应用于 SDN 控制器集群

负载均衡器可以按照多种算法对数据包进行分发，如轮询算法，根据 IP 地址用哈希算法进行散列，所有控制器都是等价的，其任务是根据全网视图计算第一个流的转发路径和 OpenFlow 表项。

4. Kandoo

Kandoo 创建了两层的多控制器设计方案，该方案将控制器分为如图 2-6 所示的两类：一类是本地控制器(Local Controller)；另一类是根控制器(Root Controller)。在该方案中，应用被划分为仅需要使用本地网络的本地应用以及需要全网视图的非本地应用两类，前者应用运行于 Local Controller 上，Local Controller 以就近原则管理本地交换机，而 Root Controller 则运行非本地的控制器应用，控制所有的 Local Controller。当网络规模较大时，Local Controller 可通过集群的方式实现，而 Root Controller 可以采用分布式控制器来实现。

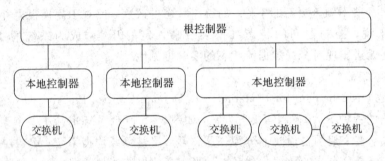

图 2-6　一种典型的分层结构的控制器集群架构

2.5　SDN 控制器的编程接口模式

SDN 控制器的编程接口可以通过编程的方式扩展或利用 SDN 的功能。SDN 控制器的南向接口主要面向 SDN 交换机，其标准化程度较高，一般情况下不需要进行功能扩展，SDN 控制器的编程接口主要是指 SDN 控制器的北向编程接口。目前，北向 API 的标准化工作一直是空白的，这是因为北向接口面向具体的业务层，业务层对网络层的需求很难抽象出带有普适性的标准，如同在软件领域提倡多年的面向业务的组件(SOA)发展不尽如人意的原因一样，很难设计出可以应用于各个领域的 SDN 业务组件，这也恰恰说明北向 API 实际上是整个 SDN 应用的关键和技术难点。

应用程序需要对 SDN 进行再次编程的理由主要基于两点：一是应用程序需要根据自身的业务需求动态地改变网络设置；二是没有一款 SDN 控制器具备所有的网络功能，也就是说，有可能需要在 SDN 控制器原有的功能之上增加新的功能。例如，对于一款没有路由功能的 SDN 控制器，我们可以借助 SDN 控制器提供的 API 设计新的路由模块(实现 BGP 协议)。从这个意义上来说，SDN 的开放性和可编程性为我们进行网络协议的创新提供了便利，使得传统意义上所认为的"高贵的"、难于接近的计算机网络内部协议的设计、测试、运行变得"平民化"，其研究手段和方法的难度得到了极大的降低。

SDN 控制通常通过两种方式对上层应用程序提供相应的网络服务，一种是本地 API 方式，这种方式要求应用程序与控制器耦合程度高，具体来说，就是应用程序和 SDN 控制器必须在同一计算机上运行,这样就限制了应用程序的使用环境,在实际中具有很大的局限性;另一种模式是远程调用 API 方式,这种模式允许应用程序远程调用 SDN 控制器提供的编程接口,应用程序和 SDN 控制器可以部署在不同的物理机器上。后一种模式正式的名称就是 REST API 远程调用。

2.5.1　本地 API 调用

本地 API 调用方式实际上就是控制器提供相应的软件开发包(SDK),网络应用程序通过调用 SDK 中提供的函数与控制器紧密耦合在一起,控制器在开发过程中需要对相关的网络功能进行有效的封装,使开发者使用起来更为容易。通常,使用 C 语言开发的控制器以动态库的形式对外提供编程接口,而 Java 语言开发的控制器则以 jar 文件的形式对外提供服务。

另一方面,随着开源控制器的出现,开发者也可以在控制器的源代码上直接增添新的代码,与控制器源码一起重新编译链接成新的控制器。例如,Floodlight 和 OpenDaylight 控制器的新功能的开发通常是将新功能源码嵌入到控制器源码中。该方法的优点是可以通过分析控制器源码更准确地理解和调用控制器提供的编程接口,缺点是开发者入门比较困难,需要了解控制器的整体框架和很多技术细节。相比而言,直接调用控制器封装好的 SDK 则由于不需要深入了解控制器内部实现细节而显得更容易上手。

2.5.2　REST API 远程调用

REST 是表述性状态传输(REpresentational State Transfer)的英文缩写,是由 Roy Thomas Fielding 博士在其 2000 年发表的博士论文 *Architectural Styles and Design of Network-based Software Architectures* 中提出的一种软件框架。这是一种通过 URL 访问资源的方法,是一种 Web 服务模式,但 REST 模式与复杂的 SOAP 和 XML - RPC 相比要更简单实用,是一种轻量级的 Web 服务架构。REST API 调用是基于 HTTP 协议的,API 的展现不同于传统的函数调用方式,它的参数就是通过 HTTP Get/Post 等方法上传的参数,Web 服务的返回值类型通常以 XML 或 JSON 的数据形式提供。

一个提供 REST 调用风格的 Web 服务也称为 RESTful,它是一个使用 HTTP 协议并遵循 REST 设计原则的 Web 服务,RESTful 一般具有以下特征:

(1) 基本的统一资源定位符(URI),如 http://example.com/resources/。

(2) 一种 Internet 常用的数据类型,通常是 JSON、XML、Atom、Images 等。

(3) 标准的 HTTP 方法,如 GET、PUT、POST 或 DELETE。

(4) 通过超链接方式引用状态。所谓通过超链接方式引用状态,就是说数据状态信息的维护是通过超链接来实现的。例如,在 http://example.com/resources/login.do? name ＝wang 这个 URI 中,系统将 name 传给了后台 Web 服务,后台 Web 服务如何记住这个 name 呢? 在一般的 Web 应用或网站中通常可以使用多种方式实现这一目的,如会话(Session)、隐藏表单域或 Cookie 等方法。但在 RESTful Web 服务中只能通过超链接方式再次在 URI 后面添加 name＝wang 来实现。

(5) 通过超链接方式引用相关资源。

表 2 - 2 列出了 RESTful API HTTP 方法的典型应用。

表 2 - 2   RESTful API HTTP 方法

资　源	GET	PUT	POST	DELETE
URI 集合，如 http://example.com/resources/	列出该集合中所有 URI 的详细信息	使用另外的 URI 集合替换当前的 URI 资源	在集合中创建一个新的入口，这个新入口的 URI 通常在该操作中返回	删除整个集合
单个 URI，如 http://example.com/resources/login.do?	以合适的 Internet 媒体类型返回指定的 URI 详细信息	替换或创建指定的 URI 资源	创建一个新的入口，但很少使用此命令	删除集合中指定的成员

REST 架构遵循 CRUD 原则，CRUD 原则对于资源只需要四种行为：CREATE(创建)、READ(读取)、UPDATE(更新)和 DELETE(删除)。通过这四种行为就可以完成对资源的操作和处理。这四种操作是一种原子操作，即一种无法再分的操作，通过它们可以构造更加复杂的操作过程。

2.6   SDN 开源控制器

因为 SDN 控制器占有重要地位，显然是兵家必争之地，因此，很多公司和组织都投入到 SDN 控制器的研究和开发中，陆陆续续地出现了很多 SDN 控制器，如 OpenDaylight、OpenContrail、Ryu、Floodlight、NOX、SPOX 等，其中最受瞩目的莫过于 OpenDaylight 和 ONOS。

2.6.1   SDN 开源控制器简介

表 2 - 3 列出了目前已经发布的 SDN 控制器，其中很多控制器为开源控制器，这些控制器均支持 OpenFlow 协议。

表 2 - 3   SDN 控制器

控制器名称	支持协议	应用平台	编程接口 API	主要特点
OpenDaylight	OpenFlow OpFlex BGP	Linux Windows	REST	由 Linux 基金会开发，是一套以社区为主导的开源框架，旨在推动创新实施以及软件定义网络透明化
Floodlight	OpenFlow1.0	Linux Windows	REST/Java	由 BigSwitch Networks 开发，具有 Apache 许可证，支持 OpenFlow 协议的控制器，也是一个基于 Floodlight 控制器的应用集

续表

控制器 名称	支持 协议	应用 平台	编程接口 API	主要特点
NOX	OpenFlow1.0	Linux	C++	由 Nicira 开发的业界第一款支持 OpenFlow 协议的控制器,是众多 SDN 研发项目的基础,是一个单件的软件定义的网络生态系统
POX	OpenFlow	Windows Mas OS Linux	C++	由 Nicira 开发的 NOX 纯 Python 实现版本,具有能将交换机送上来的协议包交给指定软件模块的功能
Ryu	OpenFlow	Linux	REST/Java	由 NTT 开发,遵循 Apache 许可证,能够与 OpenStack 平台整合,具有丰富的控制器 API,支持网络管控应用的创建
OpenContrail	OpenFlow XMPP BGP	Linux	REST、Java	是一个逻辑上集中但物理上分散的 SDN 控制器,负责提供管理、控制与虚拟化的网络分析功能
Beacon	OpenFlow	Linux Windows	Java	由斯坦福大学开发,采用跨平台的模块化设计,支持基于事件和线程化的操作,可以通过 Web 的 UI 进行访问控制
Maestro	OpenFlow	Linux	Java	由莱斯大学学位论文提出的、用 Java 实现的一款基于 LGPL V2.1 开源协议标准的多线路控制器,主要应用于科研领域
FlowVisor	OpenFlow	Linux	Java	可安装在商品硬件上的一个特殊的 OpenFlow 控制器,可以将物理网络分成多个逻辑网络,从而实现开放软件定义网络
Mul	OpenFlow	Linux Windows	C	由 Kulcloud 开发,内核采用基于 C 语言实现的多线程架构,为应用提供多个层次的北向接口
Helios(闭源)	OpenFlow	Linux Windows	C	由 NEC 公司开发的基于 C 语言的可扩展的控制器,主要用于科研环境,并且提供了一个可编程的界面来进行实验

　　2013 年 4 月,IBM、Cisco、微软、NEC、Juniper、BigSwitch(后退出)等多家 IT 巨头合作启动了 OpenDaylight 项目。OpenDaylight 采用 Java 开发,是一套开源的 SDN 框架。它是一种在 Linux 基础上开发的开源代码,其目的是进一步推行 SDN 的创新。OpenDaylight 的努力方向是建立一种 SDN 能够承载并享有执行能力的智慧型社区,它将 SDN、OpenFlow、OpenStack 以及 NFV 灵活地聚集在一起,同时结合大数据、云计算、

OpenStack 以及服务链的应用。OpenDaylight 软件是一个组合的组件，包括一个完全可插拔控制器、接口、协议插件和应用。这种组合允许供应商和客户能够利用一个基于标准的技术创新支撑平台，在这个共同的平台上，客户和供应商进行创新和合作，提出以商业化 SDN 和 NFV 为基础的解决方案。

Floodlight 是由 BigSwitch Networks 公司主导开发的开源项目，它的目标是成为企业级的 OpenFlow 控制器。Floodlight 遵循的是 Apache 许可证，基于 Java 的 OpenFlow 控制器，其核心代码被 BigSwitch Networks 的商业化产品所使用并经过专业测试，具有较高的性能和可靠性。Floodlight 不仅仅是一个支持 OpenFlow 协议的控制器（Floodlight Controller），也是一个基于 Floodlight 控制器的应用集。当用户在支持 OpenFlow 协议的网络上运行各种应用程序时，Floodlight 控制器实现了对网络的监控和查询功能。Floodlight 的软件模块可以分为两种类型，即用于实现 SDN 核心网络服务的控制器模块和针对不同业务应用实现解决方案的应用模块。控制器模块提供 Java API 供应的模块调用，同时两类模块还共同支持向上层开放 REST API 作为北向接口。

NOX 由 Nicira 公司主导开发。因为 Nicira 公司的创始者大多数来自斯坦福大学的 OpenFlow 研发组，所以 NOX 是和 OpenFlow 并肩成长的，也是业界第一款支持 OpenFlow 协议的控制器，并在 2008 年被 Nicira 公司提供给开源社区。最初 NOX 控制器开发支持 Python、C++语言，NOX 的核心架构和关键部分都是使用 C++实现以保证其性能。随着项目的推进，当前的项目可以分为 NOX 和 POX 两个版本。其中，NOX 版本主要面向 Linux 平台，利用 C++开发，目标是提供快速的控制器平台；POX 版本则利用 Python 开发，能够在 Windows、Mac OS、Linux 等多种平台上运行，目标是提供控制器部署的便利性。NOX 是一个单件的软件定义的网络生态系统，它为开发者和研究者提供了一个平台，以推动家庭网络和企业网络的创新，开发者可以在这个平台上利用 NOX 控制网络中所有的连接，也可以介入所有数据流的传输。同时，NOX 也为网络运营商提供了一个有用的网络软件，它可以支持对网络中相关交换机的管理，在用户和主机层面上进行权限管控，并具备一个完整的策略引擎。

Ryu 是由日本 NTT 公司负责设计研发的一款开源 SDN 控制器。同 POX 一样，Ryu 也是完全由 Python 语言实现的，使用者可以在 Python 语言上实现自己的应用。Ryu 目前支持 OpenFlow1.0、1.2、1.3 版，遵循 Apache 许可证。Ryu 控制器中提供了大量的组件和库函数供 SDN 应用的开发。其中，库函数是 Ryu 针对 SDN 控制器需求抽取出的一些共性功能，这些库函数可以在组件的实现中被直接调用，而组件之间的关系则是相互独立的。Ryu 支持与 OpenStack 云计算管理平台的整合，这使得网络资源能够与计算资源、存储资源一起被统一交付给用户，实现了资源池化和按需调度，这一点对虚拟主机等云计算典型业务而言非常关键。当前，Ryu 已经被 Pia8 等公司在其推出的面向云计算的网络开发平台产品中采用，并取得了很好的效果。同时，随着 OpenStack 的不断发展和成熟，Ryu 在利用 SDN 改善云计算服务方面将会起到更加重要的作用。

2.6.2 OpenDaylight 控制器

OpenDaylight 是一个项目的名称，同时也是一个组织的名称，会员分为铂金会员、黄金会员和白银会员，这些会员均来自于 IT 行业的知名企业。铂金会员主要包括 Brocade、

Cisco(思科)、Citrix、Ericsson(爱立信)、HP、IBM、Juniper、Microsoft(微软)、Redhat。黄金会员有 NEC、VMware。更多的会员是白银会员,我国的中兴通讯(ZTE)和华为都在白银会员之列。从这些主要的会员成分来看,OpenDaylight 无疑是一个侧重供应商的开源项目。

OpenDaylight 属于 Linux 基金会推出的一个开源项目,其主要目的是通过开源的方式创建共同的供应商支持框架,而不依赖于某一个供应商,创造一个供应商中立的开放环境,每个人都可以贡献自己的力量,从而不断推动 SDN 的部署和创新,打造一个共同开放的 SDN 平台,在这个平台上进行 SDN 的普及与创新,供开发者来利用、贡献和构建商业产品及技术。OpenDaylight 的最终目标是建立一套标准化软件,帮助用户以此为基础开发出具有附加值的应用程序。

OpenDaylight 项目软件版本以化学元素周期表的方式命名,至今已经推出 Hydrogen (氢)、Helium(氦)、Lithium(锂)、Beryllium(铍)、Boron(硼)等版本。Hydrogen1.0 又分为三个不同的版本:基础版(Base Edition)、虚拟化版(Virtualization Edition)、服务提供商版(Service Provider Edition)。OpenDaylight 项目开始的几个版本的介绍文档很少,直到锂版本发布后才相应地推出配套的用户手册。

1. OpenDaylight 架构

OpenDaylight 控制器平台的系统架构如图 2-7 所示,该框架平台包括一系列功能模块,可动态组合提供不同的服务,其中主要包括拓扑管理、转发管理、主机监测、交换机管理等模块。服务抽象层(SAL)是控制器模块的核心,自动适配底层不同的设备,使开发者专注于业务应用的开发。SAL 北向连接功能模块以插件的形式提供底层设备服务,南向接口连接多种协议插件,屏蔽不同协议的差异性,为北向功能模块提供一致性服务,业务适配层起到中间调度的作用。南向接口支持多种不同协议,如 OpenFlow、OpenFlow 流表类型匹配、NETCONF、BGP/PCEP 以及 CAPWAP 等。

逻辑上整个框架从上到下可以分为四个平面层次,即网络应用层、控制平面、南向接口和协议插件层、数据平面。网络应用程序经过 AAA 认证登录控制器并通过控制器提供的 API(RESTs)调用相关的网络服务。控制平面又可以分为两层,上层为网络服务层,下层为服务抽象层,网络服务层包括网络基本服务(网络必备的功能,如拓扑管理、状态管理、交换机管理、流表管理、主机追踪等)和其他服务(网络可选的功能,如 BGP 服务、OpenStack 服务、LISP 服务、L2 交换服务等)。服务抽象层为网络服务层访问南向接口和协议插件层提供统一的访问界面,屏蔽了南向接口和协议插件层不同协议之间的差异。南向接口和协议插件层以插件的形式包含多种协议,利用这些协议负责与 SDN 交换机进行交互,通过下发各种转发策略或接收来自交换机的信息来管理数据平面。数据平面理论上可以包括各种各样的交换设备,包括支持 OpenFlow 协议的设备、OpenvSwitch、虚拟或物理设备。

从上述 OpenDaylight 的框架内容来看,OpenDaylight 控制器对网络应用程序而言,其可供调用的网络服务就是控制平面网络服务层的各种服务,这些服务以组件(也可以称为插件)的形式存在,支持用热插拔的方式启用或卸载,表 2-4 列出了 OpenDaylight Helium 版本所支持的组件。

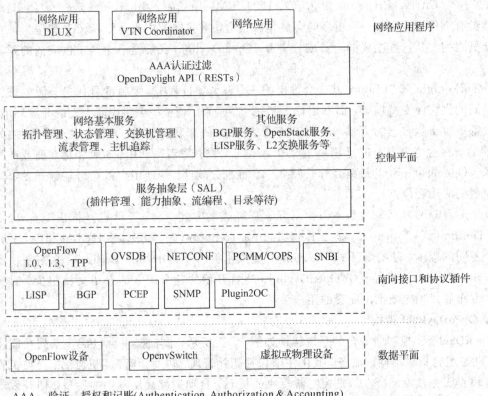

AAA：验证、授权和记账(Authentication, Authorization & Accounting)
BGP：边界网关协议(Border Gateway Protocol)
DLUX：控制器OpenDaylight用户界面(OpenDaylight User Experience)
LISP：位置/标识分离协议(Locator/Identifier Separation Protocol)
PCMM/COPS：分组电缆多媒体/公共开放策略服务(Packet Cable MultiMedia/Common Open Policy Service)
PCEP：路径计算单元通信协议(Path Computation Element Communication Protocol)
Plugin2OC：控制器OpenContrail插件(Plugin To OpenContrail)
SNBI：安全的网络自启动设施(Secure Network Bootstrapping Infrastructure)
SNMP：简单网络管理协议(Simple Network Management Protocol)
VTN：虚拟租赁网络(Virtual Tenant Network)

图 2－7　OpenDaylight 架构示意图

表 2－4　**OpenDaylight Helium 版本插件列表**

组件名称	组件描述	Karaf 特征名称	兼容性
BGPCEP	支持 BGP LS PCEP	odl－bgpcep－all	all
Defense4All	启用 DDoS 检测和防御	n/a，see Defense4All	all
Group Based Policy	启用末端用户注册和策略 REST API 以及基于组策略的相关功能验证	odl－groupbasedpolicy－ofoverlay	self＋all
L2 Switch	通过连接 OpenFlow 交换机提供 L2（以太网）转发并且支持主机追踪	odl－l2switch－switch－ui	self＋all
LISP Flow Mapping	能够使 LISP 控制平面提供服务，包括映射系统服务的 REST API 和 LISP 协议南向插件	odl－Lispflowmapping－all	all

续表

组件名称	组 件 描 述	Karaf 特征名称	兼容性
MD - SAL Clustering	为操作 OpenDaylight 集群实例提供支持	odl - mdsal - clustering	special
Netconf over SSH	在 SSH 上支持 Netconf - enabled 设备	odl - netconf - connector - ssh	all
OpenFlow Flow Programming	OpenFlow 交换机和拓扑之间的发现和控制	odl - openflowplugi - Flow - service - ui	all
OpenFlow Table Type Patterns	允许 OpenFlow 流表类型模式手动和网络部件连接	odl - ttp - all	all
OVS Management	使用 OVSDB 插件启用 OVSDB 管理及其相关 OVSDB 北向的 API	odl - ovsdb - all	all
OVSDB OpenStack Neutron	通过 OpenDaylight OVSDB 支持 OpenStack 网络虚拟化	Odl - ovsdb - openstack	all
Packetcable PCMM	用于为 DOCSIS 架构中使用的 CMTS 提供基于流表的动态 QoS 管理	odl - packetcable - all	all
Plugin to OpenContrail	通过 OpenContrail 提供 OpenStack Neutron 支持	odl - plugin2oc	self+all
RESTCONF API Support	采用 REST 访问 MD - SAL，包括数据存储	odl - restconf	all
SDN Interface	为在 OpenDaylight 实例（非集群）之间的互动和分享提供支持	odl - sdninterfaceapp - all	all
Secure Networking Bootstrap	定义一个 SNBI 域以及该域中的设备列表	odl - snbi - all	all
Service Flow Chaining(SFC)	支持应用于特定流量的网络服务链	dl - sfc - all	all
SFC over LISP	基于 LISP 的 SFC	odl - sfclisp	all
SFC over L2	基于 L2 转发的 SFC	odl - sfcofl2	all
SFC over VXLAN	基于 VXLAN 的 SFC（通过 OVSDB）	odl - ovsdb - ovssfc	self+all
SNMP4SDN	通过 SNMP 监控和控制网元	odl - snmp4sdn - all	all
VTN Manager	支持虚拟租赁网络，包含 OpenSatck Neutron	odl - vtn - manager - all	self+all

注：all 表示该组件可以与其他任何组件一起运行，self+all 表示该组件可以和其他任何标注为"all"的组件一起运行，但不能和其他"self+all"的组件一起运行。

2. OpenDaylight 核心技术

OpenDaylight 软件项目使用 Java 语言开发，在技术上采用了很多成熟的 Java 技术框架，包括 OSGI（Open Service Gateway Initiative）、Maven、Infinispan、SAL（Service Abstraction Layer）、Netty、REST 等。

1）OSGI 框架

OpenDaylight 基于 OSGI 以实现 Apache Karaf 来构造系统，OSGI 是一种面向服务的架构，同时也是面向 Java 的动态模型系统，OSGI 将应用视为对等模块的相互协作，支持控制器运行时对相关组件的安装、删除和更新操作，每一个组件被称为一个 Bundle，OpenDaylight 的内部应用就是一个个的 Bundle。借助于 OSGI 的架构，OpenDaylight 系统具有很好的灵活性和可扩展性，这对于大型系统而言是非常重要的，下面简单介绍 OSGI 框架。

在介绍 OSGI 框架之前，有必要先了解一下 OSGI 联盟。OSGI 联盟是一个由 Sun Microsystems、Ericsson、IBM 等公司在 1999 年 3 月成立的开放的标准化组织，最初该组织被称为 Connected Alliance，它是一个非营利性的国际组织。正如 OSGI 字面的含义所示，OSGI 成立之初的主要想法是为各式各样的网络服务设备提供一个统一的网关服务平台，使开发者能够创建动态的、模块化的 Java 服务器系统。

由于 OSGI 的诸多优秀特性（可动态改变系统行为、热插拔的插件体系结构、高可复用性、高效性等），因此被用于许多 PC 上的应用开发。OSGI 框架是一个轻巧的、松耦合的、面向服务的应用程序开发框架。OSGI 发展到今天已经得到了众多企业、厂商、开源组织的支持，主流的 Java 应用服务器（Oracle 的 Weblogic、IBM 的 Websphere 及 Sun 的 Glassfish 等）都已经采用了 OSGI。

OSGI 规范的核心组件是 OSGI 框架，OSGI 中的应用程序被称为组件，OSGI 的整个框架包括服务注册、生命周期管理和规范服务三个方面的内容。其中，服务注册为 Bundles 的动态特征提供了协作模型，Bundles 之间可以使用传统的类共享机制实现协作，但是类共享机制对于动态安装和卸载的模块来说是不一致的，而服务注册表为 Bundles 之间共享对象提供了一致的模型。生命周期管理用于动态管理 Bundles 的生命周期，可以动态安装、启动、停止、更新和卸载这些 Bundles，Bundles 依赖于模块层的类载入，但是添加了运行管理的 API。生命周期管理层引入了应用程序通常不具有的动态性，用有扩展的依赖机制来保证环境的正确运行。服务层定义了一个动态的协作模型，服务模型定义在 Bundles 模块的基础上，Bundles 可以动态地发布、查找服务，并且当该服务的状态（生命周期）改变时，能够发出通知，这样，所有对该服务关心的 Bundles 就可以通过注册监听器的方式接收消息，作出后续的处理。

一个 Bundle 其实就是一个 jar 文件，这个 jar 文件和普通的 jar 文件唯一不同的地方就是 Meta - inf 目录下的 MANIFEST. MF 文件的内容，关于 Bundle 的所有信息都在 MANIFEST. MF 中进行描述，可以称它为 Bundle 的元数据，这些信息中包括 Bundle 的名称、描述、开发商、Classpath、需要导入的包以及输出的包等。

一个 OSGI 框架应用的典型就是 Eclipse，Eclipse 在 3.0 以前的版本采用的是自己设计的一套插件体系结构，Eclipse 的插件体系结构在整个业界都是非常知名的，也被认为是非常成功的一种设计，但 Eclipse 在 3.0 版本时却做了一个重大决策，就是推翻它自己以前的插件体系结构，采用 OSGI 作为其插件体系结构。Apache Karaf 项目也是采用 OSGI 框架的一个轻量级容器的实例，OpenDaylight 通过该模块可以热部署各种 OpenDaylight 组件。

2）Maven 工具

Maven 是软件构建工具，能够帮助我们自动构建软件的生成、打包、部署、测试、清理以及生成报告等过程。

3）Infinispan 集群

Infinispan 用于实现 OpenDaylight 控制器集群，是一个开源的数据网格平台，它用公开的一个简单的数据结构（一个 Cache）来存储对象。虽然可以在本地模式下运行 Infinispan，但其真正的价值在于分布式模式，在这种模式下，Infinispan 可以将集群缓存起来并公开大容量的堆内存。

4）SAL

SAL 为整个 OpenDaylight 项目框架提供基础设施服务，包括各种 OpenDaylight 开发需要用到的基础功能，它类似于 Linux 内核。SAL 将服务抽象使得上层和下层之间的调用相互隔离，SAL 又可以分为 API 驱动的服务层（API-Driven SAL，AD–SAL）和模型驱动的服务层（Model-Driven SAL，MD–SAL）两种类型，MD–SAL 与 AD–SAL 并没有太多的差别，都是由一些南向/北向的插件（SB/NB–Plugin）以及中间的抽象层组成。抽象层主要完成请求的路由过程，也就是将来自北向插件的请求发送给合适的南向插件，由南向插件执行相应的请求。可通过 AD–SAL 和 MD–SAL 给独立的网络应用提供完善的二次开发接口。

在 AD–SAL 中并没有使用 Yang 对相关请求与通知功能进行建模，而是直接静态地使用了 Java APIs 进行路由与适配。在 MD–SAL 方式中，首先使用 Yang 对南向插件需要实现的功能进行建模，再使用 Yang 工具与 Maven 生成相关的 Java APIs，通过对模型的查询来动态地进行路由与适配。

5）Netty 框架

Netty 是一个高性能、异步事件驱动的 Java NIO（New I/O）框架，它提供了对 TCP、UDP 和文件传输的支持。作为一个异步 NIO 框架，Netty 的所有 I/O 操作都是异步非阻塞的，通过 Future–Listener 机制，用户可以方便地获取或者通过通知机制获得 I/O 操作的结果。作为当前最流行的 NIO 框架，Netty 在互联网领域、大数据分布式计算领域、游戏行业、通信行业等获得了广泛的应用。OpenDaylight 南向使用 Netty 来管理底层的并发 I/O，并建立与 SDN 交换机之间的 TCP 连接。

6）REST 调用接口

REST 调用接口允许上层网络应用程序与控制器驻留在不同的物理机器上，这样做可以有效地提高上层应用程序和控制器各自的性能，同时避免上层网络应用程序由于自身的低效率或故障而影响控制器的运行。例如，上层网络应用程序在短时间内占用大量的 CPU 运算时间或大量的内存。

3. OpenDaylight 应用开发

OpenDaylight 的结构层次从下到上依次划分为数据平面（包括物理交换设备与虚拟交换设备等）、南向接口与协议插件、控制平面（包括核心控制部分与相关服务）、上层网络应用与服务。OpenDaylight 的应用开发主要有两种模式，如图 2–8 所示。

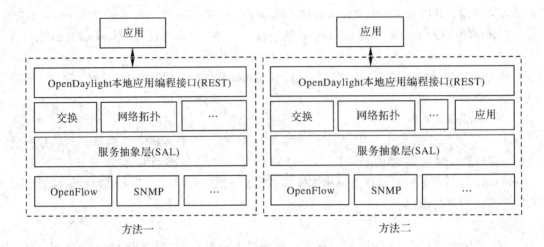

图 2 - 8 OpenDaylight 应用开发方式

(1) 外部应用（方法一）：应用通过 OpenDaylight 提供的 RESTful 接口使用 OpenDaylight 提供的全部功能；

(2) 内部应用（方法二）：应用内嵌于 OpenDaylight 中，同时向外部提供 RESTful 接口以供外部程序调用，内部应用作为 OpenDaylight 的一个组件进行开发。

外部应用模式的开发更适合于非网络功能的应用程序，例如，开发一个防御 DDoS 的网络应用程序，程序的主要功能是根据接收的网络数据包，应用多种形式的模型综合分析网络数据包的攻击特征，从而调用 REST API 下发流表对攻击源数据包进行"清洗"。这种需要大量计算的应用程序更适合部署在高性能的独立服务器上，以确保计算资源（CPU、内存等）的充足供应。当业务逻辑复杂时，完全使用 REST 的方式可能会导致调用 REST 接口过多而影响性能。内部应用则更适合开发一些与网络功能密切相关的特殊插件，通常 OpenDaylight 本身并不具备这些插件的功能，需要更深层次的重新开发，同时该组件也需要对外提供 REST API 接口。

直接调用 OpenDaylight REST APIs 开发上层网络应用程序，可以使开发者屏蔽掉底层复杂的功能实现，而专注于功能的创新与开发。但是直接使用 API 进行开发仍旧不够简便，因为需要进行大量的 GET/POST/DELETE/UPDATE 等操作，因此可以在 API 的基础上，将类似的功能用开发语言进行封装，形成新的软件开发包（SDK），从而提升开发效率，本书第七章将给出基于 OpenDaylight REST API 开发应用的实例。

另一种办法是将网络应用程序看作是控制器的一个插件而内嵌于 OpenDaylight 中，由于 OpenDaylight 的开源性使得开发者可以方便地获得 OpenDaylight 源码，在 OpenDaylight 项目工程文件中添加自己的源文件，通过 Maven 工具编译链接获得新的 OpenDaylight 控制器版本。内部应用开发模式要求开发者必须熟悉 OpenDaylight 整体框架结构、内部插件功能、SAL 和开发流程。插件开发流程如图 2 - 9 所示，首先通过 Yang 工具建模，应用 Yang 工具可以产生 Java API 接口定义函数，然后编写实现接口的插件源代码，接着通过 Maven 构建工具生成两种类型的 Bundle（jar 文件），即"API"OSGI Bundle 和"Plugin" OSGI Bundle，最后将 Bundle 部署到控制器上，至此就成功地在 OpenDaylight 上增加了新的功能组件。

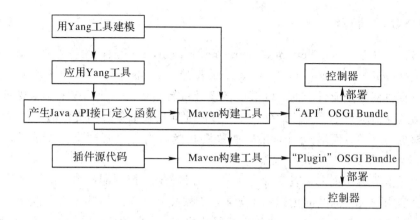

图 2 - 9   OpenDaylight 插件开发流程

Yang 模型文件如下：

```
module config - test {
    yang - version 1;
    namespace "urn:opendaylight:params:xml:ns:yang:controller:test";
    prefix "test";
    import config { prefix config; revision - date2013 - 04 - 05; }
    description
        "Testing API";
    revision "2013 - 06 - 13" {
        description
            "Initial revision";
    }
    identity testing {
        description
            "Test api";
        base "config:service - type";
        config:java - class "java. lang. AutoCloseable";
    }
}
```

产生的 API 接口文件如下：

```
/ * *
* Test api
* /
@org. opendaylight. controller. config. api. annotations. Description(value = "Test
api")
@org. opendaylight. controller. config. api. annotations.
ServiceInterfaceAnnotation(value = "testing", osgiRegistrationType = java.
lang. AutoCloseable. class)
public interface AutoCloseableServiceInterface extends org. opendaylight.
controller. config. api. annotations. AbstractServiceInterface {
}
```

2.6.3 ONOS 控制器

ONOS 的全称是 Open Network Operating System，即开放网络操作系统，它是由开放网络实验室(Open Networking Lab，ON.Lab)设计、开发的首款开源的 SDN 操作系统，主要面向服务提供商和企业骨干网。ONOS 的设计宗旨是提供一个可靠性强、性能好、灵活度高的网络业务需求技术平台。此外，ONOS 的北向接口抽象层和提供的 API 支持使得应用开发能够更为简单，而通过南向接口抽象层和接口则可以管理支持 OpenFlow 协议的 SDN 设备或者传统设备(非 SDN 设备)。

ONOS 是业界首个面向运营商业务场景的开源 SDN 控制器平台，由业界顶级运营商和最有综合实力的设备商共同创建和主导，重点聚焦在运营商网络和业务场景，充分考虑了运营商对高性能、高可靠性、安全和高扩展性的需求，具备良好的初始架构设计，因而更符合运营商面向未来的业务与网络发展的战略要求，能够端到端地支撑运营商从广域网到数据中心的业务按需、实时、自动部署，以及资源分配和优化。

1. ONOS 诞生及发展

事实上，自 SDN 的鼻祖斯坦福大学和加州大学伯克利分校在提出 SDN 架构后，ON.Lab 就开始了 SDN 控制器的研发，在几年的时间里，他们先后研发出不同种类的控制器，并最终确定 ONOS 作为一款面向运营商网络的开源控制器。ON.Lab 是由斯坦福大学和加州大学伯克利分校创立的非营利性组织，ONOS 得到了开放网络基金会的大力支持。为了满足运营商的商用需求，ONOS 提供了五个应用场景，即 SDN 多层协同控制、SDN＋IP 网络互通、分段路由、NFaaS(网络功能作为一种服务)和 IP RAN。

在 2015 年期间，ONOS 共发布了五个版本，这五个版本分别为 Avocet、Black bird、Cardinal、Drake、Emu。通过版本的更新演进，ONOS 社区对 SDN/NFV 的功能进行了很多改进，使 ONOS 平台逐步走向完善，同时也进一步推动了 ONOS 的商用之路。2015 年，ONOS 正式成为 OPNFV 开源项目集成的控制器选项，并加入了 Linux 基金会，ON.Lab 和 Linux 基金会协同工作，共同为服务提供商网络提供令人信服的开源解决方案。

在 ONOS 生态圈中投资和作出贡献的企业来自于不同的行业和组织，如云服务提供商、电信部门、网络设备制造商、白盒 ODM 制造商、半导体公司以及其他开源组织。这些企业主要包括 Google、腾讯、AT&T、NTT、SKT、中国联通、Ciena、思科、爱立信、富士通、华为、英特尔、NEC 和阿朗。合作成员包括 ONF、SRI、Internet2、Happiest Minds、KISTI、KAIST、Kreonet、NAIM、CNIT、Black Duck、Create-Net、Criterion Networks、ETRI、ClearPath Networks、ECI、BUPT FNL、AARNET、ADARA、AMLIGHT、CSIRO、GARR、OpenFlow Korea、PUST、Radisis 等，这让 ONOS 社区拥有了更加广泛的参与者和贡献者。

2. ONOS 架构

ONOS 架构设计最初的面向对象是服务提供商，因此，可靠性强、灵活度高以及良好的性能成为了 ONOS 开发团队的追求目标。ONOS 软件架构如图 2-10 所示，分为网络应用层(Apps)、北向接口层(NB API)、核心层(Core)、南向接口层(SB API)、协议适配层(Providers and Protocols)、物理网络层(Network Elements)。ONOS 具有良好的图形用户界面，ONOS™GUI 提供多层网络的视角，允许用户探测网元、网络连通性、网络状态、网络错误等。

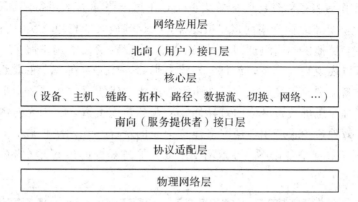

图 2-10 ONOS 分层结构

ONOS 的用户主界面如图 2-11 所示。其主要功能如下：

（1）分布式核心。该功能使得 ONOS 具有较好的伸缩性、高可用性以及高性能，能够提供电信级的 SDN 控制平面，ONOS 的集群运行能力使得 SDN 控制平面和网络服务器层开发具有类似 Web 开发的敏捷性。

（2）北向抽象/APIs。该功能使网络路径规划和网络应用开发更容易调用、管理、配置网络服务，并使得开发具有类似 Web 开发的敏捷性。

（3）南向抽象/APIs。启用插件式的南向协议用于控制 OpenFlow 设备和传统设备，隔离 ONOS 核心模块与不同交换设备和协议的细节，南向抽象是确保从传统设备迁移到 OpenFlow 白牌设备的关键。

（4）软件模块。该功能使得社区开发者或其他开发者对 ONOS 的开发、调试、维护以及升级更为容易。

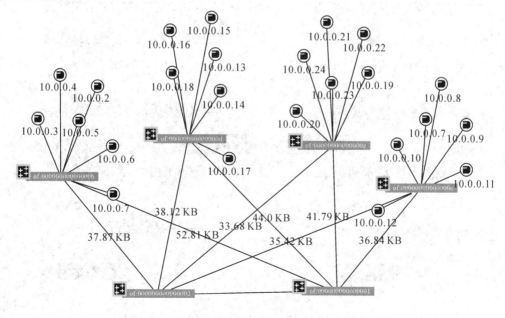

图 2-11 ONOS 用户主界面

3. ONOS 分布式核心

ONOS 可以作为服务部署在服务器集群上,在每个服务器上运行相同的 ONOS 软件(ONOS 实例)。除具备北向和南向接口层之外,ONOS 最大的特色就是具备带有分布式特性的核心层,核心层提供不同组件间的通信、状态管理以及集群选举服务,如图 2-12 所示,多个组件可以表现为一个逻辑组件。对设备而言,总是存在一个主要组件,一旦这个主要组件出现故障,则会连接另一个组件而无需重新创建新组件和重新同步流表。对应用而言,网络图形抽象层屏蔽了网络的差异性。从业务角度上看,ONOS 创建了一个可靠性极高的环境,有效地避免了应用遭遇网络连接中断的情况。当网络扩展时,网络服务提供商可以方便地扩容数据平台且不会导致网络中断。通过相同的机制,网络运营商也可以实现零宕机离线更新软件。

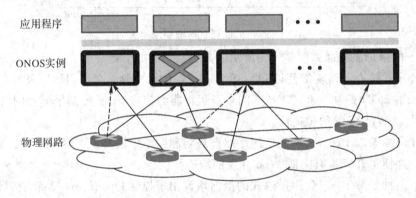

图 2-12 ONOS 分布式核心

多实例的 ONOS 部署方式就是拥有一个或多个 ONOS 实例的集群(如图 2-13 所示),多个实例表现为一个逻辑实体。通过使用 Publish/Subscribe 模型中的高速消息,ONOS 实

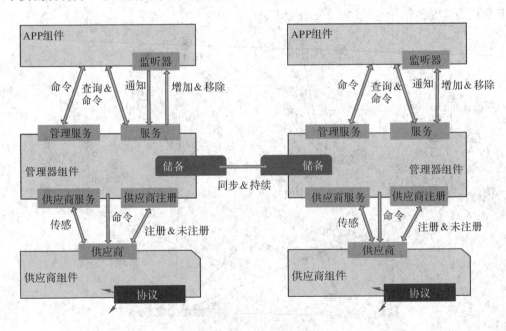

图 2-13 ONOS 集群间通信

例可以将更新的信息快速地通知给其他实例。ONOS 集群设计特性如下：

（1）分布式：由多个实例组成一个集群。

（2）对称性：每一个实例运行相同的软件和配置。

（3）容错与弹性扩展：在集群过程中，当节点出现故障时，集群网络仍然能够运行，同时支持新节点的加入。

（4）位置透明：一个客户端可以和任意实例进行交互，集群要能表现出是单个逻辑实例的抽象。

ONOS 集群间通信分为两种，一种是基于 Gossip 协议，它是数据弱一致性的通信方式；另外一种是基于 Raft 算法，它是数据强一致性的通信方式。具体使用哪种通信方式取决于对不同资源的一致性要求。

2.7　SD-WAN

SDN 控制器集中控制的理念产生的极大好处是提升了对整个网络的感知能力，能够更全面地对网络发生的波动做出及时的响应，同时能够简化对全网的管理。另一方面，随着软件技术的发展，特别是网络功能虚拟化(Network Functions Virtualization，NFV)以及软件卸载技术的应用，网络设备功能软件化使得网络部署变得更为简洁方便。传统的基于 MPLS(Multi-Protocol Label Switching)广域网(WAN)技术在服务于用户新需求方面带来了诸多挑战，将 SDN 理念应用于 WAN 可以很好地应对这些挑战，能够给传统的 WAN 运营服务商和用户均带来意想不到的惊喜。

2.7.1　SD-WAN 的定义

众所周知，现代企业运营已经离不开计算机和各种各样的信息化系统，从基本的电子邮件，到办公自动化(考勤系统、财务系统、人事系统等)，再到和主营业务密切相关的 PLM(产品生命周期管理)、ERP(企业资源计划)等信息系统，都迫切需要一张强有力的支撑网络。例如，某公司总部在北京，同时在广州、上海、成都等城市设有分支机构(分公司)，总公司与分公司之间以及分公司与分公司之间均存在大量的信息流量，基于成本的因素会首先考虑这些流量中哪些适合于互联网传输(费用低廉但质量和安全性较差)，哪些适合在 MPLS 或 VPN 专线上传输(费用昂贵但质量和安全性较好，表 2-5 给出了 MPLS 的资费标准)。公司考虑到成本，一些业务如电子邮件系统首先选择采用公网(互联网)线路，其他业务如财务系统、PLM、ERP 等选择 MPLS 或 VPN 专线。MPLS 技术可以指定数据包传送的先后顺序，提供优质增值服务，如差别服务(Diff-serv)、服务级别(CoS)和服务质量(QoS)等。MPLS 是基于二层半协议对数据包进行标记的一种标记交换系统，网络的服务质量明显优于公网传输。MPLS-VPN 组网面向的客户群体有国内外组网需求的集团用户、跨国企业、驻华外资企业机构和办事处等，尤其适用于商务活动频繁，数据通信量大，对网络依靠程度较高，分支机构多的企事业单位，如零售业、贸易行业、制造业、政府分支机构、金融保险、新闻机构等。使用 MPLS 专线组网存在的主要缺点如下：

（1）使用成本高。

表 2-5 示了政企用户商务专业业务资费标准，100 MB 的上下行服务等级月租金高达

2600 元。对于一个大型集团企业用户来说，分公司和办事处比较多，每年花在专线租用上的费用，就可能高达数千万元。

（2）部署周期长。

一般运营商 MPLS 专线开通时长大于一个月。当企业向运营服务商申请 MPLS 专线时，通常由运营商负责客户项目需求收集及立项；初步确立建设需求后，完成线路设计及设备开通方案；在具体线路施工前进行数据传输、IT 数据配置；然后施工单位到达现场进行光纤铺设、设备调试等工作（单条专线建设预计 15 天内完成）；专线施工完成后，进入验收，对存在问题的专线进行复验、修复以及再次验收。

（3）维护成本高。

对于企业用户来说，当 MPLS 专线出现问题时，很难快速判断原因，可能是企业内部防火墙、路由器、交换机等软硬件问题，也可能是运营商运营线路或设备问题，故障查找和排除一般比较费力和费时，维护成本较高。

（4）存在带宽短暂丢失或拥堵问题。

MPLS 专线基于的网络链路一般是固定的，当网络链路出现故障或拥塞时，MPLS 专线很难快速切换到其他网络链路。

表 2-5　政企用户商务专线业务资费标准

下行速率/(Mb/s)	上行速率/(Mb/s)	标准资费/(元/月)
20	20	650
30	30	850
50	50	1300
100	100	2600
500	100	2800
500	200	4300

注：此表数据来源于中国电信官网。

随着信息技术的发展，企业信息化应用越来越多，伴随的网络结构复杂并且规模不断扩大，传统广域网建设和应用面临的问题也越来越多，当前 WAN 主要面临以下需求：

（1）IP 网络路径优化；

（2）网络资源可见；

（3）网络安全保障；

（4）网络细粒度的 QoS；

（5）网络自动化，具备操作敏捷性。

SD-WAN 即软件定义的广域网，是将 SDN 的集中控制理念应用于 WAN 领域。SD-WAN 用于连接企业网络，包括分支机构、数据中心和云，实现广域网的最大范围覆盖。假如将互联网链路、3G/4G LTE/5G 无线公网接入和 MPLS/VPN 专线比作不同的道路，那么 SD-WAN 相当于"导航软件"，能够实时检测网络的拥堵情况并智能地切换到最快的网络线路上，以达到网络加速的目的。SD-WAN 本质上是一种网络优化的技术，其核心能力是网络检测及调度能力，建立在基础网络资源之上。也可以说 SD-WAN 是一个聚合平台，可以把各种无线和有线通信资源用来进行灵活的流量调度。SD-WAN 的灵活性允许企业用户选择并混合接入技术、运营商、硬件和其他网络组件，以满足特定需求。

SD-WAN 客户不会被锁定在一个总体网络中，或者不得不为多余的服务付费，这通常会使得 SD-WAN 比传统的 MPLS 便宜得多。例如，互联网带宽和 3G/4G LTE/5G 无线公网接入都是相对比较划算的连接选项。通过为某些类型的低优先级流量选择这些链路，而不是昂贵的 MPLS 网络，公司可以显著减少开支。

2.7.2 SD-WAN 关键性能

选择 SD-WAN 解决方案的企业应该确保拥有强健而灵活的体系结构，并且能够支持当前和未来的业务需求，Mike Wood 在 *SD-WAN Manifesto：Eight Critical Characteristics for Building an SD-WAN* 一文中给出了构建 SD-WAN 所需的八个关键性能指标，下面作一简介。

(1) 零接触部署和自动化。

零接触部署（Zero-Touch Deployment，ZTD）意味无需 IT 设备安装人员到达 SD-WAN 应用现场，用户仅需要打开 SD-WAN 终端设备，连接通信链路并插上电源。然后设备将会自动设置适当的策略，并确保设备是完全可以运行的。这样做的好处是，不需要 IT 人员亲临现场进行安装和设置，且部署过程可以在很短的时间内完成。

该特性的第二部分是自动化部分，这取决于安装部署是由最终用户企业还是由中间服务提供商完成的。从企业的角度来看，自动化指的是 ICOM(安装、配置、操作和管理)。所有这些活动都可以通过一个仪表板执行，仪表板提供了 WAN 所有位置的综合视图。因此，当分支机构安装完成时，管理员可以从模板中弹出一个配置文件，并将其分配给其他分支机构，这意味着不同的分支机构可以应用正确的同一策略。

从服务提供商的角度来看，自动化意味着编排器应该有编程接口 REST API。这允许服务提供商将 SD-WAN 的协调器绑定到上层协调器上，以便企业可以从服务提供商协调器中驱动客户的业务策略框架。因此，服务提供商可以通过单一的仪表板安装、配置、运营和管理多用户广域网。

(2) 混合 WAN 支持。

混合 WAN(Hybrid WAN)是一种通过两种或两种以上连接类型(通常是 MPLS 和 Internet)发送流量来连接地理位置分散的广域网的方法。然而一些站点是双重的宽带连接，比混合 MPLS 链路的站点更加不可靠。底层 SD-WAN 技术应确保无论连接类型如何，用户始终有高质量的体验。这样类似于语音或视频的应用程序流量也可以在链路之间无缝流动，而不会损失任何质量，并具有良好的应用程序体验。如果一条线路丢失或经历延迟、抖动或数据包丢失，另一条线路可以在亚秒的时间内接管以满足 SLA(Service Level Agreement)的应用需求。

(3) 修复/补救私有和公共链路。

某些分支机构可能没有一个 MPLS 链接，只有 3G/4G LTE/5G 无线公网接入或尽力而为的互联网链接；也可能有一个或两个 MPLS 链路，如果有两个 MPLS 链路，其中一条 MPLS 链路出现问题，WAN 可以引导该 MPLS 链路中的流量到另一条 MPLS 链路。但是如果只有一个链路，且该链路遇到问题如抖动或丢包，则 SD-WAN 能够修复或补救该链路，以保持良好的用户体验。

（4）内部部署、云和混合部署模式。

混合 SD-WAN 一词通常与底层传输相关，如 MPLS 加互联网。广义上讲，混合 SD-WAN 不仅仅是传输的因素，也与应用程序的部署位置有关，可以部署在云端服务器或企业内部服务器。某些 SD-WAN 服务商完全在本地部署其解决方案，而另一些厂商在云端部署网关以此达到优化流量的目的。例如，流量可以从分支机构传输到云网关，然后再到云端应用程序，而不是从分支机构到本地数据中心再回传到云应用程序，这种额外的云节点有助于优化云应用程序的体验。

（5）编排级业务策略。

IT 管理员可以创建一个模板/业务策略，该模板是 QoS、防火墙、安全规则、IP 地址等的组合，可以发布到数千个站点中，这就是云 VPN 等功能的启用方式。它实际上是用户界面上的复选框项，通过不同的参数配置选项组合成云 VPN 策略。业务策略是由上层业务云驱动形成的，管理员可以在业务结构中进行对话，例如，应用程序具有高、中或低优先级。这些业务结构背后的技术自动处理流量优先级和路由。

（6）多租户数据、控制和编排平面业务上的操作独立性。

多租户数据、控制和编排平面业务上的操作独立性是服务提供商管理 SD-WAN 的关键支柱，SD-WAN 服务提供商是该技术的最大的消费群体。多租户的特性是确保客户进行适当分割，这有助于保障安全的环境。从服务提供商角度来看，一个单一的编排器简化了 ICOM，但是它仍然允许每个客户有自己的广域网实例。更重要的是，大型企业如服务提供商的不同子公司或部门都有自己不同的策略和不同的细分。

（7）支持传统协议。

服务提供商和企业在其网络中已经具有很多设备，如三层交换机和路由设备。要在现有环境中插入/集成一个新的 SD-WAN，必须具有这些设备支持的环境和协议（如 BGP/OSPF）。尽管在现有网络层之上 SD-WAN 是专有的（Overlay），但与其他第三方硬件集成却基于标准的路由。

很多企业希望逐步实现 SD-WAN 部署，所选择的解决方案应该能够支持这种迁移，而不是一个需要完全推倒重来的策略。这就是传统协议的支持是非常重要的考虑性能之一的原因。最初，企业可以结合 SD-WAN 实现某些功能，如果对 SD-WAN 的性能满意，则可以逐步更换路由器和防火墙。

（8）分支机构、数据中心和云端安全覆盖。

安全功能可以位于对应用程序最有意义的位置，如分支机构、数据中心或云端。SDN-WAN 更重要的一个特性是 SD-WAN 可以通过服务链来构建多层次的安全性。例如流量从分支直接进入互联网时，可以使流量经过防火墙和数据丢失预防工具，从而达到防止流量信息被黑客篡改或窃取的目的。

2.7.3 SDN-WAN 架构

SD-WAN 技术的核心是网络路径状态的集中化以及各种网络策略的集中控制，SD-WAN 基本架构如图 2-14 所示，整个系统分为三层，分别是网络设备层、控制层和用户管理层。网络设备层在保证现有功能基础之上可以增加支持 SD-WAN 功能的模块或设备，主要实现网络设备的监控和数据采集并将这些数据上报给控制层，接受控制层的网络策略下发并影响相应的网络设备。网络设备层 SD-WAN 功能可以是单独的硬件设备，也可以是纯软件方式升级的现有设备。控制层是整个 SD-WAN 的核心，负责对整个 SD-WAN 的管理和控制，能够根据用户层的用户意图产生网络管理策略文件并下发给网络设备层。用户管理层是直接面向用户操作的门户界面（Portal），能够通过可视化的方式呈现网络的实时状态、设备状态、网络路径状态等，能够选择或设置各种管理网络的用户意图并发送给控制层，或者在一些业务中直接调用控制层提供的 REST API 对网络进行细粒度的管理和应用。

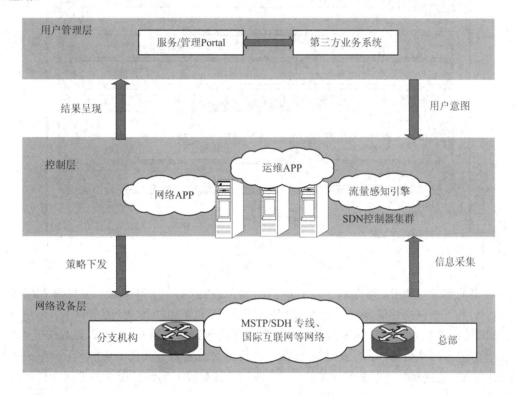

图 2-14　SD-WAN 基本架构

图 2-15 给出了较为详细的 SD-WAN 各层的主要功能，用户管理层又可以分为服务编排层和运维支撑层。OSS/BSS（Operation Support System/Business Support System）层主要功能包括业务配置、业务变更、监测控制、可视化、计费管理、运维等，这些功能以可视化方式提供对 SD-WAN 的管理。服务编排器主要包括策略定义、策略审计、策略实施，对各种运维数据进行分析，定制安全策略，管理各种模块等功能。SD-WAN 控制器支持软件化、集中化、自动化管理边缘设备，实时感知各边缘设备状态，实时采集链路（接口）流量分布信息。SD-WAN 边缘设备层支持各种物理层协议（包括以太网、ATM、各种有线或无线接口）、常见的南向接口协议以及零接触配置（ZTP）部署能力等。支持 NFV、容器（Docker）以及微服务技术是各种边缘设备当前和未来的发展方向。

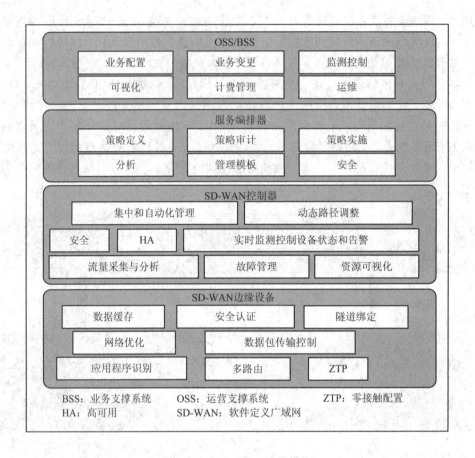

图 2-15 SD-WAN 功能模块

在当前实际应用中,可以基于现有的网络设备进行 SD-WAN 升级,在目前 MPLS 专线、LTE 和互联网应用的基础上增加 SD-WAN 功能,也可以构建全新的 SD-WAN 应用平台。如图 2-16 所示,SD-WAN 服务提供商可以在边缘设备、LTE、MPLS 和 Internet 设备上部署前置虚拟路由器(vPE)或网关(GW),这种部署位置和方式是灵活的,由此形成不同的 SD-WAN 应用架构。根据 SD-WAN vPE 或网关设备浸入网络层设备的不同一般可以分为以下几种典型的 SD-WAN 应用架构。

(1)基于 CPE 的 SD-WAN 网络架构。

目前 MPLS 主要有 MPLS 终端设备(Customer Premise Equipment,CPE)和 POP(Point of Presence)机房 MPLS 交换机设备,企业用户可以仅通过改造 CPE(客户前置)设备(增加 SD-WAN 功能),增加 SD-WAN 控制器服务器和软件,配置相应的 SD-WAN 管理软件,其他网络设备和功能不变,以此来构建 SD-WAN 应用。用户可以统筹使用 MPLS 专线、互联网和 4G/5G 无线接入等各种网络资源,以此达到节省网络使用费用以及提高网络服务的可靠性等目的。

(2)MPLS 专线和 SD-WAN 混合网络架构。

MPLS 专线和 SD-WAN 混合网络架构适用于 SD-WAN 应用初期,习惯了使用 MPLS 专线的用户希望能够逐步将现有网络架构向 SD-WAN 架构迁移,而非一步到位构建完整的 SD-WAN 应用,用户希望能够保留对部分 MPLS 专线的使用(更多基于安全和

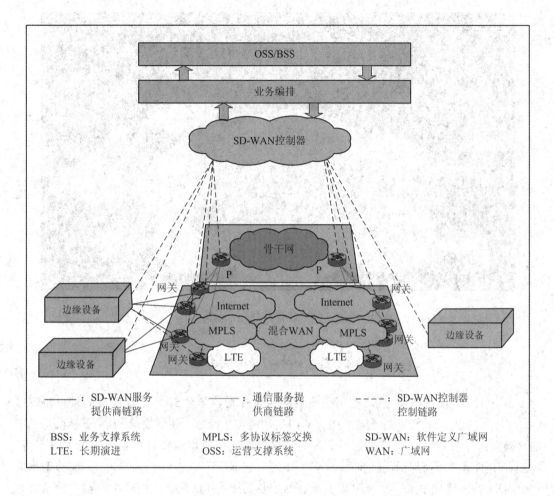

图 2-16　SD-WAN 应用架构

SD-WAN 技术成熟的考虑），同时在一些非核心业务方面引入 SD-WAN 架构。这种混合的网络架构不应该增加原有网络的管理负担，需要将原有的 MPLS 专线的管理功能融合进SD-WAN 网络管理系统中，用户的流量应能够灵活地在 MPLS 专线和 SD-WAN 之间灵活切换。例如，可以在 MPLS 边缘交换机上部署 SD-WAN vPE/GW（混合架构），或者在用户使用的 MPLS 专线接入点（POP）前引入 SD-WAN 网关设备，以便支持云端服务器（即所谓的云端架构）。

（3）原生 SD-WAN 架构。

原生 SD-WAN 架构实际就是彻底改造现有的网络设备，如图 2-17 所示。该架构不仅在 CPE 设备上增加了 SD-WAN 功能，同时将骨干核心网 PE/P 节点（POP）统一纳入SD-WAN 管理，这样才能真正实现端到端的流量服务保障。该架构是一个比较彻底和原生态的端到端 SD-WAN 架构，可以实时监控和调度全网 SD-WAN 流量和业务，实现端到端且保障低延迟、低丢包率和低抖动。

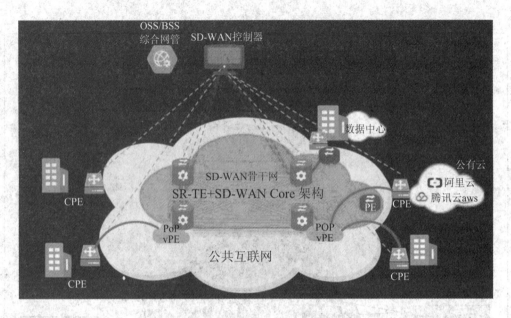

图 2-17　原生 SD-WAN 架构

2.8　小　　结

SDN 控制器通过南向接口控制交换机的转发规则，当前 SDN 主要的南向接口协议是 OpenFlow 协议。SDN 控制器通过相应的网络功能产生流表，并下发给 SDN 交换机从而影响交换机的转发行为。SDN 控制器通过北向接口向网络应用程序提供抽象化的网络服务，应用程序则通过调用控制器提供的本地 API 接口或 REST API 接口实现对 SDN 的编程应用。SDN 控制器集中了交换机中几乎所有的控制功能，其性能极大地影响着整个网络处理数据包的能力，控制器本身可能成为整个网络的性能瓶颈，解决这一问题的主要手段是控制器的横向扩展。毫无疑问，SDN 控制器是 SDN 的关键，自 SDN 的概念出现以来，无论是行业组织或是业内知名的网络设备供应商均在 SDN 控制器的设备研发领域给予了极大的支持和投入。一些开源的控制器软件得到了 SDN 专家的肯定，如 OpenDaylight、ONOS、Floodlight 等，这些开源控制器的出现有力地促进了 SDN 的发展。

SD-WAN 能够简化机构与其分支机构之间的网络链接，优化应用在互联网、MPLS 和 3G/4G LET/5G 无线公网接入等不同网络结构上的性能。SD-WAN 的核心理念来自 SDN，能够从网络部署、运维、安全、QoS、资金投入、流量工程等各方面极大改善传统 WAN 的用户体验。

复习思考题

1. SDN 的技术特征主要表现在哪些方面？
2. SDN 控制器基本功能有哪些？
3. SDN 交换机的可编程性体现在哪些方面？

4. 简述 SDN 控制器的体系结构。

5. SDN 控制器的关键要素有哪些？

6. STP 协议的主要作用是什么？为什么说 SDN 可以有效避免 STP 协议的限制？

7. 何谓被动式流表设置？被动式流表设置时间如何计算？

8. 说明 SDN 控制器集群的关键技术。

9. 简述 Kandoo 控制器集群方案的特点。

10. SDN 编程接口模式有哪些？各有什么特点？

11. 何谓 RESTful 接口？其主要特征是什么？REST API 接口提供哪些操作？

12. 通过上网查找相关资料，简述 Netty 框架的基本结构。

13. 如果要基于 OpenDaylight 控制器架构开发网络应用程序，则开发程序的基本思路和方法有哪些？

14. 简述基于 OpenDaylight 架构开发 OpenDaylight 插件的基本流程。

15. ONOS 集群间的通信主要有哪些方法？

16. 何谓 SD-WAN？其核心思想是什么？

17. SD-WAN 架构主要有哪几种？上网查阅相关资料说明 SD-WAN 云端架构模式的主要特点。

第 3 章
SDN 南向接口协议

SDN 控制器对网络的控制主要通过南向接口协议实现，包括链路发现、拓扑管理、策略制定、表项下发等，其中链路发现和拓扑管理主要是利用南向接口的上行通道对底层交换设备上报的信息进行统一监控和统计，而策略制定和表项下发则是控制器利用南向接口的下行通道对网络设备进行统一控制。

最知名的南向接口莫过于 ONF 倡导的 OpenFlow 协议。作为一个开放的协议，OpenFlow 突破了传统网络设备厂商制造的设备接口能力不足的壁垒，经过多年的发展，在业界的共同努力下，已经日臻完善，能够全面解决 SDN 中面临的各种问题。OpenFlow 在 SDN 领域中的重要地位不言而喻，甚至大家一度产生过 OpenFlow 就等同于 SDN 的误解。实际上，OpenFlow 只是基于开放协议的 SDN 中可使用的南向接口之一，还有很多的南向接口（如 XMPP、PCE－P 等）被陆续应用和推广。本章将对 OpenFlow1.3 版本进行深入解析，对其他南向接口协议也将进行介绍。

3.1 OpenFlow 协议概述

传统网络架构由单独运行的、封闭的设备连接构成，每台设备都有单独的操作系统，数据的转发和控制都由交换机和路由器完成，这会造成网络的管控细节不是特别到位。各种设备以及其相对孤立的操作系统在网络中零散分布，也使网络变得复杂且封闭。此外，由于设备异构，网络管理的兼容性也很难做到极致。

如果所有的设备提供商公开其提供的交换机和路由器的内部编程接口 API，或者提供其产品的开放的、虚拟化的编程平台，这样，研究人员就可以在现有的网络上进行二次开发，部署创新的想法、协议或算法，网络管理也将因此得到改进。但是，由于商业原因上的考虑，设备提供商不可能公开其交换机、路由器的编程接口，且不同设备商的产品内部实现也相差很大，不可能提供一个统一的接口。

为了在高性能和低费用两方面有一个折中，能快速大范围地进行部署，实现流量和商用业务流量共存同一个网络中且互不干扰，满足保护网络平台封闭性的要求，OpenFlow 技术应运而生。

2008 年 4 月，斯坦福大学的 Nick McKeown 教授在 ACM Communications Review 上发表了论文 *OpenFlow：enabling innovation in campus networks*，首次详细地论述了 OpenFlow 的原理，明确地提出了 OpenFlow 的现实意义——在不改动网络物理设备的前提下，在生产网络上安全地进行新型网络的实验而不影响正常的业务流量。2009 年发布了

OenFlow 协议的第一个正式版本 1.0。OpenFlow1.0 版本的优势是它可以与现有的商业交换机芯片兼容,通过在传统交换机上升级固件就可以支持 OpenFlow1.0 版本,因此,OpenFlow1.0 是目前使用和支持最广泛的协议版本。2011 年 2 月,OpenFlow.org 发布了OpenFlow1.1 版本。2011 年 3 月,德国电信、Facebook、谷歌、微软、NTT、Verizon 和Yahoo 联合成立了 ONF,同年 3 月,ONF 接管了标准的后续开发和维护。ONF 成立之后,OpenFlow 的发展明显加快。2011 年,ONF 批准了 OpenFlow1.2 版,并于 2012 年 2 月正式发布。ONF 目前已经推出了两个可商用化的版本:OpenFlow1.0 和 OpenFlow1.3。2012 年 4 月发布了 OpenFlow1.3 版本,成为长期支持的稳定版本。1.3 版中增加了 Meter表,用于控制关联流表的数据包的传送速率,但控制方式目前还相对简单。2013 年发布的OpenFlow1.4 版本仍然是基于 1.3 的改进版本,数据转发层面没有太大变化,主要是增加了一种流表同步机制。随着 ONF 组织的成立,OpenFlow 协议得到了更快的发展,目前版本已经发展到 1.5 版。

与当今 IT 界追捧的"软硬件一体化"不同,SDN 试图用软硬件分离的理念颠覆现有的网络架构。OpenFlow 作为新一代网络的核心技术,在分离软硬件方面肩负重任。OpenFlow 的交换机以流表的方式进行数据的转发,FlowVisor 负责对网络进行虚拟化,控制器负责网络控制,三者各司其职,分工明确而又相互配合,构成了 OpenFlow 的网络架构。其中,控制器的引入是 SDN 架构与传统网络架构最大的不同。通过 OpenFlow 协议这个标准接口对交换机的流表进行控制,控制器能够实现对整个网络的集中控制。在控制器上加载的应用允许用户按照自身业务需求对网络进行编程,实现网络控制的灵活可编程性。

作为斯坦福大学网络研究构想和实施的一部分,OpenFlow 的最初目标是在校园网络中创建一个可供实验协议运行的环境用于研究和实验。在这之前,大学必须亲自创建他们自己的实验平台。从其最初的核心思想来看,OpenFlow 完全可以代替商业交换机和路由器的二层和三层协议。

OpenFlow 是一个开放的协议,它定义了控制器如何对控制平面进行配置和管理。通过使用 OpenFlow,控制器可以管理数据包在网络中的传输。在传统网络中,交换机和路由器的信息以不同的形式(路由表、MAC 表等)进行储存,需要在整个网络或一组网络中通过复杂的交换和路由协议进行计算才能得到。OpenFlow 规范并集中了协议,通过创建和管理流表来代替其他所有的转发表,数据平面就是根据这些流表生成的。

OpenFlow 属于 SDN 中的南向接口,如图 3-1 所示,主要组件有 OpenFlow 控制器、OpenFlow 交换机和 OpenFlow 协议,其特点有:

(1) 控制面和数据面分离;

(2) 采用标准化协议描述控制器与网络组件代理之间的状态;

(3) 通过可扩展的 API 来建立集中式视图,并基于此实现网络的可编程性。

OpenFlow 控制器类似于大脑,用于制定所有基于业务流的智能决策,并将这些决策发送给 OpenFlow 交换机。这些决策以指令的形式存在于流表中,典型的流信息决策的形式包括添加、删除及修改 OpenFlow 交换机中的流表。通过配置 OpenFlow 交换机,将所有未知数据包转发给控制器,也可以在 OpenFlow 流表中下发一些其他指令。

OpenFlow 交换机类似于现在网络中使用的典型的交换机,但不包含智能软件。

OpenFlow 交换机可以分为如下两类：

(1) 纯 OpenFlow 交换机：这种交换机只支持 OpenFlow 协议。

(2) 混合 OpenFlow 交换机：这种交换机同时支持传统以太网协议和 OpenFlow 协议。

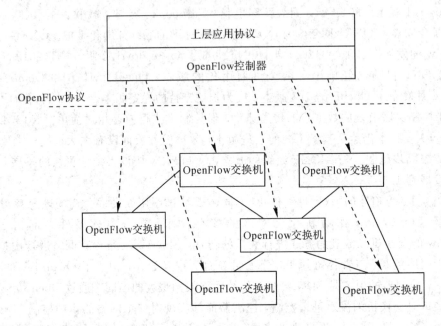

图 3-1　OpenFlow 架构

不考虑交换机的类型，任何 OpenFlow 交换机都有模块用来负责与 OpenFlow 控制器进行 SSH 或 TCP 连接。

在 OpenFlow 交换机中，OpenFlow 控制器管理硬件的流表，交换机主要用于数据平面上的转发。控制通路由 OpenFlow 控制器管理，而数据通路则建立在由 OpenFlow 控制器编制的 ASIC 指令的基础上。

OpenFlow 协议的最终目标是实现对数据通路的程序指令，但是 OpenFlow 实现数据通路指令的方法却有所不同。OpenFlow 是客户端服务器技术和各种网络协议的融合。OpenFlow 协议集目前被分为以下两部分：

(1) 线路协议：用于建立控制会话，定义一个用于交换流量变动信息和收集统计信息的消息结构以及交换机的基本结构(端口和表)。1.1 版本增加了对多重表、存储动作执行和元数据传输(Metadata Passing)的支持，最终在交换机中创建用于处理控制流的逻辑通道。

(2) 配置管理协议：采用基于 NETCONF 的模型(使用 Yang 数据模型)的 OF-CONFIG 协议，为特定控制器分配物理交换机端口，定义高可靠性(主用/备用)和当控制器连接失败时的行为。虽然 OpenFlow 可以使用 OpenFlow 命令/控制进行基本的配置操作，但它目前还不能启动或者维护一个网络组件。

3.2　OpenFlow 交换机

OpenFlow 交换机包括一个或多个流表和一个组表，用于执行分组查找和转发，以及一个与外部控制器相连的 OpenFlow 通道(如图 3-2 所示)。该交换机利用 OpenFlow 通道与控制器进行通信,控制器通过 OpenFlow 协议来管理交换机。

　　控制器使用 OpenFlow 协议,可以主动或者被动(响应于数据包)地对流表中的表项进行添加、更新和删除。交换机中的每个流表包含一组流表项,每个流表项包含匹配字段、计数器和一组指令,用来匹配数据包。

　　匹配从第一个流表开始,并可能会继续匹配其他流表。流表项匹配数据包按照优先级的顺序,从每个表的第一个匹配项开始。如果找到一个匹配项,那么与流表项相关的指令就会去执行;如果未找到匹配项,则结果取决于漏表的流表项配置。例如,数据包可通过 OpenFlow 信道被转发到控制器、丢弃或者可以继续到下一个流表。

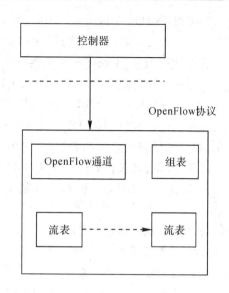

图 3-2　OpenFlow 交换机主要组成

　　与流表项相关联的指令包含动作或修改流水线处理的流程。指令中包含的动作描述了数据包转发、数据包修改和组表处理。流水线处理指令允许数据包被发送到后面的表进行进一步的处理,并允许信息以元数据的形式在表之间进行通信。当与一个匹配的流表项相关联的指令集没有指向下一个表时,表的流水线处理将停止,这时该数据包通常会被修改和转发。

　　流表项可能把数据包转发到某个端口,这通常是一个物理端口,但也可能是由交换机定义的一个逻辑端口或通过本规范定义的一个保留端口。保留端口的处理与普通交换机的转发处理相类似,可以指定通用的转发行为,如发送到控制器、泛洪,或使用非 OpenFlow 的方法转发,而由交换机定义的逻辑端口可以是指定的链路聚合组、隧道或环回接口。

3.3　OpenFlow 端口

　　OpenFlow 端口是 OpenFlow 进程和网络之间传递数据包的网络接口,OpenFlow 交换机之间通过 OpenFlow 端口在逻辑上进行相互连接。

　　OpenFlow 交换机提供一定数量的 OpenFlow 端口给 OpenFlow 进程使用。OpenFlow 端口组不等同于交换机硬件中提供的网络端口组,因为有些硬件网络接口可能被 OpenFlow 禁用,OpenFlow 交换机可能定义额外的端口。

　　OpenFlow 的数据包从入端口接收,经过 OpenFlow 的流水线处理,可将它们转发到一个输出端口。入端口是数据包的属性,它贯穿整个 OpenFlow 流水线,表明数据包是从哪个 OpenFlow 交换机的端口上接收的。匹配数据包时会用到入端口。OpenFlow 流水线可以决定数据包通过输出动作发送到输出端口,还定义了数据包怎样传回到网络中。

　　一个 OpenFlow 交换机的标准端口包括物理端口、逻辑端口、保留端口。标准端口可以用作入端口和出端口,它们可在组里使用,而且都有端口计数器。

（1）物理端口。OpenFlow 的物理端口是为交换机定义的端口，对应于一个交换机的硬件接口。例如，以太网交换机上的物理端口与以太网接口一一对应。

在有些应用中，OpenFlow 交换机可以实现交换机的硬件虚拟化。在这些情况下，一个 OpenFlow 物理端口可以代表一个与交换机硬件接口对应的虚拟接口。

（2）逻辑端口。OpenFlow 的逻辑端口也是为交换机定义的端口，但并不直接对应一个交换机的硬件接口。逻辑端口是更高层次的抽象概念，可以是交换机中非 OpenFlow 方式的端口（如链路聚合组、隧道、环回接口等）。

逻辑端口可能包括数据包封装，可以映射到不同的物理端口。这些逻辑端口的处理动作相对于 OpenFlow 交换机来说必须是透明的，而且这些端口必须能与 OpenFlow 进程互通。

物理端口和逻辑端口之间的唯一区别是：一个逻辑端口的数据包可能有一个叫做隧道 ID 的额外元数据字段与它相关联，而当一个逻辑端口上接收到的分组被发送到控制器时，其逻辑端口和底层的物理端口都要报告给控制器。

（3）保留端口。OpenFlow 的保留端口由相应规范定义。它们指定通用的转发动作，如发送到控制器、泛洪，或使用非 OpenFlow 的方法转发。

3.4 OpenFlow 流表与组表

支持 OpenFlow 协议的交换机有两种类型：纯 OpenFlow 交换机和 OpenFlow 混合交换机。

3.4.1 流水线处理

纯 OpenFlow 交换机只支持 OpenFlow 操作，在这些交换机中的所有数据包都由 OpenFlow 流水线处理，否则不能被处理。

OpenFlow 混合交换机支持 OpenFlow 的操作和普通的以太网交换操作，即传统的 L2 以太网交换、VLAN 隔离、L3 路由（IPv4 路由、IPv6 路由）、ACL（访问控制列表）和 QoS 处理。这种交换机必须提供一个非 OpenFlow 的分类机制，使流量路由到 OpenFlow 流水线或传统流水线。例如，某个交换机可以使用 VLAN 标记或数据包的输入端口来决定是否使用一个流水线或其他方式，或者它可引导所有数据包都到 OpenFlow 流水线进行处理。一个 OpenFlow 混合交换机也允许数据包通过 NORMAL 和 FLOOD 保留端口从 OpenFlow 流水线转移到传统流水线处理。

每个 OpenFlow 交换机的流水线包含多个流表，每个流表包含多个流表项。OpenFlow 的流水线处理定义了数据包如何与流表进行交互（如图 3-3 所示）。每个 OpenFlow 交换机至少需要一个流表，也可以有多个流表。只有单一流表的 OpenFlow 交换机是有效的，而且在这种情况下流水线处理进程可以大大简化。

OpenFlow 交换机的流表从 0 开始按顺序编号。流水线处理总是从第一个流表开始的，数据包首先与流表 0 的流表项匹配，后续流表的使用依赖于第一个流表的匹配结果。

数据包被一个流表处理，即与流表中的流表项进行匹配，从而选择一个流表项。如果匹配了流表项，则执行该流表项里的指令。这些指令可将数据包转移到另一个流表，在此

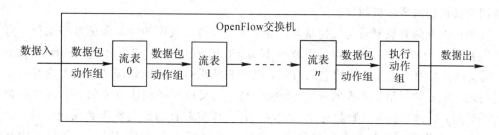

图 3-3　流水线处理的数据包流

同样的处理被重复执行。一个流表项只能将数据包转到大于自己表号的流表。换句话说，流水线处理只能前进而不能后退。显然，流水线的最后一个表项可以不包括 GOTO 指令。如果匹配的流表项并没有将数据包转到另一个流表，则流水线进程将在该表中停止。流水线进程停止后，数据包被与之相关的动作集处理，这种处理通常是被转发。

如果数据包在流表中没有匹配到流表项，则定义为一个漏表。漏表行为取决于表的配置。一个流表中的漏表项可以指定如何处理无法匹配的数据包，即丢弃、传递到另一个表，或利用 packet_in 消息通过控制信道发送到控制器。

OpenFlow 流水线和各种 OpenFlow 操作用到的数据包类型应与规范定义的类型一致，除非目前的规范或 OpenFlow 配置有特殊的指定。例如，OpenFlow 定义的以太头部必须与 IEEE 规范一致，OpenFlow 使用的 TCP/IP 头部定义必须与 RFC 规范一致。另外，OpenFlow 交换机的包重排必须与 IEEE 规范的要求一致，保证数据包能被相同的流表项、组表和计量带处理。

3.4.2　流表及删除

1. 流表

一个流表中包含多个流表项。流表项的组成如下所示：

匹配域	优先级	计数器	指令	超时	cookie

每个流表项包含以下六个方面的内容：

（1）匹配域：用于对数据包的匹配，包括入端口、数据包头以及由前一个表指定的可选的元数据。

（2）优先级：流表项的匹配次序。

（3）计数器：用于当数据包匹配时更新计数。

（4）指令：用于修改动作集或流水线处理。

（5）超时：计数值的最大时间或流在交换机中失效之前的剩余时间。

（6）cookie：由控制器选择的不透明的数据值。控制器可用来过滤流统计数据、流修改和流删除，但在处理数据包时不能使用。

流表项通过匹配字段和优先级进行标识。在一个流表中匹配字段和优先级共同标识唯一的流表项。使用通配符的域（所有域被省略）和优先级等于 0 的流表项被称为 table-miss 流表项。

2. 删除

流表项可以通过两种方式在流表中删除：一种方式是通过控制器的请求；另一种方式

是利用交换机的流超时机制。

交换机的流超时机制独立于控制器，由交换机根据流表项的状态和配置来运行。每个流表项具有一个和它相关的 idle_timeout 和 hard_timeout 值。如果 hard_timeout 值不为零，则交换机必须注意流表项的老化时间，因为交换机可能删除该流表项，无论有多少数据包与之匹配。如果给定非零的 idle_timeout 值，则交换机必须注意流的最后一个数据包到达的时间，后面可能需要删除这个流表项，若在规定数秒内没有匹配数据包，则一个非零idle_timeout字段将引起流表项被删除。交换机必须实现流表项超时就会从流表中删除的功能。

控制器可以主动发送 DELETE 流表修改消息(OFPFC_DELETE 或 OFPFC_DELETE_STRICT)，从流表中删除流表项。

当流表项被删除时，不管是由于控制器还是流表项超时引起的，交换机都必须检查流表项的 OFPFF_SEND_FLOW_REM 标志。如果该标志被设置，则该交换机必须将流删除消息发送到控制器。每个流删除消息中包含一个完整的流表项描述、清除的原因(超时或删除)、在清除时流表项的持续时间、在清除时流的统计数据等。

3.4.3 匹配

当 OpenFlow 交换机接收一个数据包时，就执行如图 3-4 所示的功能。交换机对第一个流表进行查找，并基于流水线进程开始处理，也可能在其他流表中执行表查找。

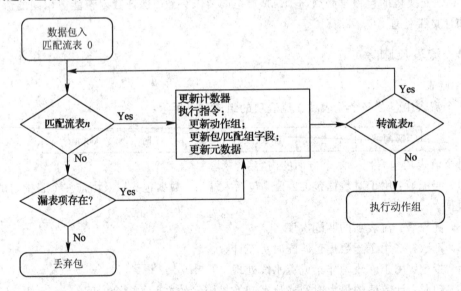

图 3-4 数据包流过 OpenFlow 交换机的流程图

数据包匹配域是从数据包中提取的。用于表查找的数据包匹配域依赖于数据包的类型，也就是各种数据包的头部域，如以太网源地址或IPv4目的地址，如表 3-1 所示。除了通过在数据包的包头中进行匹配外，也可以通过入端口和元数据域进行匹配。元数据可以用来在一个交换机的不同表中传递信息。数据包匹配域表示数据包的当前状态，如果在前一个表中使用 apply_actions 改变了数据包的包头，那么域的这些变化也会在当前数据包匹配域中反映出来。

表 3-1　数据包头部 12 个元组

字　段	长度/ 位（bit）	适用范围	说　明
Ingress Port	16	所有报文	入端口编号
Ethernet Source address	48	所有以太网报文	以太网源 MAC 地址
Ethernet Destination address	48	所有以太网报文	以太网目的 MAC 地址
Ether Type	16	所有以太网报文	以太类型
Vlan ID	12	以太类型为 0x8100 的报文	VLAN ID，其值为 0xffff 的表示 untagged
Vlan priority	3	以太类型为 0x8100 的报文	VLAN 优先级，其值为 0~7
IP Source Address	32	IP 和 ARP 报文	源 IP 地址
IP Destination Address	32	IP 和 ARP 报文	目的 IP 地址
IP Protocol	8	IP 和 ARP 报文	IP 协议字段
IP ToS bits	6	所有 IP 报文	IP ToS 值
TCP/UDP Source Ports	16	TCP、UDP 和 ICMP 报文	源 TCP/UDP 端口
TCP/UDP Destination ports	16	TCP、UDP 和 ICMP 报文	目的 TCP/UDP 端口

　　如果数据包中用于查找的匹配域值匹配了流表项定义的域，就表示这个数据包匹配了此流表项。如果流表项字段的值是 ANY（字段省略），它就可以匹配数据包头部所有可能的值。如果交换机支持对指定的匹配域进行任意的位掩码，那么这些掩码可以更精确地进行匹配。

　　当数据包与表进行匹配时，必须选择匹配数据包的最高优先级的表项，此时与所选流表项相关联的计数器会被更新，指令集也会被执行。如果多个匹配的流表项具有相同的最高优先级，则所选流表项被确定为未定义表项。只有控制器的记录器在流信息中没有设置 OFPFF_CHECK_OVERLAP 位并且增加了重复的表项时，这种情况才可能出现。

　　如果交换机配置中包含 OFPC_FRAG_REASM 标志，则在流水线处理前 IP 碎片必须被重新组装。

3.4.4　漏表

　　每一个流表必须支持漏表流表项来处理表失配。漏表流表项指定如何处理在流表中与其他流表项未匹配的数据包。例如，把数据包发送给控制器、丢弃数据包或直接将包转至后续的表。

　　漏表流表项也有它的匹配字段和优先级，它通配所有匹配字段，并具有最低的优先级（0）。漏表流表项的匹配可能不属于正常范围内流表支持的匹配，例如，精确匹配表在其他流表项中可能不支持使用通配符，但漏表流表项必须支持通配符。漏表流表项可能不具备正常流表项相同的能力，但漏表流表项必须支持利用 CONTROLLER 保留端口将数据包发送到控制器，以及使用 clear_actions 指令丢弃数据包。为了和早期版本的规范一致，在实现过程中鼓励支持引导包转发给后续的流表。

漏表流表项的行为在许多方面与任何其他流表项类似，控制器可以在任何时候添加或删除漏表流表项，而且它可能会超时失效。漏表流表项利用它的匹配字段和优先级匹配表中的数据包，可以匹配流表中其他表项中不能匹配的数据。当数据包与漏表流表项匹配时，漏表流表项指令就会执行。如果该漏表流表项直接将数据包通过 CONTROLLER 保留端口发送到控制器，那么 packet_in 消息的原因必须标识出漏表流表项。

如果该漏表流表项不存在，则默认情况下流表项无法匹配的数据包将被放弃（丢弃）。使用 OpenFlow 配置协议配置交换机时，可以覆盖此默认值，并指定其他行为。

3.4.5 组表

一个组表包括若干组表项。组表项的组成如下所示：

组编号	组类型	计数器	动作桶

一个组表项指向一个组的能力使得 OpenFlow 可以实现另外的转发方法（例如选择部分或所有）。

每个组表项由组编号标识，具体包含以下内容：

（1）组编号：一个 32 位的无符号整数作为该组的唯一标识。

（2）组类型：用于确定组语义。

（3）计数器：当数据包被组处理时更新。

（4）动作桶：是有序的，包含了一组要执行的动作和相关参数。

交换机不需要支持所有的组类型，只需要支持那些标记为"Required"的组类型，控制器可以查询交换机支持的"Optional"组类型。组类型包括：

（1）Required：all——执行组中的所有桶。这个组用于多播或广播的转发。数据包为每个桶都有效地复制了一份，然后被每个桶处理。如果某个桶中明确地指导数据包发往入端口，那么这个复制的包将被丢弃。如果控制器记录器希望数据包从入端口转发出去，那么这个组必须包含一个额外的桶，这个桶包含到 OFPP_IN_PORT 保留端口的输出动作。

（2）Optional：select——执行组中的一个桶。基于交换机的选择算法（如利用用户配置的元组/数组的哈希算法或简单的循环算法），数据包被组中的一个桶处理。选择算法的所有配置和状态都在 OpenFlow 规定之外。选择算法可以使用等负荷分配实现，也可以根据桶权重进行。当组中桶所指定的端口出现故障时，交换机可在剩余部分（具有转发到有效端口行为的限制）选择桶，而不是丢弃数据包。此行为可能会减少数据包在链路或交换机的中断。

（3）Required：indirect——执行此组中定义的一个桶。这个组只支持单一的桶。允许多个组表项或者组指向一个共同的组编号，这样可以使转发更快、更高效地汇聚（如下一跳 IP 转发）。对于只有一个桶的所有组，组类型应该是相同的。

（4）Optional：fast failover——执行第一个活跃的桶。每一个动作桶与控制其活跃的一个指定端口或组相关。组定义的桶是有序的，首先选择与活跃的端口或者组相关的第一个桶。这个组类型可以使交换机改变转发而无需通知控制器。如果没有活跃的桶，则数据包将被丢弃，所以组类型必须实行活跃机制。

3.4.6 计量表

为了实现数据流的统计，OpenFlow1.3 增加了计量表。一个计量表包含若干计量表项来确定每个流的计量。每个流的计量可以使 OpenFlow 实现各种简单的 QoS 操作（如限速），并且可以结合每个端口队列来实现复杂的 QoS 构架（如 DiffServ）。

计量表可以测试数据包分配的速率，并可以控制数据包的速率。计量表直接连接到流表项，而不是连接到端口的队列。任意的流表项可以在它的指令集中定义一个计量表，计量表测量并控制和它有关的所有流表项的总速率。在同一个表中可以使用多个计量表，但必须使用专用的流表项分开设置方式。在连续的流表中，对于同样的数据包集合，可以使用多个计量表。

计量表项的组成如下所示：

计量表标识符	计量带	计数器

每个计量表项由其计量表标识符来区分，其中包含：

（1）计量器标识符：一个 32 位的无符号整数作为该计量表的唯一识别符。

（2）计量带：是一个无序列表，每个计量带指定带速和处理数据包的方式。

（3）计数器：用于计量表处理数据包时进行更新计数。

每个计量表可能有一个或多个计量带，计量带的组成如下所示：

带类型	速率	计数器	类型的特定参数

每个带指定所用的速率和数据包的处理方式。单个计量带以当前测量的计量速率处理数据包。当测量速率超过最高配置速率时，计量表就启用计量带。若当前的速率比任何指定的计量带速率低，则没有计量带需要工作。

每个计量带用速率来识别，包括：

（1）带类型：定义了数据包的处理方式。

（2）速率：用于计量器选择计量带，也就是计量带可以启用的最低速率。

（3）计数器：用于当计量带处理数据包时更新计数。

（4）类型的特定参数：带类型的可选参数。

在 OpenFlow1.3 规范里带类型没有"Required"，控制器可以查询交换机支持的计量带类型"Optional"。带类型包括：

（1）Optional：drop——丢弃数据包。可以用来定义速率限制带。

（2）Optional：dscp remark——增加数据包的 IP 头部 DSCP 字段丢弃的优先级。可用于定义一个简单的 DiffServ 策略。

3.4.7 计数器

每一个流表、流表项、端口、队列、组、组桶、计量表和计量带都会修改计数器。OpenFlow - compliant 计数器可以在软件中实现，也可以通过查询硬件计数器获取计数，并进行有限范围的修改。

计数器都是无符号的值，可以环回且没有溢出指示。如果交换机里没有指定值的计数器,则其值必须设置成字段的最大值(无符号数就是-1)。

3.4.8 指令

每个流表项中包含一组指令集,当一个数据包匹配表项时指令就会被执行,这些指令可导致数据包、动作集合和流水线处理发生改变。

流表项所属的指令集中每个类型的指令最多有一个,按照列表中指定的顺序来执行。实际上有如下的限定:meter 指令在 apply_actions 指令前执行,clear_actions 指令在 write_actions 指令前执行,goto_table 最后执行。

如果流表项不能执行相关指令,则交换机必须拒绝这个流表项。在这种情况下,交换机必须返回一个不支持的流错误信息。流表不一定支持每个匹配、每个指令或每个动作。

3.4.9 动作集

动作集与每个数据包相关,默认情况下是空的。一个流表项可以使用 write_actions 指令或者与特殊匹配有关的 clear_actions 指令来修改动作集。动作集在表间被传递。当一个流表项的指令集不包含 goto_table 指令时,流水线处理就会停止,然后数据包的动作集执行其动作。

对于动作集中每个类型的动作最多有一个。set_field 动作用字段类型来标识,因此,动作集对每个字段类型的 set_field 动作最多有一个。当同一个类型需要多个动作,如压入多个 MPLS 标签或弹出多个 MPLS 标签时,应使用 apply_actions 指令。

动作集中所有的动作,不管它们以什么顺序添加到动作集中,动作的顺序均按照下列顺序执行。如果动作集包含组动作,那么组动作桶中的动作也按照下列顺序执行。当然,交换机也可以支持通过 apply_actions 指令任意修改动作执行顺序。动作执行顺序为:

(1) copy TTL inwards:向数据包内复制 TTL 的动作。

(2) pop:从数据包弹出所有标记的动作。

(3) push_MPLS:向数据包压入 MPLS 标记的动作。

(4) push_PBB:向数据包压入 PBB 标记的动作。

(5) push_VLAN:向数据包压入 VLAN 标记的动作。

(6) copy TTL outwards:向数据包外复制 TTL 的动作。

(7) decrement TTL:将数据包的 TTL 字段减1。

(8) set:数据包使用所有的 set_field 动作。

(9) qos:使用所有的 QoS 动作,如对数据包排队。

(10) group:如果指定了组动作,那么按顺序执行组动作桶里的动作。

(11) output:如果没有指定组动作,数据包就会按照 output 动作中指定的端口转发。

动作集中的 output 动作是最后执行的。如果在一个动作集里组动作和输出动作都存在,则组动作优先;如果两者均不存在,则数据包被丢弃。如果交换机支持,则组的执行将返回,组动作桶可指定另外一个组,在这种情况下,动作将在组配置中指定的所有组中执行。

3.4.10 动作列表

动作列表的含义与 OpenFlow1.0 规范中的相同,动作列表中的动作按照列表中的次序执行，并立即作用到数据包。

列表中的动作从第一个动作开始按次序执行，动作的结果是累积的，例如动作列表中有两个 push_VLAN 动作，数据包就会被加上两个 VLAN 头部。如果动作列表有一个输出动作，一个当前状态下的包复制后就转发给所需端口。如果列表中包含组的动作，则将当前状态下的包复制给相关组动作桶去处理。

一个 apply_actions 指令执行完一个动作列表后，流水线继续处理已修改的数据包。数据包的动作集本身在动作列表执行时没有改变。

3.4.11　动作

交换机不要求支持所有类型的动作，只需支持下列标记为"Required Action"的动作。控制器也可查询交换机所支持的"Optional Action"。动作类型包括：

(1) Required Action：output——数据包输出到指定的 OpenFlow 端口。OpenFlow 交换机必须支持转发到物理端口、交换机定义的逻辑端口和所需的保留端口。

(2) Optional Action：st_queue——设置数据包的队列 ID。当数据包使用输出动作转发到一个端口时，队列 ID 决定了数据包在此端口所属的队列并转发。转发行为受队列配置控制，并用来提供 QoS 支持。

(3) Required Action：drop——没有明确的动作来表示丢弃。相反，动作集中没有输出动作的数据包应该被丢弃。当流水线处理时或执行 clear_actions 指令后，空指令集或空指令动作桶会导致丢弃这个结果。

(4) Required Action：group——通过指定的组处理数据包，依靠组类型准确地解析。

(5) Optional Action：push_tag/pop_tag——交换机具有压入/弹出标记的能力。为了更好地和已有网络结合，建议支持压入/弹出 VLAN 标记的能力。

最新的压入标记应插入到最外侧的有效位置，作为最外侧的标记。当压入一个新 VLAN 标记时，应作为最外侧的标记来插入，位于以太头部后面、其他标记前面。同样的，当压入一个新 MPLS 标记时，也应作为最外侧标记来插入，位于以太头部后面、其他标记前面。

当多个压入动作添加到数据包动作集时，按照动作集定义的规则依次作用到数据包，开始时是 MPLS，接着是 PBB，最后是 VLAN。

(6) Optional Action：set_field——不同的 set_field 动作由它们的字段类型来标识，并分别修改数据包中头部字段的数值。当要求不太严格时，支持使用 set_field 动作进行重写头部各字段将非常有益于 OpenFlow 的实现。为了更好地和已有网络结合，建议支持 VLAN 修改动作。set_field 动作应一直作用到头部可能的最外侧（例如，"set VLAN ID"动作一直设置 VLAN 标记的最外侧 ID），除非该字段类型指定了其他值。

(7) Optional Action：change_TTL——不同的 change_TTL 动作修改数据包中的 IPv4 TTL、IPv6 Hop Limit 或 MPLS TTL。

OpenFlow 交换机检查出携带无效 IP TTL 或 MPLS TTL 的数据包并拒绝接收。并非每个数据包都需要检查 TTL 是否有效，但是在每次数据包完成 TTL 减 1 动作后应在最短时间内检查。交换机可能会改变其异步配置，利用输入包消息通过控制信道发送携带无效 TTL 的数据包给控制器。

3.5 OpenFlow 通道

OpenFlow 通道是每个交换机连接控制器的接口，通过这个接口，控制器配置和管理交换机，接收来自交换机的事件，将包从交换机转发出去。

尽管所有 OpenFlow 通道消息必须遵守 OpenFlow 协议格式，但在数据通路和 OpenFlow通道之间，接口是具体实施者。OpenFlow 通道通常使用 TLS(安全传输协议)加密，但也可以直接在 TCP 上运行。

OpenFlow 通道用来在控制器和交换机之间交换 OpenFlow 消息。控制器管理多个 OpenFlow 通道，每个通道连接到一个不同的交换机。一个交换机可能有一个通道连到控制器，或者有多个通道连接到不同的控制器。

控制器可以通过一个或者多个网络远程管理交换机，这种方法是不在 OpenFlow1.3 规范之内的，可能是在一个独立的专用网络，或者由交换机管理的网络(带内控制器连接)中使用，唯一的要求就是应提供 TCP/IP 连接。

作为交换机和控制器之间的单一的网络连接，OpenFlow 通道使用 TLS 或 TCP 协议。另外，为了具有并行性，通道可以由多个网络连接组成。

1. 连接建立

交换机必须能够与一个用户可配置 IP 地址(否则是固定的)的控制器建立连接，连接使用用户指定的一个端口或是默认端口。如果交换机与控制器的 IP 地址进行配置连接，那么交换机就启动了一个标准的 TLS 或 TCP 连接，此时 OpenFlow 通道的流量不通过 OpenFlow 流水线。因此，交换机在流表检查之前就必须区分输入流量。

当 OpenFlow 连接初次建立之时，连接的每一方必须立即发送携带版本字段的 OFPT_ HELLO 消息，版本指的是发送者支持的最高的 OpenFlow 协议版本。这个 HELLO 消息可能含有一些可选内容来帮助建立连接。一旦接收到消息，接收方须立即计算出使用的协议版本。如果发送和接收的 HELLO 消息都包含 OFPHET_VERSIONBITMAP 的 HELLO 元素，并且这些位图有一些共同的位设置，那么双方的协商版本就是最高版本。否则，协商版本是接收到的版本字段中较低的一个。

如果接收方支持协商版本，那么连接可行。否则，接收方必须回应一个 OFPT_ERROR 消息，此消息带有 OFPET_HELLO_FAILED 的类型字段、OFPHFC_INCOMPATIBLE 的字段以及一个解释数据状态的随机 ASCII 字符串，然后终止连接。

在交换机和控制器交换过 OFPT_HELLO 消息并且有共同的版本之后，连接就完成了，标准的 OpenFlow 消息就能够在连接上交换，首先由控制器发送一个 OFPT_ FEATURES_REQUEST 消息来取得交换机的数据路径 ID。

2. 连接中断

当交换机与所有的控制器中断连接后，会导致 echo 请求超时，TLS 握手超时，或者其他的连接失败，交换机根据当前的运行状态和配置，必须立即进入"失败安全模式"或者"失败独立模式"。在"失败安全模式"下，交换机行为唯一的改变就是丢弃发向控制器的包和消息。流表项在"失败安全模式"下依据定时设置会继续发生超时现象。在"失败独立模式"下，交换机使用 OFPP_NORMAL 保留端口处理所有的包，也就是交换机作为传统以太网的交换机和路由器。"失败独立模式"一般只在混合交换机上存在。

当再一次连接控制器时，已有的流表项将保留。如果有必要的话，控制器可删除所有的流表项。

当交换机第一次启动时，会在"失败安全模式"或者"失败独立模式"下运行，直到它成功地连接到控制器。启动时流表项的默认设置内容不在 OpenFlow1.3 协议之内。

3. 加密

交换机和控制器可通过 TLS 连接通信。当交换机启动时，会初始化 TLS 来连接控制器，TLS 连接默认的 TCP 端口是 6633。交换机和控制器通过交换由位置专一的密钥签名的证书来相互鉴权。每个交换机必须是用户可配置的，并携带控制器鉴权的证书(控制器证书)和另一个向控制器鉴权的证书(交换机证书)。

交换机和控制器可选择用普通 TCP 来互通，此 TCP 连接默认位于端口 6633，由交换机发起并初始化。当使用默认的普通 TCP 连接时，推荐使用其他安全措施来防止窃听、伪装控制器以及其他 OpenFlow 通道上的攻击。

4. 多控制器

交换机可能与一个或多个控制器建立通信。多控制器模式的可靠性更高，如果一个控制器连接失败，则交换机还是能够继续运行在 OpenFlow 模式中。控制器的切换机制由控制器自己管理，这能使其从失败中快速恢复或者使其负载平衡。控制器通过现有规范之外的模式对交换机进行管理。多控制器的目的是帮助同步控制器的传输。多控制器的功能是基于控制器容错和负载平衡，而不是基于 OpenFlow 协议之外的虚拟化。

当 OpenFlow 操作启动时，交换机必须连接到所有与其配置相关的控制器，并且尽量保持与它们的连接。许多控制器发送 controller – to – switch 命令到交换机，有关此命令的回复消息或错误消息必须被返回，并通过相关的控制器连接。异步消息可能发送给多个控制器，为每一个 OpenFlow 通道复制一个消息，当控制器允许时就发出去。

控制器默认的身份是 OFPCR_ROLE_EQUAL。以这种身份控制器能够完全访问交换机，这对其他控制器是一样的。控制器默认接收交换机所有的异步消息(例如包输入消息、流删除)。控制器发送 controller – to – switch 命令来改变交换机的状态。交换机与众控制器之间互不干涉，也不进行资源共享。

控制器可要求更换身份为 OFPCR_ROLE_SLAVE，也可更换为 OFPCR_ROLE_MASTER，这个角色与 OFPCR_ROLE_EQUAL 相似，可完全访问交换机，不同的是，控制器要确保它的角色是唯一的。

每个控制器会发送 OFPT_ROLE_REQUEST 消息给交换机，让其知道自己的身份，交换机必须记住每个连接控制器的身份。只要在当前消息中提供 generation_id，控制器就可能随时改变身份。

为了检测主控制器切换时产生的无序消息，OFPT_ROLE_REQUEST 消息包含了一个 64 位序列字段 generation_id 来标识主控身份。作为主控选举机制的一部分，控制器(或者第三方)协调 generation_id 的分配。generation_id 是单调递增的计数器，每次当主控关系改变时，会分配一个新的(更大的)generation_id。例如，每当指定一个新的主控制器时，generation_id 会增加。

当接收到 OFPCR_ROLE_MASTER 和 OFPCR_ROLE_SLAVE 身份的控制器发来的

OFPT_ROLE_REQUEST 消息时，交换机必须将其包含的 generation_id 消息与之前最大的 generation_id 比较，若较小的话，就丢弃。

5. 辅助连接

默认情况下，OpenFlow 通道是一个独立的网络连接。通道可能由一个主连接和多个辅助连接组成。辅助连接由交换机创建，有利于改善交换机的性能和充分利用交换机的并行性。

交换机到控制器的每个连接都由 Datapath ID 和 Auxiliary ID 来确认。主连接必须设置 Auxiliary ID 为 0，而辅助连接须有一个非零的 Auxiliary ID 和相同的 Datapath ID。辅助连接必须使用和主连接相同的 IP 地址，但是可以使用不同的传输方式，如 TLS、TCP、DTLS 或者 UDP，这取决于交换机的配置。辅助连接应该有和主连接相同的目标 IP 地址及相同的传输目的端口（除非交换机配置了指定值）。控制器必须识别带有非零 Auxiliary ID 的连接，并绑定到具有相同 Datapath ID 的主连接。

3.6 OpenFlow 消息

3.6.1 OpenFlow 消息简介

OpenFlow 协议支持三种消息：controller – to – switch 消息、asynchronous（异步）消息和 symmetric（对称）消息，每个消息都包含多个子消息类型。controller – to – switch 消息由控制器发起，用来直接管理、检查交换机的状态；异步消息由交换机发起，用于控制器更新网络事件和交换机状态变化；对称消息由交换机或者控制器发起，无需请求。表 3 – 2 列举了 OpenFlow 使用的消息类型。

表 3 – 2 OpenFlow 消息

消　息	消息类型	类型值	备　注
对称消息			
OFPT_HELLO	对称消息	0	连接一旦建立，就在交换机和控制器之间传递
OFPT_ERROR	对称消息	1	
OFPT_ECHO_REQUEST	对称消息	2	用来验证 controller – to – switch 连接是否活跃，也可用来测量延迟率和带宽
OFPT_ECHO_REPLY	对称消息	3	
OFPT_EXPERIMENTER	对称消息	4	提供附加功能
交换机配置消息			
OFPT_FEATURES_REQUEST	控制器-交换机	5	请求查询交换机的身份以及基本功能，交换机必须响应，回答其身份和基本能力，通常在 OpenFlow 通道建立后运行
OFPT_FEATURES_REPLY	控制器-交换机	6	

续表一

消息	消息类型	类型值	备注
OFPT_GET_CONFIG_REQUEST	控制器-交换机	7	控制器用来设置、查询交换机的配置参数,交换机仅需要回应来自控制器的查询消息
OFPT_GET_CONFIG_REPLY	控制器-交换机	8	
OFPT_SET_CONFIG	控制器-交换机	9	
异步消息			
OFPT_PACKET_IN	异步消息	10	将对包的控制转移给控制器
OFPT_FLOW_REMOVED	异步消息	11	由于控制器的流删除请求产生,或者交换机流处理超时产生,通知控制器一个流表项从流表中移除
OFPT_PORT_STATUS	异步消息	12	通知控制器某个端口发生变化,如端口被用户关闭、端口状态被用户改变、连接断开等
控制器命令消息			
OFPT_PACKET_OUT	控制器-交换机	13	控制器用 packet_out 发送数据包到交换机特定的端口,并且转发通过 packet_in 消息收到的数据包
OFPT_FLOW_MOD	控制器-交换机	14	
OFPT_GROUP_MOD	控制器-交换机	15	
OFPT_PORT_MOD	控制器-交换机	16	
OFPT_TABLE_MOD	控制器-交换机	17	
复合消息			
OFPT_MULTIPART_REQUEST	控制器-交换机	18	
OFPT_MULTIPART_REPLY	控制器-交换机	19	
屏障消息			
OFPT_BARRIER_REQUEST	控制器-交换机	20	控制器使用 barrier 请求/回复消息用来确认消息依存关系已经满足,或者收到操作完成的通知
OFPT_BARRIER_REPLY	控制器-交换机	21	
队列配置消息			
OFPT _ QUEUE _ GET _ CONFIG _REQUEST	控制器-交换机	22	
OFPT _ QUEUE _ GET _ CONFIG _REPLY	控制器-交换机	23	

续表二

消息	消息类型	类型值	备注
控制器角色改变请求消息			
OFPT_ROLE_REQUEST	控制器-交换机	24	控制器使用此消息用来设置 OpenFlow 通道角色，或者查询这个
OFPT_ROLE_REPLY	控制器-交换机	25	角色
异步消息配置			
OFPT_GET_ASYNC_REQUEST	控制器-交换机	26	控制器使用此消息来设置一个附加过滤器，滤出想在 OpenFlow 通道
OFPT_GET_ASYNC_REPLY	控制器-交换机	27	中接收的异步消息，或者用来查询这些过滤器
OFPT_SET_ASYNC	控制器-交换机	28	
测量器和速率限制器配置消息			
OFPT_METER_MOD	控制器-交换机	29	

3.6.2 消息处理

OpenFlow 协议提供可靠的消息传递和处理，但是不自动提供确认和保证消息的有序化处理。这一节所说的 OpenFlow 消息处理行为是在可靠传输的主、辅连接上完成的。消息处理行为包括：

(1) Message Delivery：消息可靠传输，除非 OpenFlow 通道完全失败，控制器不了解交换机的任何状态(如交换机可能已经进入了"失败独立模式")。

(2) Message Processing：交换机必须完全处理从控制器接收的每个消息，并可能生成一个回复。如果交换机不能完全处理来自控制器的消息，那么它必须返回一个 error 消息。

此外，交换机必须发送所有 OpenFlow 状态改变时产生的异步消息，如流删除、端口状态或者 packet_in 消息，这样控制器就可以与交换机的实际情况同步。

控制器可以自由忽略它们接收的消息，但是必须响应应答消息来防止交换机中断连接。

(3) Message Ordering：通过使用 barrier 消息来保证排序。在缺少屏障消息时，交换机可以任意重新排序消息来达到最佳性能。因此，交换机不应该依赖一个特定的处理顺序。消息跨越一个屏障消息就不需要重新排序，只有在前面所有的消息都被处理后屏障消息才会被处理。具体地说，即：

① 屏障消息前面的消息必须先被处理，包括发送任何产生的错误和回复；

② 屏障必须被处理，而后发送一个响应；

③ 屏障消息后面的消息可继续处理。

如果从控制器接收到的两个消息是相互依赖的，那么它们必须通过屏蔽消息来分离。

3.6.3 消息事件

假设有一台 OpenFlow 交换机和一台 OpenFlow 控制器，在消息交换过程中有不同种类的事件产生，通过理解控制器和交换机之间的消息传递过程，可以清楚地认识OpenFlow的工作原理。下面就对控制器和交换机之间主要的事件进行描述。

1. 连接事件

连接事件的消息传递过程如图 3-5 所示。

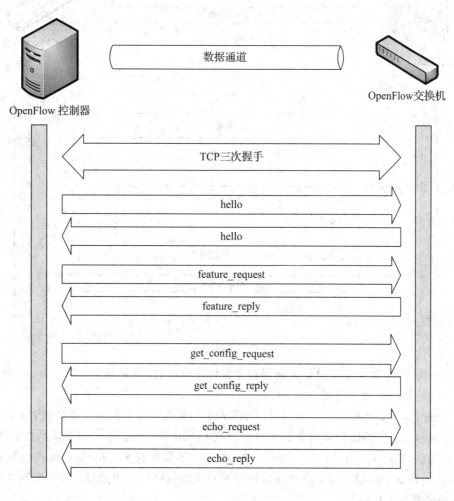

图 3-5　连接事件

最初在 OpenFlow 交换机与 OpenFlow 控制器之间通过 TCP 三次握手过程建立连接，使用的 TCP 端口号为 6633。

TCP 连接建立后，交换机和控制器就会互相发送 hello 报文。hello 报文使用OpenFlow协议的一个对称的数据包。

hello 报文在交换机和控制器相互交换后，OpenFlow 控制器与交换机之间就建立了连接。控制器发向交换机的一条 feature_request 消息，目的是获取交换机性能、功能以及一些系统参数，交换机则通过 feature_reply 消息进行响应。

echo 请求（echo_request）和 echo 响应（echo_reply）属于 OpenFlow 中的对称型报文，通常作为在 OpenFlow 交换机和 OpenFlow 控制器之间保持连接的消息来使用。

2. packet_in 事件

packet_in 事件的消息传递过程如图 3 - 6 所示。

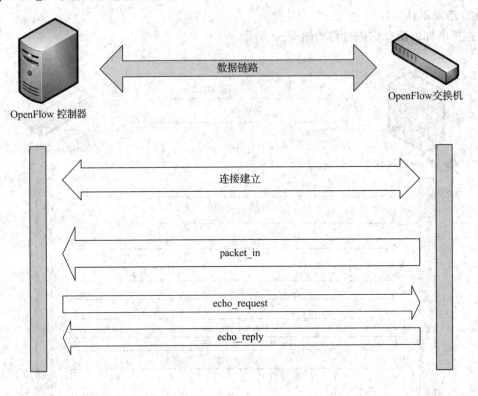

图 3 - 6　packet_in 事件

　　packet_in 事件发生的前提是控制器和交换机之间经过 TCP 建立、发送 hello 报文、功能请求与响应环节后建立连接。

　　当 OpenFlow 交换机收到数据包后，若流表中与数据包没有任何匹配的条目，packet_in 事件就将被触发，交换机会将这个数据包封装在 OpenFlow 协议报文中发送给控制器。

　　控制器收到 packet_in 报文后，提取 OpenFlow 数据包包头。packet_in 提供数据包的信息，得到 packet_in 信息后，控制器根据需要对原始数据包做出处理，如转发或者丢弃。

3. packet_out 事件

packet_out 事件的消息传递过程如图 3 - 7 所示。

packet_out 事件发生的前提是控制器和交换机之间经过 TCP 建立、发送 hello 报文、功能请求与响应环节后建立连接。

　　当控制器发送数据包至交换机时，就会触发 packet_out 事件，这一事件的触发可以看作是控制器主动向交换机发送一些数据包的操作。

4. 端口状态事件

端口状态(port_status)事件的消息传递过程如图 3 - 8 所示。

port_status 事件发生的前提是控制器和交换机之间经过 TCP 建立、发送 hello 报文、功能请求与响应环节后建立连接。

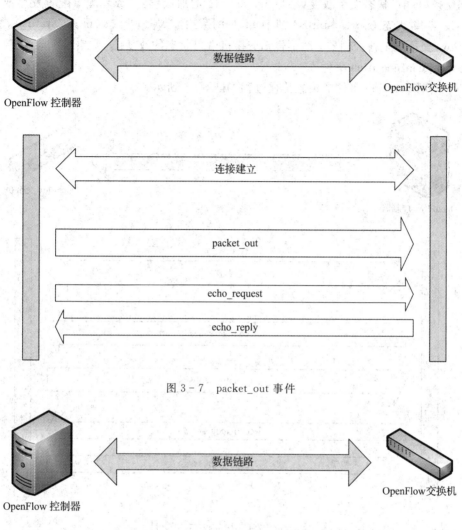

图 3 - 7 packet_out 事件

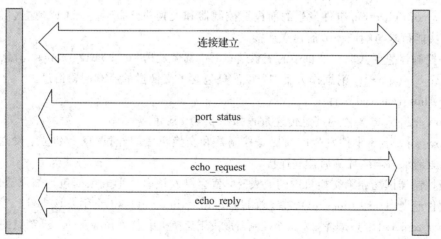

图 3 - 8 port_status 事件

当交换机端口状态发生改变(端口 up/down、增加或移除)或者端口配置发生改变时,就会触发端口状态(port_status)消息事件的发生。端口状态(port_status)消息由 OpenFlow 交换机发往控制器,用于告知交换机端口状态的改变。

5. get_configuration 事件

get_configuration 事件的消息传递过程如图 3-9 所示。

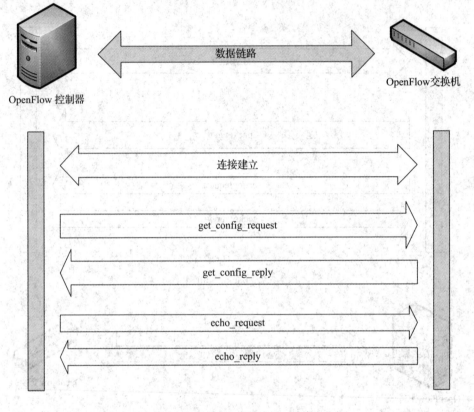

图 3-9 get_configuration 事件

get_configuration 事件发生的前提是控制器和交换机之间经过 TCP 建立、发送 hello 报文、功能请求与响应环节后建立连接。

当控制器想要获取交换机中的配置信息时,就会发送 get_config_request 消息,交换机发出 get_config_reply 消息作为反馈,该消息包含了交换机的所有配置信息。

6. flow_removed 事件

flow_removed 事件的消息传递过程如图 3-10 所示。

flow_removed 事件发生的前提是控制器和交换机之间经过 TCP 建立、发送 hello 报文、功能请求与响应环节后建立连接。

当控制器试图删除交换机中的流表时,就会触发该事件形成数据包。如果流的删除是因为硬件超时(Hard time-out)或者空闲超时(Idle time-out),也会触发该事件。

flow_removed 消息是否被发送至控制器取决于交换机中发送 flow_removed 消息的标识是否被设置。如果被设置,交换机就会发送 flow_removed 消息给控制器,用来通知流表的删除。

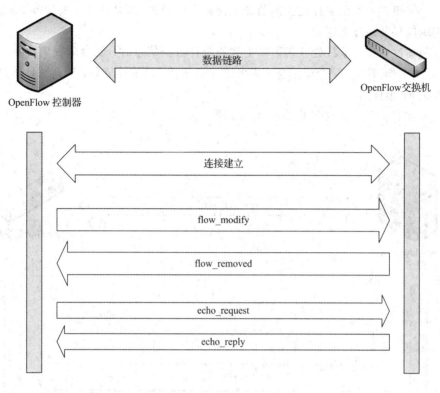

图 3 - 10　flow_removed 事件

7. statistics 事件

statistics 事件的消息传递过程如图 3 - 11 所示。

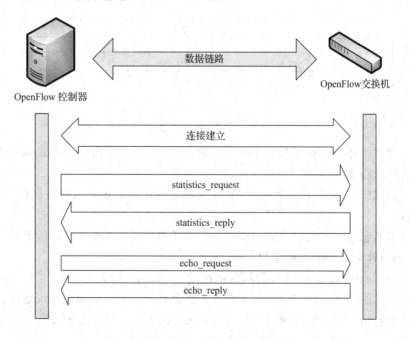

图 3 - 11　statistics 事件

statistics 事件发生的前提是控制器和交换机之间经过 TCP 建立、发送 hello 报文、功能请求与响应环节后建立连接。

当控制器试图从交换机处获得不同类型的统计数据信息时，就会触发该事件。统计数据包包括：单个流消息、聚合流消息、流表统计信息、端口统计信息、队列统计信息等。

8. barrier 事件

barrier 事件的消息传递过程如图 3 - 12 所示。

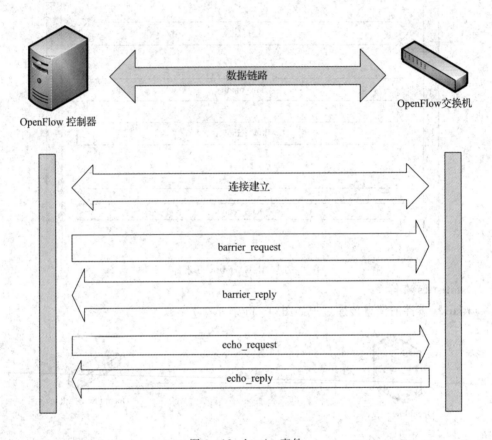

数据链路

OpenFlow 控制器　　　　　　　　　　　　　　　OpenFlow交换机

连接建立

barrier_request

barrier_reply

echo_request

echo_reply

图 3 - 12　barrier 事件

barrier 事件发生的前提是控制器和交换机之间经过 TCP 建立、发送 hello 报文、功能请求与响应环节后建立连接。

当控制器试图了解其分配给 OpenFlow 交换机的任务是否完成或将在何时完成时，该事件将被触发。

收到请求消息的交换机在完成控制器分配的任务后，会发送响应消息至控制器。

9. queue_get_configuration 事件

queue_get_configuration 事件的消息传递过程如图 3 - 13 所示。

当控制器试图问询 OpenFlow 交换机端口的队列配置时，就会触发该事件。

队列请求包括所请求队列信息的端口号，队列配置响应消息包括端口号和该端口的队列配置信息。

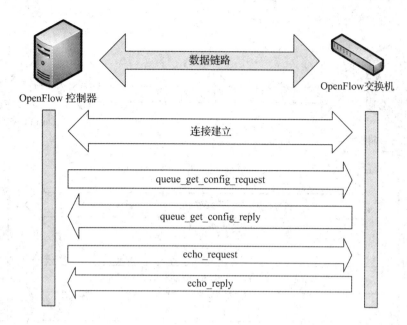

图 3 - 13 queue_get_configuration 事件

10. error 事件

error 事件的消息传递过程如图 3 - 14 所示。

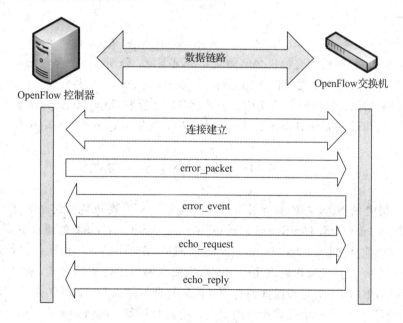

图 3 - 14 error 事件

如果 OpenFlow 交换机不能读取、支持或者执行控制器发出的 OpenFlow 控制数据包，就会发送错误数据包至控制器，说明错误原因。数据包中包含说明错误信息的类型值或者是代码值。

11. port_modify/flow_modification/set_configuration 事件

port_modify/flow_modification/set_configuration 事件的消息传递过程如图 3 - 15

所示。

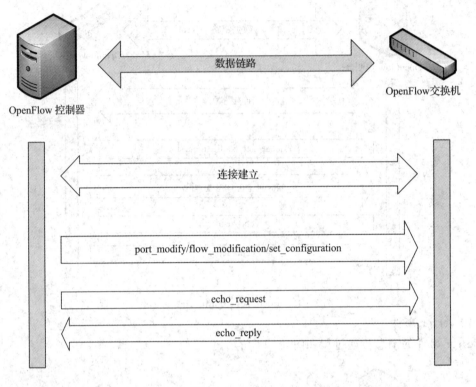

图 3-15   port_modify/flow_modification/set_configuration 事件

这几个事件在控制器和交换机之间的交互情况类似，分别由下列条件触发：

(1) 当控制器试图修改端口配置标志时，触发 port_modify 事件；

(2) 当需要增添、修改或删除交换机中的流表时，触发 flow_modification 事件；

(3) 当控制器设置 OpenFlow 交换机的配置时，触发 set_configuration 事件。

3.7   OF-CONFIG 协议

在 ONF 制定的 SDN 标准体系中，除了 OpenFlow 交换机规范之外，还有一个名为 OF-CONFIG(OpenFlow Configuration and Management Protocol)的协议也需要了解，它是 OpenFlow 的伙伴协议。OpenFlow 定义的是 SDN 架构中的一种南向接口，提出了由控制器向 OpenFlow 交换机发送流表用来控制数据流在网络中传输的方式，侧重点是数据转发。OF-CONFIG 的职责是规定如何管理和配置这些网络设备，针对的是网络设备。

OF-CONFIG 提供一个开放接口用于远程配置和控制 OpenFlow 交换机，对实时性的要求不高。具体地说，构建流表和确定数据流向等事项将由 OpenFlow 规范规定，而如何在控制器上进行 OpenFlow 交换机的配置、如何对交换机的各个端口进行 enable/disable 操作则由 OF-CONFIG 协议完成。

OpenFlow 交换机上所有参与数据转发的软硬件(如端口、队列等)都可被视为网络资源，而 OF-CONFIG 的作用就是对这些资源进行管理。OF-CONFIG 与 OpenFlow 的关系如图 3-16 所示。

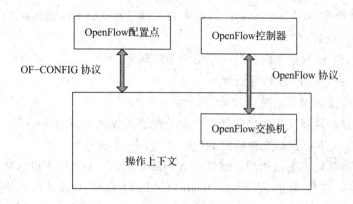

图 3 - 16 OF - CONFIG 协议的位置

如图 3 - 16 所示，OF - CONFIG 在 OpenFlow 架构上增加了一个被称作 OpenFlow Configuration Point 的配置节点。这个节点既可以是控制器上的一个软件进程，也可以是传统的网管设备，它通过 OF - CONFIG 协议对 OpenFlow 交换机进行管理，因此 OF - CONFIG 协议也属于一种南向接口。

OF - CONFIG1.2 版本中把 OpenFlow 交换机进行了抽象，叫作 OpenFlow 逻辑交换机，控制器通过 OpenFlow 协议与 OpenFlow 逻辑交换机进行通信和控制。一个或多个 OpenFlow 逻辑交换机运行的环境叫做 OpenFlow 使能交换机，一个 OpenFlow 使能交换机等效于一个物理的或虚拟的网络单元，可运行一个或多个 OpenFlow 逻辑交换机。OF - CONFIG 协议动态分配 OpenFlow 使能交换机的相关资源给其所属的逻辑交换机，每个逻辑交换机可控制所分配的端口、队列等资源。图 3 - 17 表示了 OpenFlow 业务配置点、OpenFlow 使能交换机和逻辑交换机之间的连接。

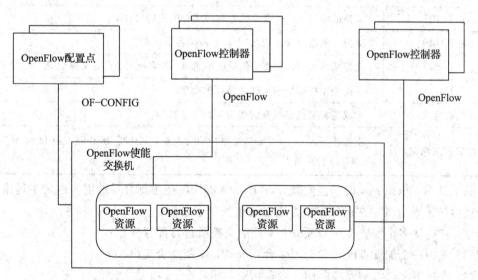

图 3 - 17 OpenFlow 使能交换机和逻辑交换机之间的关系

3.7.1 OF - CONFIG1.2 版本概述

OF - CONFIG 由 ONF 组织中的 Configuration & Management 工作组负责维护，于

2014 年发布 1.2 版本。OF－CONFIG 最主要的目标是在支持 OpenFlow1.3 版本逻辑交换机上实现以下功能配置：

(1) 对 OpenFlow 数据平面分配一个或多个控制器；

(2) 配置设备的队列、端口等资源；

(3) 支持远程修改设备的端口状态(如 up/down)；

(4) 在控制器和逻辑交换机之间使用认证的配置来保证通信安全；

(5) 发现 OpenFlow 逻辑交换机的能力；

(6) 配置一组指定的隧道类型，如 IP－in－GRE、NV－GRE、VxLAN。

对 OpenFlow 交换机的配置有 OpenFlow 协议和非 OpenFlow 协议两种方式。OF－CONFIG1.2版本中提出了具体的针对 OpenFlow1.3 版本的功能配置需求，如表3-3所示。

表 3-3　针对 OpenFlow1.3 版本的功能需求

项　目	说　明
一个或多个数据平面的例化	OpenFlow 使能交换机可支持一个或多个数据平面，也就是逻辑交换机
与控制器连接	支持在交换机上配置控制器参数，包括 IP 地址、端口号及连接使用的传输协议等
多控制器	支持多个控制器的参数配置
逻辑交换机	支持对逻辑交换机(即 OpenFlow 交换机的实例)的资源(如队列、端口等)设置，且支持带外设置
连接中断	支持故障安全、故障脱机等两种应对模式的设置
加密传输	支持控制器与交换机之间 TSL 隧道参数的设置
队列	支持队列参数的配置，包括最小速率、最大速率、自定义参数等
端口	支持交换机端口的参数和特征的配置
能力发现	发现逻辑交换机具有的能力，如动作等
数据通路标识	支持长度为 64 位的数据通路标识的配置，其中低 48 位是交换机的 MAC 地址，高 16 位由各设备生产厂家定义

除了针对 OpenFlow 的功能配置外，OF－CONFIG 还根据自身的需要制定了运维需求和管理协议需求。其中在运维需求方面主要包括以下内容：

(1) 支持从多个配置点对 OpenFlow 使能交换机进行配置操作；

(2) 支持一个配置点配置和管理多台 OpenFlow 使能交换机；

(3) 支持由多台控制器控制同一台逻辑交换机；

(4) 支持对已分配给逻辑交换机的端口和队列的配置；

(5) 支持发现逻辑交换机的能力；

(6) 支持对逻辑交换机端口进行隧道配置，如 IP－in－GRE、NV－GRE、VxLAN。

在管理协议的需求方面，OF－CONFIG 则做出了更详细的规定。例如，协议必须是安全的，能够确保完整性和私密性，并提供双向身份认证；协议需要支持由交换机或者配置点发起的连接，支持对部分交换机的配置；协议必须具有良好的扩展性，能够提供协议能力报告等。

3.7.2 数据模型

OF-CONFIG 的数据模型由 XML 语言定义，OF-CONFIG 的数据模型主要由类和类属性构成。

1. Yang 模型

OF-CONFIG1.2 版本包含 Yang 模型，对实现 OF-CONFIG 数据模型有所帮助。它吸收了 XML 语法规则作为标准约束，开发者使用 Yang 模型的 NETCONF 工具可减少开发时间，但要确保遵守所有的标准约束。

2. 核心数据模型

OF-CONFIG 数据模型的核心是由 OpenFlow 配置点对 OpenFlow 交换机的资源进行配置。在 OF-CONFIG1.2 版本的模型中，交换机包含了不同类型的资源，如 OpenFlow 端口、OpenFlow 队列、外部认证、内部认证和流表等。每个 OpenFlow 使能交换机中包含多个逻辑交换机的实例，每个逻辑交换机可以对应一组控制器，同时也可以拥有相应的资源。另外，数据模型中还包含一些标识符，这些标识符多数由 XML ID 标识。当前，这些 ID 都是一个字符串定义的唯一标识，后期有可能使用统一资源名称(Universal Resource Names，URN)作为标识。

OF-CONFIG1.2 版本对各个数据模型类进行了详尽描述，具体细节在本书中不再做更多介绍，感兴趣的读者可以参考相关的协议规范。

3.8 其他 SDN 南向接口协议

3.8.1 XMPP

可扩展消息处理现场协议(The Extensible Messaging and Presence Protocol，XMPP)是基于可扩展标记语言(XML)的协议，它用于即时消息(IM)以及线现场探测，用来促进服务器之间的准即时操作。这个协议可能最终允许因特网用户向因特网上的其他任何用户发送即时消息，即使其操作系统和浏览器不同。XMPP 的前身是 Jabber，它是一个开源形式组织产生的网络即时通信协议。目前，国际互联网工程任务组(IETF)已经完成了 XMPP 的标准化工作。

XMPP 是一个典型的 C/S 架构，而不是像大多数即时通信软件一样使用 P2P(客户端到客户端)的架构。也就是说，在大多数情况下，当两个客户端进行通信时，他们的消息都是通过服务器传递的(也有例外，如在两个客户端传输文件时)。采用 C/S 架构主要是为了简化客户端，将大多数工作放在服务器端进行，这样客户端的工作就比较简单，而且当功能增加时，多数是在服务器端进行的。

XMPP 服务的框架结构如图 3-18 所示。XMPP 中定义了三个角色，即 XMPP 客户端、XMPP 服务器和网关，通信能够在这三者的任意两个之间双向发生。服务器同时承担了客户端信息记录、连接管理和信息路由功能。网关承担着与异构即时通信系统的互联互通，异构系统可以包括 SMS（短信）、MSN、ICQ 等。

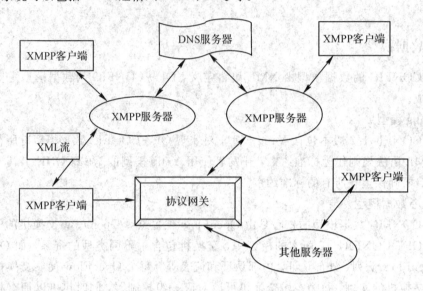

图 3-18　XMPP 的网络结构

XMPP 协议的传输是通过 XML 文件来实现的，与 QQ 的点对点通信不同，XMPP 采用从客户端到服务器、再到客户端的方式来实现。一个简单的 XMPP 通信流程如下：

（1）首先由客户端连接到服务器，客户端通过 I/O 流发送一段 XML 文件，文件中包含了自身的用户名和密码。

（2）服务器端接收到客户端的 XML 文件，从中获取用户名和密码进行验证，如果验证成功，服务器会发送一个 XML 文件给客户端表明已经登录成功。

（3）登录成功后，客户端可以发送一个获取好友名单的 XML 文件，服务器会将当前用户的好友以 XML 文件传到客户端。

（4）客户端选择一个好友，向其发送信息（其实是向服务器发送，服务器收到后会转发给对应的好友），好友收到。

1. XMPP 客户端

XMPP 系统的一个设计标准是必须支持简单的客户端。事实上，XMPP 系统架构对客户端的限制很少，一个 XMPP 客户端必须支持的功能有：

（1）通过 TCP 套接字与 XMPP 服务器进行通信；

（2）解析组织好的 XML 信息包；

（3）理解消息数据类型。

XMPP 将复杂性从客户端转移到服务器端，这使得客户端编程变得非常容易，更新系统功能也同样变得容易。XMPP 客户端与服务器端通过 XML 在 TCP 套接字的 5222 端口进行通信，而不需要客户端之间直接进行通信。

2. XMPP 服务器

XMPP 服务器主要遵循以下两个法则：

（1）监听客户端连接，并直接与客户端应用程序通信；

（2）与其他 XMPP 服务器通信。

XMPP 开源服务器一般被设计成模块，由各个不同的代码包构成，这些代码包分别处理 Session 管理、用户和服务器之间的通信、服务器之间的通信、DNS（Domain Name System）转换、存储用户的个人信息和朋友名单、保留用户在下线时收到的信息、用户注册、用户的身份和权限认证、根据用户的要求过滤信息和系统记录等。另外，服务器可以通过附加服务来进行扩展，如制定完整的安全策略、允许服务器组件的连接或客户端选择、设置通向其他消息系统的网关等。

3. XMPP 网关

XMPP 突出的特点是可以和其他即时通信系统交换信息和用户在线状况。由于协议不同，XMPP 和其他系统交换信息必须通过协议的转换来实现。目前，几种主流即时通信协议都没有公开，所以 XMPP 服务器本身并没有实现和其他协议的转换，但它的架构允许转换的实现。在 XMPP 架构里，实现这个特殊功能的服务端叫做网关（Gateway）。目前，XMPP 实现了和 AIM、ICQ、IRC、MSN Messenger、RSS0.9 和 Yahoo Messenger 的协议转换。由于网关的存在，XMPP 架构可以兼容所有其他即时通信网络，这无疑大大提高了 XMPP 的灵活性和可扩展性。

3.8.2　PCEP

路径计算单元需要一些信息的交互，相关联的通信协议主要涉及 PCC 端和 PCE 端的通信，以及 PCE 与 PCE 之间进行的通信。PCC 与 PCE 端的通信是为了发送路径计算请求和接收路径计算响应；PCE 间的通信是为了自动发现 PCE 和 PCE 之间的 TED 同步，协调多个 PCE 之间的工作实现路径计算请求与响应。PCC 和 PCE 之间的通信使用的是 PCEP 协议，PCEP 协议的基础是 TCP 协议，在没有进一步的协议支持下可以满足可靠的信息和流控制的

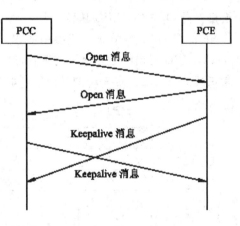

图 3-19　PCC/PCE 之间通信过程

要求。PCC 和 PCE 之间的通信过程主要包括以下两个阶段（如图 3-19 所示）。

1. 初始化阶段

初始化阶段包括两个连续的过程：① PCC 与 PCE 之间建立 TCP 连接；② 在 TCP 连接之上建立 PCEP 会话。

一旦 TCP 连接建立后，PCC 与 PCE 就会初始化 PCEP 会话，在初始化过程中协商各种会话参数，这些会话参数包含于 Open 消息里，包括 KeepaliveTimer 和 DeadTimer，其他详细的功能与规则包含在 PCC 发送到 PCE 的请求里。如果在 PCEP 会话建立阶段一方拒绝另一方的协议参数，或者在规定时间内未作出回应，则要重新进行会话连接。Keepalive 消息用于确认 Open 消息，在 PCEP 会话建立成功后用于维持会话连接。

2. 会话保持阶段

一旦会话建立，PCE 和 PCC 也许会确认对方是否处于连接状态。虽然 TCP 可以提供连接断开的信息，但是也不能够排除 PCEP 在没有发送 TCP 断开连接的信息之前就已经运

作失败了。虽然可以依赖 TCP 内建的机制，但是这不能提供足够及时的错误通知。

为了更好地处理这些问题，PCEP 包含了 Keepalive 机制，该机制基于 KeepaliveTimer、DeadTimer 和 Keepalive 消息。每个 PCEP 会话端都运行了一个 KeepaliveTimer，当向对方发送信息后就重启 timer，若 timer 超时就发送一个 Keepalive 消息。每个 PCEP 会话端同时也运行了一个 DeadTimer，当接收到消息后就重启 timer，若 timer 超时还没有消息到达，就宣布会话死亡。这意味着 Keepalive 信息是不需要进行应答的。这样的设计是为了尽可能减少会话中 Keepalive 消息的流量。

KeepaliveTimer 最小的值为 1 s，缺省值为 30 s，而且必须为整数秒，当值为 0 时 timer 不可用。DeadTimer 推荐的缺省值为对方 KeepaliveTimer 值的 4 倍，这意味着不会存在由于过多的 Keepalive 消息而导致 TCP 拥塞的风险。

3.8.3　NETCONF

OF－CONFIG 协议提供了一个标准的方式去修改 OpenFlow 逻辑交换机的操作配置，同时也为运营商提供了扩展和创新的机会以及新的或更高的配置能力。为了达到这个目的，OF－CONFIG 规定利用 NETCONF 作为传输的协议，这也预示着若要 OpenFlow 使能交换机支持 OF－CONFIG 协议，则必须利用 SSH 作为传输协议。

NETCONF 是一个非常成熟的协议，已经被广泛应用在多种平台上，完全能够满足 OF－CONFIG 提出的管理协议传输需求。利用 NETCONF 传输 OF－CONFIG 协议的核心是在其消息层之上定义一个操作集，如图 3－20 所示。

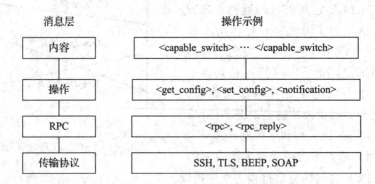

图 3－20　NETCONF 的层次结构和操作示例

内容层表示的是被管理对象的集合。内容层的内容需要来自数据模型，而原有的 MIB 等数据模型对于配置管理存在着缺陷，如不允许创建和删除行、对应的 MIB 不支持复杂的表结构等，因此内容层的内容没有定义在 RFC4741 中。到目前为止，NETCONF 内容层是唯一没有被标准化的层，没有标准的 NETCONF 数据建模语言和数据模型，其相关理论还在进一步讨论中。

操作层定义了一系列在 RPC 中应用的基本的原语操作集，这些操作将组成 NETCONF 的基本能力。NETCONF 定义了九种基础操作，主要功能包括四个方面：取值操作、配置操作、锁操作和会话操作。其中，get、get_config 用来对设备进行取值操作；edit_config、copy_config、delete_config 用于配置设备参数；lock 和 unlock 用于在对设备进行操作时防止并发产生混乱的锁行为；close_session 和 kill_session 则是相对比较上层的操作，用于结束一个会话操作。

RPC 层为 RPC 模块的编码提供了一个简单的、与传输协议无关的机制。通过使用
<rpc>和<rpc_reply>元素对 NETCONF 协议的客户端（网络管理者或网络配置应用程
序）和服务器端（网络设备）的请求和响应数据（即操作层和内容层的内容）进行封装。正常
情况下<rpc_reply>元素封装客户端所需的数据或配置成功的提示信息，当客户端请求报
文存在错误或服务器端处理不成功时，服务器端在<rpc_reply> 元素中会封装一个包含详
细错误信息的<rpc_error> 元素来反馈给客户端。

NETCONF 是面向连接的，它要求通信端口之间永久连接，而且这种连接必须提供可
靠的、顺序的数据传输。在传输层，NETCONF 制定了 RFC4742、RFC4743 和 RFC4744，
分别给出了向传输协议 SSH、SOAP 和 BEEP 映射的实现方案，这些安全协议通过加密和
认证等方法来保证网络连接的安全性。

OpenFlow 使能交换机必须支持定义的内容层中的方法，目前只是基本的配置，在以
后的文档中会进行扩展。当前，NETCONF 协议已经能够有效地支持 OF-CONFIG1.2 版
本中 OpenFlow 配置点到 OpenFlow 交换机之间的通信，同时它所具有的扩展性还能满足
OF-CONFIG 未来发展的新需求。

3.8.4　OpFlex

思科在推出 ACI(Application Centric Infrastructure)之后，又联合 IBM、Citrix、微软
等向 IETF 提交了一个称为 OpFlex 的新协议，实际上，OpFlex 其实就是 ACI 内部的策略
控制协议，现在思科把它给标准化了。

ACI 是把数据中心中的物理网络视为一个封闭的 Fabric 系统，对用户来说，它就是一
个黑盒，用户不需要关心里面运行了什么协议以及如何连接等，这个封闭的 Fabric 系统就
是 ACI。对这个封闭系统的控制分为两部分：一部分是配置传统路由交换功能，使得 ACI
中的各个物理设备彼此可达，这部分是靠传统方式去配置的，而且这种配置通常是一次性
的，配置好之后就不用再调试了；另外一部分则是用户业务的策略控制（如基于 ACI 部署
的云计算网络），这部分不是靠传统网管，而是靠一个 SDN 控制器来控制，这个控制器称
为 APIC(Application Policy Infrastructure Controller)。

APIC 向上通过开放的 RESTful API 跟各个第三方的系统或者工具进行集成，这些工
具可以通过 APIC 来控制整个物理网络、应用策略，进而达到控制所有接入到该网络中的
其他设备的目的。APIC 向下采用 OpFlex 协议可以控制整个 ACI 中的物理交换机。

OpFlex 协议的目的是在网络基础设施上保持智能控制，而不是将控制集中在单独的控
制器，而这正是 OpenFlow 控制/转发解耦模型的根本。OpFlex 旨在保持网络基础设施硬
件作为可编程网络的基础控制元件，而不只是集中的、基于软件的 SDN 控制器的转发
组件。

OpFlex 采用基于声明式（Declarative）的配置管理方式，相比于 CLI/OVSDB/
NETCONF 这类命令式的配置管理方式，OpFlex 将策略实现的复杂性从控制器中剥离，控
制器只负责管理和推送策略，策略的实现交由转发设备来完成。这种声明式的配置管理方
式在一定程度上可以减轻控制平面的压力。

OpFlex 协议中有 AD（Administrative Domain）、PR（Policy Repository）、PE（Policy

Element)、EP(EndPoint)和 EPR(EndPoint Registry)这几个概念。AD 是一个所有支持 OpFlex 的设备组成的管理域(例如一个数据中心的物理 Fabric 网络就是一个 AD);PR 是在一个全局集中的地方负责存放 Policy;EPR 也是在一个全局集中的地方负责管理 EndPoint 的注册;PE 则位于 ACI 中每一台需要管理的设备上,是一个逻辑功能组件,它负责向上通告 EndPoint 的注册、变更,并应用来自 APIC 的 Policy;而 EP 就是接入到该管理域的用户设备。显而易见,PR 和 EPR 在逻辑或物理上都位于 APIC。

3.9 小 结

OpenFlow 协议是 SDN 南向接口协议,可以实现 SDN 控制器和交换机之间的通信,在体系结构中起着重要的作用。

OpenFlow 交换机包括一个或多个流表和一个组表,用于执行分组查找和转发,以及一个与外部控制器相连的 OpenFlow 通道。交换机利用 OpenFlow 通道与控制器进行通信,控制器通过 OpenFlow 协议来管理交换机。

OpenFlow 端口是 OpenFlow 进程和网络之间传递数据包的网络接口。OpenFlow 交换机之间通过 OpenFlow 端口在逻辑上进行相互连接。一个 OpenFlow 交换机必须支持三种类型的 OpenFlow 端口,即物理端口、逻辑端口和保留端口。

OF-CONFIG 协议的职责是规定如何管理和配置这些网络设备,它针对的是网络设备。OF-CONFIG 提供一个开放接口用于远程配置和控制 OpenFlow 交换机,对实时性的要求不高。

南向接口还有其他一些协议,如 XMPP、PCEP、NETCONF 和 OpFlex 等,其多样性反映了在不同的领域,甚至是在同一领域,不同组织对 SDN 的不同理解。

复习思考题

1. SDN 南向接口的作用是什么?有哪些种类?
2. OpenFlow 协议的特点是什么?
3. OpenFlow 端口有哪些类型?
4. OpenFlow 交换机的流水线是如何处理数据的?
5. 数据包头部 12 个元组是什么?
6. OpenFlow 协议采用什么方法保证数据流的 QoS?
7. OpenFlow 通道如何在控制器和交换机之间交换消息?
8. OpenFlow 消息有哪几种类型?
9. OF-CONFIG 协议的作用是什么?
10. 除了 OpenFlow 接口,其他南向接口有哪些?各有何特点?

第 *4* 章

SDN 交换机

　　SDN 的核心理念之一就是将控制功能从网络设备中剥离出来，通过中央控制器实现网络可编程，从而实现资源的优化利用，提升网络管控效率。

　　SDN 交换机只负责网络高速转发，用于转发决策的转发表信息来自控制器，SDN 交换机需要在远程控制器的管控下工作，与之相关的设备状态和控制指令都需要经由 SDN 的南向接口传达，从而实现集中化统一管理。工作在基础设施层的 SDN 交换机虽然不再需要对逻辑控制进行过多考虑，但作为 SDN 中负责具体数据转发处理的设备，为了完成高速数据转发，还是要遵循交换机的工作原理。

　　SDN 交换机可以忽略控制逻辑的实现，全力关注基于表项的数据处理，而数据处理的性能也就成为评价 SDN 交换机优劣的最关键的指标，因此，很多高性能转发技术被提出，如基于多张表以流水线方式进行高速处理的技术。另外，考虑到 SDN 和传统网络的混合工作问题，支持混合模式的 SDN 交换机也是当前设备层技术研发的焦点。同时，随着虚拟化技术的出现和完善，虚拟化环境将是 SDN 交换机的一个重要应用场景，因此，SDN 交换机可能会有硬件、软件等多种形态。

4.1　概　　述

4.1.1　传统交换机架构

　　交换架构是网络设备的核心，就像人的心脏一样重要，交换架构决定了一台设备的容量、性能、扩展性以及 QoS 等诸多关键属性。在短短二十几年的历史中，先后出现了共享总线交换、共享存储交换、Crossbar 矩阵交换和基于动态路由的 CLOS 交换架构等不同形态。对于代表业界发展水平的大容量或超大容量的机架式网络设备而言，通常采用 Crossbar 矩阵交换或 CLOS 交换架构，共享缓存交换则应用线卡作为全分布式业务处理和转发的组成部件。

　　网络设备交换架构的一般模型如图 4-1 所示，在逻辑上由数据通道资源、控制通道资源两部分构成。数据通道资源包括交换网及其端口带宽、交换网适配器（Fabric Adaptor，FA）、流量管理器（Traffic Manager，TM）、缓冲（Buffering）以及用于互联的高速总线。控制通道资源则包括用于资源分配、业务调度、拥塞管理的流控单元、调度器（Scheduler），调度器有时也叫仲裁器（Arbiter）。完整意义上的交换架构还包括报文处理器（Packet Processor，PP）或网络处理器（Network Processor，NP）。

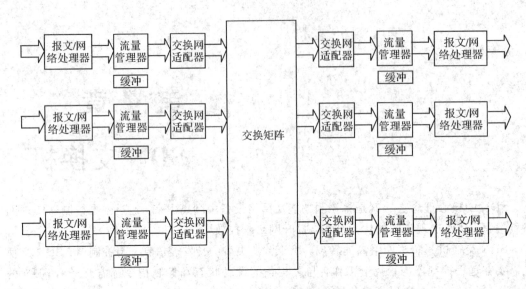

图 4-1 网络设备交换架构模型

20 世纪 90 年代出现了基于组合输入/输出队列(Combined Input Output Queuing,CIOQ)的 Crossbar 交换架构,如图 4-2 所示,该架构包含一到多个并行工作的无缓存的 Crossbar 芯片,每个 Crossbar 芯片通过交换网端口 FP(Fabric Port)连接到所有的输入端口和输出端口对应的 FA 端口。业务调度通常采用集中仲裁器连接所有的输入、输出 FA 芯片和 Crossbar 芯片,出口 FA 定时或实时地向仲裁器报告出口拥塞情况。一次典型的交换过程包含三个步骤:① 输入端口发送业务前,入口 FA 先要向仲裁器请求发送(Request to transmit);② 仲裁器根据输出端口队列拥塞情况,给入口 FA 发送允许发送(Request granted);③ 业务通过交换网转发到输出端口。

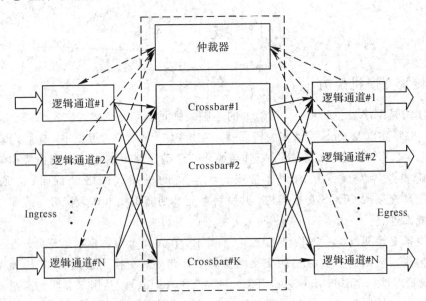

图 4-2 基于组合输入输出队列的 Crossbar 交换架构

在入口方向,缓存采用虚拟输出队列(Virtual output Queuing,VoQ)方式给不同目的输出端口、不同优先级的业务流分配相应的队列，对入口流量进行缓存。在出口方向也有一个缓存，因此称之为组合输入/输出队列。

4.1.2 SDN 交换机架构

不同于传统交换设备，SDN 将交换设备的数据平面与控制平面安全解耦，所有数据分组的控制策略由远端控制器通过南向接口协议下发，网络的配置管理也同样由控制器完成，这大大提高了网络管控的效率。交换设备只保留数据平面，专注于数据分组的高速转发，降低了交换设备的复杂度。就这个意义上来说，SDN 中交换设备不再有二层交换机、三层交换机和路由器之分。如图 4-3 所示，SDN 交换设备的基本功能包括转发决策、背板转发和输出链路调度。

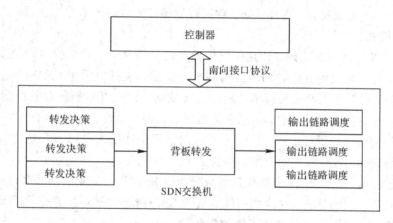

图 4-3 SDN 交换设备架构

（1）转发决策。应用最广泛的接口协议 OpenFlow 用流表代替传统网络设备中的二层和三层转发表，该流表中每个表项都代表了一种流解析以及相应的处理动作。数据分组进入 SDN 交换机后，先与流表进行匹配查找，若与其中一个表项匹配成功则执行相应的处理动作，若无匹配项则上交控制器，由控制器决定处理决策。这些流程依旧需要依赖网络设备内的交换芯片实现。

（2）背板转发。目前 SDN 应用最广泛的场景是数据中心，其对交换机数据交换速率的要求还是较高的。不过就目前的网络设备来说，速率瓶颈点主要还是在交换芯片上，背板提供满足要求的交换速率并不是太大的问题。

（3）输出链路调度。正常情况下，数据分组发往交换机某一端口或准备从交换机某一端口发出时，均需在端口队列中等待处理。而支持 QoS 的交换机则可以对报文根据某些字段进行分类而进入有优先级的队列，对各个队列进行队列调度以及修改报文中的 QoS 字段以形成整个链路的有机处理流程等。支持 OpenFlow 协议的 SDN 交换机对 QoS 的支持主要有基于流表项设置报文队列、根据 Meter 进行限速、基于 Counter 进行计费、基于 Group 的 Select 功能进行队列调度等。

背板转发和输出链路调度功能并未给 SDN 交换机带来太大的挑战，但转发决策却给 SDN 交换机在技术实现上带来了很大的难题。OpenFlow 交换机的流表有别于传统网络交换设备，它的逻辑粒度性更高，可以包含更多层次的网络特征，可以使交换机集交换、路由、防火墙、网管等功能于一身，这也正是 SDN 灵活性的由来。而交换芯片需要通过查找这样一张流表来对进入交换机的数据分组进行转发决策，这就对交换芯片的性能在设计和实现上提出了新的要求。

4.1.3　SDN 交换机实现技术

对于 SDN 交换机而言，根据使用场景的需要，交换功能可以采用软件或者硬件实现。其中，软件实现的 SDN 交换机通常与虚拟化 Hypervisor 相整合，从而为云计算场景中的多租户灵活组网等业务提供支持。硬件实现的交换机则能够支持基于硬件设备的组网，还能够满足 SDN 与传统网络的混合组网需求。

无论是软件还是硬件，参考传统的网络转发设备，SDN 交换机在具体的设计和实现中需要对交换模式、背板设计、缓冲机制、数据转发等多方面的技术进行合理的选择。

1. 交换模式

SDN 交换机的数据交换模式决定了其转发数据包的速度以及交换过程导致的延迟(即交换机在一个端口接收到数据包的时间与在另一个端口发送该数据包的时间差)。在实际应用中，数据包的转发既希望具有尽可能低的转发延迟以提升数据传输的性能，又希望能够在转发过程中对数据包进行检验，以保证信息传输的可靠性。

和传统的网络交换设备一样，SDN 交换机的数据交换模式可以包含直通、零碎片、存储转发等多种选择，各种模式的介绍和分析如下。

(1) 直通(Cut-Through)：交换机仅对数据帧(二层网络对数据包的特有称呼)的前 6 个字节的信息进行接收和分析，并将数据帧的其余部分直接剪切(即所谓的 Cut)到出端口上。这是因为数据帧的前 6 个字节包含了该数据帧的目的 MAC 地址，这足以供交换机作出转发决策。直通模式具有最小的转发延迟，但是它并不检查数据的完整性，因此可能会把能够导致以太网冲突的"坏包"转发出去，从而产生网络可靠性的问题。

(2) 零碎片(Fragment-Free)：交换机首先对数据帧的前 64 个字节进行接收和解析，再进行转发。之所以选择 64 B 的长度，是因为经验表明，在以太网络中绝大部分的"坏包"都能在这些字节的处理过程中被检测到。这种模式虽然有可能造成极少量的"坏包"漏检，但是它对网络的整体性能影响不大，因此在很多应用场景中又被称为"快速转发(Fast-Forwarding)"。

(3) 存储转发(Store-and-Forward)：交换机需要对整个数据帧的内容进行接收和解析，并开展数据帧的完整性检验等操作以有效地避免出现错误。虽然该模式增加了转发延迟，但是考虑到当前的处理器或者 ASIC 已经具有足够的性能，因此，在 SDN 交换机的设计与实现中，仍旧建议其在数据交换时采用这种模式。

2. 背板设计

SDN 交换机中，从设备入端口接收到的数据包将通过背板被发送到设备出端口。交换机的背板是数据帧在交换机内部传输的通信通道，携带有转发决策信息及中继管理信息。参考传统的网络交换设备，SDN 交换机可采用的背板设计主要包括共享总线机制和交叉开关矩阵机制两种方式，相应的介绍和分析如下。

(1) 共享总线(Shared Bus)机制：交换机中所有的入端口和出端口都共享同一数据通路，并由一个集中的仲裁器负责决定何时并以何种方式将总线的访问权赋予哪个交换机端口。根据不同的交换机配置，仲裁器可以用多种多样的方法保证总线访问的公平性。在共享总线的数据帧传输流程中，交换机设备入端口在接收到数据帧后，将发起对总线的访问请求，并等待请求被仲裁器批准后将数据帧发送到数据总线上。该数据帧会被总线上挂接的所有端口接收到，同时交换机将决定哪个出端口应该继续传递该数据帧。在接收到交换机的决定后，负责转发的设备出端口将继续传递数据帧，而其他端口则将该数据帧丢弃。共享总线的交换机制使得除了交换机的设备入端口外，其他挂接在总线上的端口都可以自动获得数据帧的副本而无需额外的复制操作，从而比较容易实现组播和广播。但是，共享总线的速度将会对整个交换机的流量造成很大的影响，这主要是因为总线是共享的，所以必须待端口使用总线时才能进行通信。

（2）交叉开关矩阵(Crossbar)机制：又被称作"纵横式交换矩阵"机制，其基本思路是支持在交换机端口之间提供多个可以同时使用的数据通路。它突破了共享总线机制中的带宽限制，在交换网络内部没有带宽瓶颈，不会因为带宽资源不够而产生阻塞。因此，在 SDN 交换机的设计与实现时，交叉开关矩阵机制可以被引入来改进数据交换效率。

3. 缓冲机制

如果 SDN 交换机采用了基于共享总线的背板设计，那么数据帧必须要依次等待仲裁器裁决，直至轮到它们对应的端口可以访问总线时才可以被发出，即使是采用了基于交叉开关矩阵的背板设计，数据帧也有可能因为网络出现拥塞而被延迟发出。因此，相关的数据帧就必须被 SDN 交换机缓冲起来直至被发出。如果 SDN 交换机没有设计合理的缓冲机制，那么在出现流量超标或者网络拥塞时，数据帧就有可能被随时丢弃。

SDN 交换机的缓冲机制用于解决数据包不能够被设备出端口及时转发的问题，发生该情况的主要原因包括交换机的设备入端口和设备出端口速率不匹配、多个设备入端口向同一设备出端口发送数据、设备出端口处于半双工工作状态等。为了避免发生上述情况导致数据包被丢弃，当前有两种常用的缓冲机制可供 SDN 交换机选择。

（1）端口缓冲：为每个交换机上的以太网端口提供一定数量的高速内存用于缓冲数据帧的接收与转发。该方法存在的主要问题是当端口的缓冲被使用殆尽时，其后续接收到的数据帧将被丢弃，而支持缓冲规模的灵活调整将有助于缓解这一问题。

（2）共享内存：在端口缓冲时为所有端口提供可以同时访问的共享内存空间。该方法将所有接收到的数据帧都保存在共享的内存池中，直到设备出端口准备将其转发到网络中。使用这种方法，交换机能够动态地分配共享内存，可以根据端口流量的大小设定相应的缓冲规模。

4. 数据转发

无论是硬件实现还是软件实现的 SDN 交换机，数据帧在交换机内部从设备入端口到设备出端口的传递过程都需要交换机作出转发决策。在传统的网络交换设备中，这一决策过程依赖交换机中的转发表、路由器中的路由表等机制实现，它们通过对设备入端口接收到的数据包的目的地址信息进行匹配，能够确定该数据包应该被发往哪个设备出端口。对 SDN 交换机而言，设备中同样需要这样的转发决策机制。以 OpenFlow 交换机为例，它提出了流表的概念对传统的二层转发表、三层路由表进行了抽象，从而使得数据包在转发过程中的决策更具灵活性。

传统网络设备的转发表和路由表的组成都有标准的定义以及相对简单的格式，例如，二层交换机转发表就是一个设备端口和 MAC 地址的映射关系，因此非常适合采用静态的专用集成电路高效实现。而 SDN 交换机中的转发决策使用的转发表可能具有非常复杂的组成结构。仍以 OpenFlow 为例，在 OpenFlow1.2 版本后，其流表中各个表项的长度及其中包含的匹配域都是可自定义的而非固定的格式，虽然这些设置在交换机的软件实现中能够提供极高的灵活性，但是对于相应的硬件 OpenFlow 交换机而言，它将不再适合采用预先定义好的硬件电路进行流表的实现。为了应对这一问题，SDN 交换机的硬件可以考虑引入三台内容寻址存储器(Ternary Content Addressable Memory, TCAM)技术完成相关流表信息的存储和查询。

4.1.4 传统交换机和 OpenFlow 交换机的比较

下面是 OpenFlow 交换机和传统交换机的对比。

1. 端口层面的对比

交换机的每一个端口都有一个网卡，这个网卡由 MAC 和 PHY 组成，现在二者通常在芯片里集成为一体。通俗地说，PHY 就是将电信号或者光信号转换后的电信号转换成比特位的 0 或 1，MAC 层再根据这些比特位从中筛选出数据帧，即通常所说的一个报文。

相连的两个端口通常需要支持协商端口速率的设置，因为可能两个端口支持的最大速率是不同的，两者需要协商出一个合适的速率进行通信。例如，一个百兆口和十兆口相连，通常自协商的结果是按照 10 兆来进行速率传输。当然这种情况下也可以人为地将百兆口设置成 10 兆的工作模式，并关闭两端的自协商功能以 10 兆的速率传输数据。值得一提的是，万兆口和千兆或者百兆进行相连时不支持自协商，需要人工模式强制将万兆口设置为千兆或者百兆模式才可以工作。

交换机端口一个重要的功能就是端口统计，统计内容分别包括端口接收和发送报文的总个数、错误帧数、丢弃帧数以及各个长度区间范围内的报文数目，这方面的相关标准由若干个 RFC 来定义，但是交换芯片可以有多种不同的支持或者支持程度。个数统计比较容易，识别出数据帧后进行加和即可，比较难于处理的是速率的解析。和通常理解的不太一样，无论是 BCM 还是 MVL 等传统交换芯片，测量端口的速率并不是通过测速的 meter 来进行的(meter 其实不能用来测速，只能用来限速)，而是上层通过软件来计算获取的。计算的方法是固定时间间隔内(通常是 5 s，有的高级交换机可以用命令在一定范围内设置该值)利用软件主动读取计数，然后在一定时间间隔后再读取计数一次，用前后两次读取的计数差除以时间间隔就获取了该时间间隔内的平均端口速率。当然这样的计算处理方法不是十分的精确，但是基本上能满足统计的需求。

交换机端口另一个重要的功能是流控(Flow Control, FC)，其实流控属于宽泛的 QoS 功能。值得提及的是，流控功能属于入口的功能，因为流控的产生原因虽然有可能是因为出口的阻塞(例如 HOL)，但却是由于入口接收的数据帧过多或无法及时转出而导致入口的缓冲耗尽产生的，此时接收报文的交换机入端口就会向发送报文的交换机发送流控帧，提醒对方缓慢发送甚至停止发送报文，等到接收报文的交换机端口有缓冲后再给对方发送继续发送报文的通知，这样就可以防止通信中因为阻塞而发生丢包。对交换机进行流控测试时需要注意数据帧中的两个值，一个是流控帧的标识 DMAC 为 01-80-C2-00-00-01、操作符为 1 且 ETHERTYPE 为 0X8808 的流控帧，另一个是通知对方停止发包的时间，这是一个操作参数，一定要被设置，这个值是以当前传输介质的传输速率传送 512 位的时间，其范围是 0～65535。需要说明的是，很多时候流控功能在数据中心会被关闭，因为和 POE 功能、STP 协议相类似，这会使得数据链路的传输效率降低，而靠网络规划来规避网络阻塞或者在特定场景下可以容忍一定限度的丢包。在同一个端口上，QoS 可以基于差异服务模型针对不同的流进行分类处理，如果一个端口开启了流控，即使优先级较低的流发生了阻塞，也会导致优先级较高的流被停止，这种情况是不太合理的，所以提出了 PFC(Priority FC)的概念，就是阻塞交换机的入口根据阻塞报文的优先级发送流控报文，对端交换机根据 PFC 帧来确定哪种优先级的报文被停止转发，而其他优先级的报文可以继续转发。

传统交换机的端口分为业务口、回环口和 CPU 口。业务口主要用于传输数据，包括常见的面板口和汇聚口等；回环口会将所有转向它的数据再传回给交换芯片；而 CPU 口则是交换芯片和 CPU 通信的网口，主要是将某些控制报文和协议报文送至 CPU 软件协议栈进行处理。另外，对于机架设备还存在各个交换芯片之间传输数据所用的背板口。

OpenFlow 交换机端口在标准端口里分为三类：物理端口、逻辑端口和保留端口。物理端口对应交换机的面板接口，即硬件中存在的端口；逻辑端口包括汇聚口、回环口和隧道用途的端口等；保留端口主要用于传统转发的端口和广播口、与控制器通信的端口、入端口等概念。OpenFlow1.3 标准中规定 OpenFlow 交换机最多可支持 65280 个端口，不过通常的 256 个端口已经很多了。从这个层面上来讲，OpenFlow 交换机与以前的交换机兼容，并对交换机的端口从本身需求出发作了扩展，OpenFlow 技术作为转发层面的机制对物理层没有太大的贡献，这也是很多网络技术的一个共同特征，就是兼容原来的技术，从原来的技术扩展而来，此类技术可以称为改革性技术。还有一类是革命性技术，即如果采用新的技术就需要彻底废弃原来的技术，否则就无法直接使用新技术，典型的例子就是 OSPF 和 RIP 两种路由协议。当然，后来 OSPF 通过定义特定的 LSA 类型引入外部路由并传播到 OSPF 的区域内，所以 OpenFlow 交换机的网络无论最终是成功，还是失败，或者是在一定范围内被使用，都不会在一夜之间取代传统交换机，而在其慢慢成长过程中需要和传统网络的交换机进行通信，这就需要一些工作来保证二者的兼容。

2. 二层转发层面的对比

通常来说，物理层的一串比特位到数据链路层后，会被组成帧，并做校验，只有校验通过的帧才会被转发。对于交换机来讲，转发是基于 MAC 地址的转发，最初的二层转发设备也仅仅是基于 MAC 地址的，主要用于局域网，后来由于广播泛滥和通信安全性的考虑才采用 VLAN 对不同的通信域进行隔离。

MAC 地址是每个网络设备上的物理地址，VLAN 技术通过对原来的报文在 MAC 地址头后加入 4 比特的数据来识别和标志 VLAN，具体结构如图 4-4 所示。

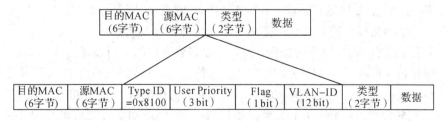

图 4-4 以太网 tag 报文结构

其中，Type ID(简称 TPID)(例子中是 0x8100)不是必需的，稍高级的交换芯片都支持 Q - IN - Q 功能。当处于二层隧道或者 VLAN ID 不够用时，可以给一个报文打上两个 VLAN Tag，并且两个 VLAN Tag 的 TPID 可以不同，也可以相同。报文能灵活地删添或修改 VLAN Tag 的功能称为灵活 Q - IN - Q。

后面 3 位的 User Priority 一般称为 COS 值，用于二层 QoS 功能。再后面的 1 位就是 CFI(Canonical Format Indicator)，其值为 0 表示该帧格式用于 802.3 或 EthII 封装，常用于以太网类网络和令牌环类网络之间。如果在以太网端口接收的帧具有 CFI，那么设置其值为 1，表示该帧不进行转发。

OpenFlow 标准中所有的表项均支持二层转发，匹配内容为 DMAC＋外层 Tag 中的 VLAD - ID，设置的动作为指定出端口，但不必支持基于 SMAC＋VID 的学习。例如，一台 OpenFlow 交换机连接了十几台服务器，服务器需要通过二层转发进行通信，那么所有服务器的第一个报文需要发送到控制器，然后控制器可以把报文中的 SMAC＋VID 解析出来并下发一条 DMAC 为该报文的 SMAC＋VID 表项，设置动作是所有该类型的报文均转发到该端口。

OpenFlow 标准中对于 VLAN Tag 的动作和灵活 Q - IN - Q 是基本类似的，支持对 MAC - IN - MAC 头部的处理。

对于灵活 Q - IN - Q 功能中对 VLAN Tag 的修改，OpenFlow 规则可以用 setfield 动作来执行，并且 OpenFlow 中还有 strip VLAN 的动作来支持对 VLAN Tag 的删除动作。

OpenFlow 标准 1.0 版本就提出了对外 VLAN Tag 的处理和 Q - IN - Q 的支持，到 1.2 版本则丰富了对报文内、外 Tag 的处理支持。OpenFlow 的组播和广播是用类型为 all 的组的概念来实现的。

3. 三层转发层面的对比

目前，三层交换机基本都用相应的交换芯片制作，交换机的主要功能从处理流程上来说有以下几点：

(1)端口接收报文并形成帧，进行端口统计、MTU 检查，对报文的端口信息进行标注，分配报文缓冲。

(2)解析端口的报文内容信息，包括每个二层和三层字段以及 TCP 或 UDP 的 PORT 等。

(3)SMAC 学习，然后进行一些防 DoS 攻击的检查。

(4)对报文的隧道进行识别和解、封装，如 IPv4 - IN - IPv4 等。

(5)对报文的 VLAN Tag 进行识别和处理，包括基于 Q - IN - Q 的二层转发中提及的功能。

(6)进行 DMAC＋VLAN ID 的查找和二层转发，若 DMAC 是系统的 MAC 地址，则进行三层转发；若报文是 MPLS，需要实施 MPLS 的报文处理流程；若是 VPLS，则实施 VPLS 的流程。根据满足的条件判断报文具体实施哪种转发流程。

(7)对报文进行 ACL 表项的查找，如果匹配有丢弃的动作则丢弃。

(8)根据报文的 VLAN ID、COS、DSCP 等值进行入口队列映射，进入不同的队列。

(9)经过缓冲的队列调度算法被转发到出端口，进行出口 VLAN 检查、翻译等功能。

除了二层转发和三层转发外，交换机还有 ACL 和 QoS 功能。交换机的 QoS 功能主要是为了保证服务质量。例如，为用户提供相应付费的带宽、限制某些用户的最大可用带宽、根据某些字段对报文进行分类并进入有优先级的队列、对各个队列进行队列调度、WRED 功能、修改报文中的 QoS 字段以形成整个链路的有机处理流程等。

在交换机芯片中用于限速的器件称之为 meter，即限速器，但是该器件无法用于测量速率，因为它的行为是对于超过限制的报文进行丢弃而不是统计。为了实现对不同报文进行不同的处理，meter 利用令牌桶或者漏桶对报文是否超速进行标记，称为丢弃优先级。

交换芯片的一个重要部分是 ACL 功能，用于实现配置交换机的防火墙、认证、对报文进行细粒度 QoS 分类、计数等功能，ACL 表项匹配后产生的动作有丢弃报文、让报文继续转发、修改报文某些字段的值、指定报文的下一跳、指定报文的出端口（称为重定向功能）、指定报文复制一份的出端口（称为基于流的镜像功能）等。

认证功能的通常做法是首先下发一条让所有报文都丢弃的默认规则，当有用户开始通信时，先把用户名和密码等信息发给认证服务器鉴别身份，只有合法用户才能获得认证服务器提供相应级别服务的许可，然后通知网络设备下发一条优先级高于默认规则的指令，让这个用户相应级别的服务报文可以转发以完成认证和授权动作，并且开始相应地统计和计费，其他没有认证的用户依然无法访问相应资源。用 OpenFlow 交换机实现这些功能是轻而易举的事情，而且 OpenFlow 交换机有控制器的概念，可以完全起到认证服务器的作用，而 OpenFlow 规则实现报文的丢弃和转发动作非常容易。常用的 AAA 协议是 Radius。

OpenFlow 主要进行基于流表的转发，和 ACL 的表项类似，每一个流表基本上都是一个 ACL 匹配的过程，而且有多个流表。OpenFlow 对 ACL 的支持非常容易实现，但对于传统芯片的 ACL 表项而言，OpenFlow 对各种报文的解析和字段匹配支持程度要高很多，每个流表支持的动作种类要多很多，流表表项的范围要大很多。OpenFlow 交换机对于 QoS 的支持有基于流表项设置报文入队列、根据 meter 进行限速、基于 counter 进行计费、基于 group 的 select 进行队列调度等概念。

传统交换机中功能配置类型有寄存器、基于 HASH 查找的 RAM 与少量 ACL 表项所用的 TCAM 等，OpenFlow 交换机所用的基础单元与传统交换机不太一样，是少量寄存器和大量的 TCAM 表项，这必然使得交换芯片的硬件成本有所增加，而且有表项匹配字段多，可以设置的动作多，表项条数多。但实际中每条表项可能只匹配几个字段，甚至是一、两个字段，动作也往往是一、两个，表项可能只用到很少的一部分，这样势必造成了一定程度的浪费。所以从资源使用上说，传统交换机在结合业务转发上有些不足，但是相对于 OpenFlow 交换机确实比较节省资源和成本（虽然随着 IT 产品的大规模量产，价格已经越来越低）。因此，将来应该不会出现纯的 OpenFlow 交换机，而大部分是混合模式的交换机，保留二层和三层转发，增强用于对报文解析的交换芯片功能、增加规则的动作类型和增多表项的条目数，这样既节省了资源，也实现了对以往产品的兼容性。

4.2 SDN 硬件交换机

传统网络设备的硬件、网络操作系统以及应用都被设备厂商定义和控制，用户如果需要增加某种网络功能，就必须得到设备上的支持。这不仅会面临网络升级周期长、成本高的问题，同时导致用户对设备厂商的过度依赖。经过多年的竞争发展，网络设备市场已经形成了基本稳定的格局，网络设备厂商基本都是成长多年的成熟公司，思科、HP、Juniper、阿朗和华为五大供应商占据了全球交换机市场的绝大多数份额。根据市场研究机构调查，全球以太网交换机 2020 年全年市场收入为 278 亿美元，全球企业和服务提供商路由器市场的总收入为 43 亿美元，路由器市场总收入为 149 亿美元。2021 年第一季度全球以太网交换机市场收入为 67 亿美元，同比增长 7.6%。全球企业和服务提供商路由器市场收入为 34 亿美元，同比增长 14.4%。其中，思科的以太网交换机份额为 38.7%，华为全年市场份额为 10.5%，HPE 的市场份额为 5.8%，Juniper 市场份额为 3.0%。在这样一个相对封闭的市场中，新生力量很难生存下来，市场缺乏创新精神和竞争力，在某种程度上阻碍了网络设备产业的演进和发展。

SDN 的设计初衷是从实现网络的灵活控制这一角度出发的，通过将网络设备控制平面与数据平面分离来实现网络的可编程，将以前封闭的网络设备变成一个开放的环境，为网络创新提供良好的平台。

多数 SDN 用户的需求是 SDN 和传统网络并存，单纯的 SDN 应用很少，多数厂商推出的 SDN 交换设备都是混合模式的，即混合 SDN 交换机。这种交换机并不是一种完全新型的交换机，而是在原有交换机的基础上增加了对 OpenFlow 协议的支持。具体思路是：数据分组进入混合 SDN 交换机后，交换机根据端口或 VLAN 进行区分，或经过一级流表的处理，以决定数据分组是由传统二、三层进行处理还是由 SDN 进行处理。若是由传统二、三层进行处理，则按交换机已有的协议完成，否则交由 SDN 控制器进行处理。下面对几个厂商的硬件交换设备进行介绍。

4.2.1 基于 ASIC 的 SDN 品牌交换机

传统的网络设备提供商凭借自己多年积累的市场优势和技术优势，推出了多款基于 ASIC 的 SDN 交换机。同时，多数情况下仍然采用传统的商业模式，将硬件与软件、应用和服务进行捆绑销售。以下对几家基于 ASIC 的品牌 SDN 交换机进行简要介绍。

1. NEC SDN 交换机

日本 NEC 公司是一家领先的 IT 和通信解决方案供应商和系统集成商，同时也是基于 OpenFlow 的软件定义网络的先驱者。在 2007 年斯坦福大学提出 OpenFlow 协议时，NEC 就开始跟进研发。

针对数据中心需求，NEC 于 2011 年首次推出 ProgrammableFlow 网络套件，该产品是第一个利用 OpenFlow 协议实现完整网络虚拟化的商业 SDN 解决方案，允许客户轻松地部署、控制、监控和管理多租户网络基础设施。在客户的支持下，ProgrammableFlow 提供了第一个全面的套件，其中包含物理和虚拟交换机、SDN 控制器和应用程序，非常适合于企业和服务供应商数据中心。ProgrammableFlow 实际上提供了一个符合成本效益、高性能、高度可扩展的 SDN 平台。

参与 NEC 的 SDN 应用中心的领先供应商包括 Real Status(管理应用程序)、vArmour (安全应用程序)、A10 Networks 和 Silver Peak(优化应用程序)以及 Red Hat(云业务流程应用程序)。

2011 年，NEC 发布的 OpenFlow 产品组合包括 PF5240 和 PF5820 交换机、控制器和管理控制台。其中，PF5240 交换机有 48 个 1 GbE 端口和 4 个 10 GbE 端口；PF5820 交换机有 48 个 10 GbE 的小封装热插拔 Plus (Small Form - fractor Pluggable Plus, SFP+)端

口和 4 个 40 GbE 的四通道小封装热插拔 Plus(Quad Small Form - fractor Pluggable Plus, QSFP＋)端口或 16 个 10GbE 端口。

2012 年,NEC 推出 IP8800/S3640 - 24T2XW 和 IP8800/S3640 - 48T2XW 两款交换机,目前这两款交换机是支持 OpenFlow 协议最成熟的交换机之一,主要性能参数如表 4 - 1 所示。

表 4 - 1　主要性能参数

型　号	IP8800/S3640 - 24T2XW	IP8800/S3640 - 48T2XW
交换性能/(Gb/s)	88	136
数据分组转发率/(Mp/s)	65.5	101.2
10/100/1000BASE - T	24	48
1000BASE - X(SFP) * 2	4	
10GBASE - R(XFP) * 3	2	2
最大功耗/W	100	145

2. IBM SDN 交换机

2012 年,IBM 发布了一个新型 OpenFlow 交换机,它与 NEC 的 OpenFlow 控制器捆绑销售。这个组合产品是北美主流 IT 供应商发布的第一个端到端软件定义网络的解决方案,它使 IBM 成为思科、Juniper 和其他供应商在数据中心网络市场强有力的对手。

IBM/NEC 解决方案由 NEC ProgrammableFlow 控制器和 IBM 1.28 Tb/s RackSwitch G8264 顶级机架交换机组成。交换机具有 48 个 SFP/SFP＋的 10 GbE 端口和 4 个 QSFP 的 40 GbE 端口,且可以划分为另外 16 个 10 GbE 端口。它支持 OpenFlow1.0 协议,最多可以有 97 000 个流实体。理论上说,企业可以使用 IBM OpenFlow 交换机和 NEC 控制器建立一个完整的数据中心网络。

Selerity 是一家向金融服务公司提供低延迟、实时金融数据的公司,它一直在试用 IBM/NEC 的 OpenFlow 网络。Selerity 首席技术官 Andrew Brook 介绍,他的公司使用私有算法从非结构化数据(如新闻稿)中提取金融信息,然后通过一个专用网络将数据发送给客户,而该网络同时连接芝加哥、新泽西和法兰克福的交易场所。他说:“这个领域的竞争是按微秒级计算的,客户在获得我们提供的数据之后,会在 1 至 10 秒内作出交易决定。” Selerity 的客户收到的并不是统一化的数据,客户会根据所购买的服务获取特定的数据子集。满足这两方面需求的最佳方法就是通过一个低延迟交换机实现多点传送,但是在多点传送的环境中,Selerity 很难实时向客户发送选定的数据集。OpenFlow 的可编程功能和快速配置功能可以很好地解决这个问题。Brook 认为,IBM OpenFlow 交换机和 NEC 控制器能够实现低延迟和实时的策略式内容分发。

IBM 加入 OpenFlow 大潮引起了一定的关注,但是 OpenFlow 是否真的能够改变网络尚不明确。首先需要形成开发者环境,帮助企业实现这种可编程功能。

3. HP SDN 交换机

HP 的 SDN 起步较早,于 2007 年就开始和斯坦福大学合作研究。

随着许多企业纷纷转移至云端环境,即时应用程式存取与服务才能满足客户的消费需求,因此,传统网络架构开始面临无法负荷的压力。同时,企业资料中心也面临传统网络架构需要手动调整组态设计与限制频宽密集应用程式效能等复杂性所带来的挑战。HP 利用软件定义网络交换器系列产品解决了上述难题,提供给企业效能卓越的自动化功能。

HP 支持的 OpenFlow 交换机系列有 FlexFrabic 12900 系列、12500 系列、FlexFrabic 11900 系列、8200 系列、FlexFrabic 5930 系列、5920 系列、5900 系列、5400 系列、3800 系列、3500 系列和 2920 系列。

HP FlexFabric 12900 交换机系列是新一代模块化数据中心核心交换机，专为支持虚拟化数据中心以及私有云和公共云部署的演进需求而设计。此交换机提供很高的效能以及高密度（10/40/100 GbE）的连接能力，具有 10 个插槽和 16 个插槽机箱。FlexFabric 12900 交换机可用于软件定义网络，支持第二层和第三层的所有功能，可建立弹性的、可扩充的链路并实现融合。

4. Arista SDN 交换机

Arista Networks 从创建伊始就为大型数据中心和高性能计算环境提供软件定义的云网络解决方案。Arista 的产品组合包括 1/10/40/100 GbE 的连接能力的产品，这些产品重新定义了网络结构，不仅为网络带来了可扩展性，同时显著地改变了数据中心网络的性价比。Arista 平台的核心是可扩展操作系统（EOS），它是一种开创性的网络操作系统，能够在多个硬件平台之间实现映像的一致性，并通过现代化的核心架构实现不中断的服务升级和应用扩展。

Arista EOS 引入了 OpenFlow 扩展，在异构环境中为客户实现 IP 和 OpenFlow 提供了灵活性和自由性。EOS 操作系统通过 SDN 控制器可以实现标准的 OpenFlow 支持，增值的 OpenFlow 扩展功能可以在 Arista 交换机上直接操控数据层面的流表。

Arista 7150S 系列提供了 24/52/64 个线速、1/10 GbE 的以太网端口或 4 端口 QSFP 的 40 GbE 组合，提供目前市场上主流二层和三层的快速交换环境。Arista 7150S 系列同时提供硬件式纳秒钟组件，符合 IEEE1588 精密时间协议，可在纳秒传输的封包上标注，维持快速、稳定的传输环境，并可与英特尔以太网交换器进行协作。Arista EOS 支持自主性的程序开发设计，提供一个可实现 SDN 新功能的平台，这种开放性的程序支持系统及突破传统的设计使得企业在运用上更加灵活与贴切。

Arista 7150S 系列网络交换平台设备参数如表 4-2 所示，提供支持 VMware 等虚拟化软件支配、调度各种服务器时加快转换速度，各种应用服务在服务器转移、变动时完全不受影响，运作顺畅，Arista 7150S 系列可与 SDN 控制器进行全网络虚拟化、提高虚拟机（VM）流动性和提供网络服务，而且完全不影响原有的性能。内建的操作系统可以安装 Linux RPM 的套件，提供标准 Linux Open 平台，支持 Bash 和开发程序平台。

表 4-2 Arista 7150S 系列交换机参数

说　明	7150S-24 7150 交换机 24 端口 SFP+	7150S-52 7150 交换机 52 端口 SFP+	7150S-64 7150 交换机 48 端口 SFP+4 QSFP+
端口总数	24	52	64
SFP+端口数	24	52	48
L2/3 吞吐量	480 Gb/s	1.04 Tb/s	1.28 Tb/s
L2/3 PPS/(Mp/s)	360	780	960
延迟/ns	350	380	380
典型功耗/W	191	191	224

5. Cisco SDN 交换机

思科认为，网络架构"一刀切"的方法无法支持多样化的编程要求，因此推出了一种全面而广泛的网络可编程实现方法——思科开放式网络环境（Cisco ONE），旨在帮助客户利用诸如云、移动性、社交网络以及视频等趋势推进下一波的业务创新。Cisco ONE 可提供灵活的应用程序驱动的网络基础设施定制，帮助客户实现各种业务目标，如提高服务速度、进行资源优化以及加快新服务的获利。

思科以 8.63 亿美元收购了孵化公司 Insieme Networks，并推出了一系列交换机。思科推出的应用中心基础设施（Application Centric Infrastructure，ACI）是基于硬件的、具有新的应用感知的 Nexus9000 交换机，支持定制 ASIC 和商用芯片。

Nexus9000 交换机结合了商用芯片和思科的定制芯片，它既可以运行于商用芯片的独立模式，也可以运行于 ACI 模式。Insieme Nexus9000 交换机上的商用芯片提供了开源 OpenDaylight 控制器、思科 onePK 可编程性以及帮助其他行业更好地了解和使用 SDN 的良好功能，如解耦控制和数据平面等。

Nexus9000 产品线上是 8 个插槽的 Nexus9508 交换机，8 个插槽最多可容纳 288 个 40 G的以太网端口或 36 个 40 G 线卡。

Nexus9396 交换机支持 48 个 100 G 端口和 12 个 40 G 端口，这 12 个 40 G 端口每个端口可以变成 4 个 10 G 端口，从而使总的 10 G 容量达到 96 个端口。

Nexus93128T 交换机配置 96 个 10 G 的 Base - T 端口和 8 个 40 G 端口。同 Nexus9396 一样，93128T 交换机所有的 8 个 40 G 端口可以变成 48 个 10 G 端口，从而使 10 G 端口数量达到 128 个。

6. H3C SDN 交换机

在基于全网端到端的总体网络架构上，H3C SDN 当前提供三大方案集：基于 Controller/Agent 的 SDN 全套网络交付、基于 Open API 的网络平台开放接口、基于 OAA 的自定义网络平台。在这三大方案集成的基础上，H3C SDN 构建了一个标准化深度开放、用户应用可融合的网络平台，即服务（Network Platform as a Service，NPaaS），如图 4 - 5 所示。它既具备 H3C 已有的优势网络技术方案，又能在各种层次融合与扩展用户自制化网络应用。

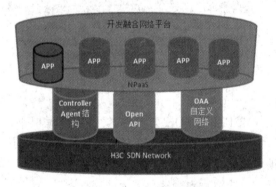

图 4 - 5   H3C SDN 体系

1）基于 Controller/Agent 的 SDN 全套网络交付

在上述 SDN 基本体系架构定义的框架下，H3C 提供与此一致的方案架构。如图 4 - 6 所示，H3C 在同一 SDN 的架构下，除了支持标准化的 OpenFlow 协议外，还提供基于 H3C 自身成熟技术的自有协议 RIPC（Remote IPC）。

H3C 提供标准化的系列控制器部件，能够以 OpenFlow 协议进行 OpenFlow 设备的集中控制，对上层提供灵活的开放接口，以满足各种网络应用的调用需求。在当前网络产品中逐步集成 OpenFlow 特性，满足初始基于 OpenFlow 的网络部署需求，并逐步丰富

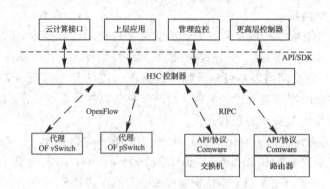

图 4 - 6　Controller/Agent 的 SDN

OpenFlow 的产品组成，构建了整体基于 OpenFlow 的 SDN，如图 4 - 7(a)所示。

　　针对 H3C 优势技术 IRF 的进一步强化，H3C SDN 基于 Controller/Agent 架构，以 H3C RIPC 的协议实现了 VCF 的技术，如图 4 - 7(b)所示，使用多台 S5820V2 组成的 IRF 结构体作为网络的控制器角色，下联多台 S5120HI。

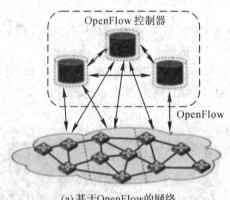

(a)基于OpenFlow的网络　　　　　　（b）基于H3C RIPC的网络

图 4 - 7　H3C SDN 的两种实现

　　VCF 采用 SDN 架构的 N：1 网络虚拟化，不仅将多台同一网络层面的设备整合，也将另一层次的设备整合，整个网络运行状态如同一台大型框式设备，管理运行的各种操作均被虚拟化在一台大型设备内。所有的控制、设备管理均在 S5820V2 的 IRF 组上，其他的 S5120HI 运行为线卡模式。在这种 SDN 架构下，H3C 的 RIPC 协议消除了 OpenFlow 协议在效率与管理上的不足，并有效继承了 H3C Comware 平台原有的 IRF 优势。

　　2）基于 Open API 的网络平台

　　SDN 最重要的网络需求是可编程性，即用户可以在自身业务变化的情况下，根据需要自行开发软件，这种需求的核心是网络要有灵活开放的接口提供给用户实现编程。H3C 实现了多层化的 Open API 方案（如图 4 - 8 所示）。

　　基础设备层面可以提供深度的 SDK 级标准化虚拟计算容器（Virtual Computing Container，VCC）网络应用，并提供高级 XML 的访问操作 NETCONF 标准接口体系，OpenFlow 也是设备层面提供的一种标准接口模式。

　　设备控制层面作为网络的操作系统，依据控制器的不同实现，对外提供不同的标准化接口，如 VCC、REST/SOAP、NETCONF、OpenFlow 等。

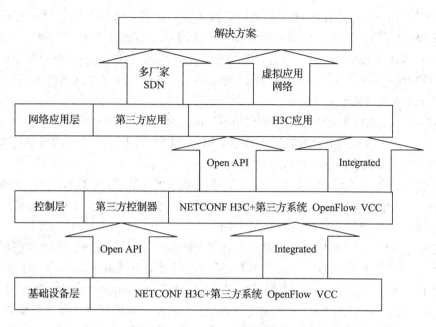

图 4 - 8　H3C 多层化的 Open API

Open API 与 H3C 系统(Comware/IMC)内部集成的 API(如 RIPC)相辅相成，构建不同的 SDN 架构，在不同层次上形成自有系统并对外开放，形成标准化，使得不同用户的可编程性与应用变化性的需求得以满足。

在 Open API 接口中，REST/SOAP 是常规的高层协议编程接口，NETCONF 是网络设备上新兴的 XML 语言编程接口，OpenFlow 是 SDN 的一种协议，以上均是通用化的技术实现，VCC 则是 H3C 在长期网络软件技术积累过程中形成的一种更为底层的标准化实现。

Comware V7 是基于 Linux 内核实现的新一代云计算网络操作系统，其当前的架构是基于类 POSIX 的 Linux 接口及扩展形成的一套开放的 SDK。H3C 提供了包含 SDK 的接口描述、调用库、编译环境等完备的编程环境，使得用户可以使用 C/C++在几乎完全等同于 Linux 系统的环境下进行自己的网络应用程序软件开发，而 Comware V7 则为用户的软件运行提供了一个完整的系统环境，如图 4-9 所示。

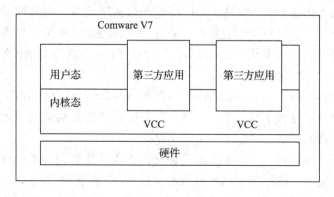

图 4 - 9　VCC 运行

在 VCC 环境中,用户程序包可独立加载到设备上运行,软件可以进行不间断业务升级。Comware V7 向用户提供接口,软件设计可以在一定程度上访问底层硬件,对路由、MAC 等硬件表项进行操作,或者进行设备的配置变更及相应状态监控等,同时还可以利用 Comware V7 现有的特性来辅助实现用户业务,从而实现用户软件定义网络的真正需求。

3）基于 OAA 的自定义网络平台

在早期,H3C 提出了开放应用架构(Open Application Architecture)的网络模型,即在 H3C 的网络设备中提供具有计算能力的线卡,用户可以在其上开发自己的特殊应用,并通过 H3C 的 OAA 关联协议与网络进行数据交互。

基于 SDN 的架构思路,H3C 演绎了更灵活的用户化网络设计,OAA 新的业务模式可以方便用户灵活地实现自定义的网络功能。在 OAA 基础上提出了两种开放式的接口模型:松耦合的 OAA 架构和紧耦合的 OAA 架构。

松耦合的 OAA 架构的特点是针对用户任意形态运行的网络业务,可能是在服务器上的计算业务(如流量监控分析、数据旁路挖掘),也可能是在专用的业务设备(如防火墙、IPS、加密机、数据压缩机)上,用户设备可以支持标准的 OpenFlow 协议,即可与 H3C 网络进行通信,在 OpenFlow 协议中传输业务指令,对需要处理的网络流量进行镜像、牵引、封装、定向等操作,将清晰定义的数据流以合适的方式导引到用户的计算设备进行自定义处理。这种方案的本质是:借助 SDN 的模型,将用户的数据处理设备以 SDN 的控制器方式运行,从而对特定业务流进行处理。

紧耦合的 OAA 架构分两种模式:模式一,用户提供高性能计算单元子卡,H3C 提供 OAA 线卡底板,两者以开放的标准化电气接口连接器相连,用户计算单元与网络之间依然通过标准的 OpenFlow 方式进行网络流量的引流操作,而软件、硬件均由用户自身根据业务需求来设计;模式二,H3C 提供了整体的 OAA 线卡,用户基于 H3C 的硬件来开发自己的软件,在协议上仍然采用 OpenFlow 方式进行特定的数据处理。

4.2.2 基于 ASIC 芯片的 SDN 白盒交换机

提到 SDN 硬件交换机,就不得不提到白盒交换机,也称为白牌交换机、裸盒交换机。

“白盒”一词原本指没有品牌的计算机,这些“白盒”计算机的原始设计商(Original Design Manufacturer,ODM)如今也开始涉足网络设备市场,他们希望在今后的网络设备市场上,用户可以像挑选 PC 一样挑选各厂商生产的网络设备。一旦网络设备软、硬件接口标准化了,ODM 厂商便可以购买芯片厂商生产的交换芯片,按客户的要求生产白盒交换机,用户自行安装网络操作系统和应用程序,由网络管理人员编程来控制设备转发行为,实现自营业务的灵活创新和快速部署。

OCP 的全称是 Open Computer Project,是 Facebook 发起并主导的一个硬件开源组织,这个组织的使命是致力于服务器、存储和数据中心基础架构的创新,以便更好地满足高性能、可扩展计算的需求。

跟开源服务器、存储器一样,OCP 的开源交换机项目主要是开源硬件,但也包括部分软件,该项目试图定义一套标准化的硬件设计,包括:交换机硬件电路板中用到的器件的类型、CPU 跟各种器件之间的接口、芯片接口的类型和数量、各个器件的地址空间、镜像文件在 flash 中存放的位置等。基于这样的硬件规范,各个厂商或者代工厂可以生产符合

OCP 标准的硬件交换机。目前 OCP 针对的主要是数据中心 TOR 交换机，后面会扩展到汇聚层交换机（Spine/leaf 架构中的 Spine），但实际上它们也都适用于企业网交换机。

OCP 的交换机开源包含三个层次：第一个层次是硬件开源且标准化；第二个层次是硬件驱动，如 bootloader、Linux OS 的开源；第三个层次包括各种开发和管理工具的开源，如 REST API 和 SDN 的开源。但交换机系统协议栈的开源不在 OCP 工作范围之内，需要厂商在这方面进行开源。

美国的创业公司 Cumulus 是 Facebook 的亲密合作伙伴，一直紧跟 Facebook 的脚步，他们一方面设计了一套自己的交换机系统软件，另一方面研发了一个称为 ONIE 的软件，它其实是一个比较智能的 bootloader（相当于 PC 中的 BIOS，但是比 BIOS 功能更多一些），用来安装和启动符合要求的交换机软件系统。只要软件厂商或者交换机厂商开发的交换机系统软件能够适配 OCP 硬件，那么就可以通过 ONIE 启动。这样一来，交换机软件和硬件就彻底分离了。

假设 OCP 的目的可以达到，那么未来的网络交换机领域会如何发展呢？各个用户可以在市场上买到符合 OCP 要求的白牌交换机，然后购买符合要求的交换机系统，自行通过 ONIE 安装并启动设备。如果用户从一个公司买了硬件，从另外一个公司买了软件（或者采用开源的软件），但在出了问题的时候应该找谁？或者说谁提供支持？这涉及利益分成和商业模式，也许最终会演变为硬件厂商跟软件厂商的合作。

对于 SDN 的快速发展，思科、华为、华三、锐捷等主流网络厂商纷纷顺应趋势，推出了自己的产品。其中，思科也由前期的抵制到现在 ACI 架构的推出，华为则是力推敏捷网络架构（增强型 SDN 架构），同时也吸引了很多初创厂商的注意，如苏州盛科网络、xNet、Pica8，加速了白牌交换机的商用进程，下面就对此进行简单介绍。

1. 盛科白盒交换机

盛科是全球领先的 SDN 先行者以及核心芯片、白牌交换机供应商，目前能够提供从高性能以太网设备核心芯片到 SDN 交换平台的全套解决方案，且拥有完整的自主知识产权。

盛科于 2011 年 7 月正式着手 OpenFlow/SDN 的相关研究和开发工作。2012 年初，盛科搭建了第一个 OpenFlow 参考设计原型。在 2012 年 4 月的 ONS 峰会上，盛科展示了其 OpenFlow 参考设计产品，同年 8 月正式加入 Open Networking Foundation（开放网络基金会，简称 ONF）。2012 年 9 月，盛科正式发布了支持 OpenFlow1.0 标准的 V330 系列 OpenFlow 交换机参考系统，同年 10 月参加了 ONF 组织的 PlugFest 测试，盛科的 OpenFlow 参考设计与多个厂家的控制器和交换设备进行了互通测试，表现优异。

2013 年 3 月，盛科正式对外发布了以太网交换芯片 GreatBelt（CTC5163）系列，该芯片针对 SDN 作了多项创新。

2015 年盛科网络发布了第四代万兆芯片 580 系列高密度白牌交换机，包括传统二、三层交换机 E580 系列和 SDN 交换机 V580 系列（基于盛科第四代万兆芯片 GoldenGate）。其中，E580 针对数据中心云计算应用场景，支持 1G/10G/40G/100G 丰富的端口组合，具有大容量的 Tunnel 数量和租户数量，实现了真正的 Tunnel Routing & Bridging，具有开放的可编程接口。而 V580 交换机则专门针对 SDN 应用场景，它利用 GoldenGate 芯片对 OpenFlow 的支持，通过盛科专利的 N-Flow 技术，支持高达 64K 流表，可实现任意字段的匹配和任意灵活的编辑，还包括用户自定义字段，并支持真正的混合模式。

目前，盛科网络在售的 SDN/OpenFlow 交换机产品如表 4-3 所示。

表 4-3 盛科网络 SDN/OpenFlow 交换机产品

型号	V350-48T4X	V350-8T12XS	V580-48X6Q	V580-48X2Q4Z
硬件参数				
端口配置	48GE RJ45+4 * 10GE SFP+	8GE RJ45+12 * 10GE SFP+	48 * 10GE SFP+ 6 * 40GE QSFP+	48 * 10GE SFP+ 6 * 40GE QSFP+ 4 * 100GE QSFP28
交换能力	176 Gp/s	240 Gp/s	1.44 Tb/s	1.92 Tb/s
交换模式	存储转发/直通		存储转发/直通	
分组缓冲区 /MB	3		9	
管理端口	RJ45 控制端口/带外以太接口		RJ45 控制端口/带外以太接口	
最大功耗/W	65	60	190	200
以太网参数				
L2	RSTP/MSTP, LACP, VLAN, IGMP-Snooping/MVR			
L3	Static Route/RIP/OSPF/BGP/ECMP, PBR, VRRP, PIN-SM&SSM/IGMP			
MPLS	MPLS-L2VPN(VPWS/VPLS), MPLS-TE, MPLS-OAM			
IPv6	NDP, Static Route/RIPng/OSPFv3, ACLv6			
OpenFlow 参数				
OpenFlow 规范	OpenFlow1.3.2		OpenFlow1.3/1.4	
OpenFlow 参数	L2 或 L3 精确匹配流 多流表 2K 流表项，支持全部 12 元组匹配 L2 到 L4 层的所有字段匹配 灵活可变动作 设置队列、Q-IN-Q、计量表、组表 OpenFlow 扩展 MPLS 隧道(NvGRE 和 MPLS L2VPN)		L2 或 L3 精确匹配流 多流表 4K 流表项，支持全部 12 元组匹配 L2 到 L4 层的所有字段匹配 灵活可变动作 设置队列、Q-IN-Q、计量表、组表 OpenFlow 扩展 MPLS 隧道(NvGRE 和 MPLS L2VPN)	

2. Pica8 SDN 白盒交换机

Pica8 公司自 2009 年起就推出了业界第一款开放式交换机系统，可个性化的特性使得交换机系统能够适配于不同的应用环境。作为 SDN 领域的开拓者，Pica8 公司的外部可编程交换机操作系统 PicOS 能够运行于商品化的裸交换机之上，这些由 ODM 合作伙伴提供的裸机结合 PicOS 系统最终可以大幅降低成本，并且提供数据中心所需的定制化能力。

不同于 SDN 领域中众多专注于交换机硬件或者控制器软件的厂商，Pica8 独辟蹊径地针对交换机的操作系统进行研发，其产品的特色在于名为 PicOS(曾命名为 Xorplus)的面向开放网络的交换机操作系统，并以此为基础推出了系列交换机产品。之所以做出这样的选择，是因为在 Pica8 看来，交换机的操作系统与控制器一样，在 SDN 中具有同样重要的地位。无论控制器如何进行配置和管理，交换机才是最终完成数据传递的载体，因此它必须对网络应用的运行提供必要的支持。同时，稳定的功能和优良的性能也是 SDN 对交换机提出的必然要求。另外，随着开源 SDN 项目 OpenDaylight 的提出，初创企业在控制器领域的空间被大大压缩，这也是 Pica8 选择在交换机操作系统领域进行深耕的原因之一。

Pica8 的交换机操作系统 PicOS 基于 Linux2.6 开发，能够在通用的 x86 服务器上运行，实现与 OpenFlow 的兼容，从而对传统的网络设备构成了挑战。在交换机操作系统的管控下，Pica8 的交换机设备能够支持传统交换机、混合模式及 OpenFlow 交换机等多种模式，以满足各种数据中心的业务需求。当前，Pica8 交换机除了支持多种传统的二层、三层协议外，还支持 OpenFlow1.3 版本，如表 4-4 所示。同时，除了硬件设备外，PicOS 还支持与 OpenvSwitch 虚拟交换机的整合，使其应用领域更为广泛。

表 4-4　Pica8 公司的产品列表

型号	P-3297(千兆)	P-3922/3930(万兆)	P-5101(万兆)	P-5401(40G)
端口配置	48 * 1GE+4 * 10GE or 4 * 1GE	48 * 10GE+4 * 40GE or 16 * 10GE	40 * 10GE+8 * 40GE or 32 * 10GE	32 * 40GE
连接器	RJ45，SPF+	SFP+，QSFP/RJ45	SFP+，QSFP	QSFP
交换容量	176 Gb/s	1.28 Tb/s	1.44 Tb/s	2.56 Tb/s
最大 MAC 地址/K	32	128	288	288
L2	STP/RSTP/MSTP、LACP、VLAN、MLAG、IGMP-Snooping/MVR			
L3	BGP、BGP/ECMP、OSPF、RIP、Static IP Routing，PIM-SM、IGMP、VRRP			
IPv6	MBGP-IPv6、RIPng、OSPFv3、IPv6 Static Routing			
OpenFlow	支持 OF1.0/1.1/1.3/1.4、GRE 隧道、MPLS over OVS			

3. 网锐 SDN 白盒交换机

网锐网络(xNet)是一家开放网络和软件定义网络创业公司，研发中心设在中国南京，主要提供包括数据中心网络、园区以及企业网络的白盒交换机和 SDN 解决方案。xNet 的创始人——CEO 高雄柄博士介绍到，网锐网络定位于 SDN 方案公司，而其推出的 SDN 交换机是 SDN 方案落地的一种产品形式。xNet 不会走传统网络设备厂商产品的扩展之路，而是希望和产业界一起推动开放网络及 SDN 生态系统，这里面包括芯片商、ODM 厂商、服务器厂商和用户等。希望打造一个类似 Android 的开放网络系统，采用广泛通用的芯片，硬件平台来自 ODM 厂商，在这个开放的网络平台上，从网络设备商到用户，大家从不同层面参与网络技术和应用的创新。

xNet 推出的 SDN 交换机如表 4-5 所示。OpenxNet-5016R 提供 16 个千兆电口和 4 个 SFP+光口，硬件配置为双核 CPU、2 GB 内存、1 个可插拔的 100～240 V 宽频电源、2+1冗余可热插拔风扇。系统交换能力为 176 Gb/s，MAC 容量为 32 K，路由条目为 16 K，OpenFlow 流表条目全匹配为 4 K，二层匹配为 8 K。

系统为开放 Linux 网络操作系统 OpenxNet，平台开放且可扩展。基于其开放和可扩展的特性，OpenxNet 可以作为网络创新平台用于网络应用、软件定义网络以及网络功能虚拟化等领域的开发。

系统支持三种模式：传统二三层模式、OpenFlow 模式以及混合模式。系统默认功能包括：OpenFlow 支持 1.0 和 1.3 版本，二层支持 STP/RSTP/MSTP/LACP，三层支持 Static/RIP/OSPFv2，管理支持 WEB/CLI/SNMP，支持 Radius 和 Tac＋，系统可升级或通过自编程扩展支持 IPv6、MPLS 等功能。

表 4 - 5　xNet 硬件 SDN 交换机

型号	xNet - 5210	xNet - 5240	xNet - 5240T	xNet - 5340
性　　能				
交换矩阵容量	176 Gb/s	1.28 Tb/s	1.28 Tb/s	2.56 Tb/s
转发容量/(Mb/s)	132	960	960	1440
延时/ns	＜3000	＜800	＜3000	＜800
端口				
基本单元	48 * 1GbE(Base - T)	48 * (1GbE 或 10GbE(SFP＋))	48 * (1GbE 或 10GbE(Base - T))	32 * 40 GbE
可选端口	4 * 1 GbE 或 4 * 10 GbE(SFP＋)	16 * 10 GbE 或 4 * 40 GbE	16 * 10 GbE 或 4 * 40 GbE	—
控制端口	1RJ45 Serial	1RJ45 Serial	1RJ45 Serial	1RJ45 Serial
USB	1USB2.0	1USB2.0	1USB2.0	1USB2.0
参数				
最大 MAC 地址/K	32	128	128	512
最大 VLANS/K	4	4	4	4
最大路由	16 K/8 K	16 K/8 K	16 K/8 K	16 K/8 K
输入 ACL/K	8	20	20	48
OpenFlow				
版本	1.3	1.3	1.3	1.3
混合模式	支持	支持	支持	支持

4.2.3　基于 NP 的 SDN 交换机

根据国际网络处理器会议（Network Processors Conference）的定义，网络处理器（Network Processor，NP）是一种可编程器件，它应用于特定的通信领域，如包处理、协议分析、路由查找、声音/数据的汇聚、防火墙、QoS 等。

网络处理器内部通常由若干个微码处理器和若干个硬件协处理器组成，多个微码处理器在网络处理器内部并行处理，通过预先编制的微码来控制处理流程。对于一些复杂的标准操作（如内存操作、路由表查找算法、QoS 拥塞控制算法、流量调度算法等）则采用硬件协处理器来进一步提高处理性能，从而实现了业务灵活性和高性能的有机结合。

S12700 系列交换机是华为公司面向下一代园区网核心而专门设计开发的敏捷交换机，如表 4-6 所示。该产品采用全可编程架构，可以灵活快速地满足客户定制需求，助力客户平滑演进至 SDN。该产品基于华为公司首款以太网络处理器 ENP，内置随板 WLAN AC 无线局域网接入控制器，实现了有线、无线的真正融合，支持 iPCA 网络包守恒算法，可对任意业务流随时、随地、逐点检测，助力客户对业务的精准管理。该产品基于华为公司自主研发的通用路由平台 VRP，在提供高性能的 L2/L3 层交换服务基础上，进一步融合了 MPLS VPN、硬件 IPv6、桌面云、视频会议等多种网络业务，提供不间断升级、不间断转发、CSS2 交换网硬件集群主控 1+N 备份、硬件 Eth-OAM/BFD、环网保护等多种高可靠技术，在提高用户生产效率的同时，保证了网络最大正常运行时间，从而降低了客户的总拥有成本（TCO）。

表 4-6　S12700 系列产品

项　　目	S12708	S12712
交换容量/(Tb/s)	21.92/38.56	29.6/51.36
包转发率/(Mb/s)	6240/9240	9120/13080
主控板槽位数	2	2
交换网板槽位数	4	4
业务板槽位数	8	12
架构	CLOS 架构	
VLAN	支持 Access、Trunk、Hybrid 方式，支持 LNP 链路类型自协商	
	支持 default VLAN	
	支持 VLAN 交换	
	支持 Q-IN-Q、增强型灵活 Q-IN-Q	
	支持基于 MAC 的动态 VLAN 分配	
环网保护技术	支持 STP(IEEE 802.1d)、RSTP(IEEE 802.1w)和 MSTP(IEEE 802.1s)	
	支持 SEP 智能以太保护协议	
	支持 BPDU 保护、Root 保护、环路保护	
	支持 BPDU Tunnel	
	支持 ERPS 以太环保护协议（G.8032）	
	支持 ACL、CAR、Remark、Schedule 等动作	
	支持 SP、WRR、DRR、SP+WRR、SP+DRR 等队列调度方式	
	支持 WRED、尾丢弃等拥塞避免机制	
	支持 5 级 H-QoS	
	支持流量整形	

项目	S12708	S12712
安全和管理	支持 MAC 地址认证、Portal 认证、802.1x 认证、DHCP Snooping 触发认证	
	支持 RADIUS 和 HWTACACS 用户登录认证	
	命令行分级保护，未授权用户无法侵入	
	支持防范 DoS 攻击、TCP 的 SYN Flood 攻击、UDP Flood 攻击、广播风暴攻击、大流量攻击	
	支持 1K CPU 硬件队列实现控制面协议报文分级调度和保护	
	支持 RMON	
OpenFlow	支持多控制器	
	支持高达九级流表	
	支持 Group table	
	支持 Meter	
	支持 OpenFlow1.3 标准	
整机供电能力/W	6600	6600

2014 年 4 月 18 日，北京电信采用华为 400 G 核心路由器，结合 SDN 解决方案，完成了全球运营商首个 SDN＋400 G 商用部署。整个方案分为控制平面和转发平面，其控制平面主要采用华为的 SDN 控制器和网络管理系统，在转发平面上选用了华为旗舰核心路由器 NE5000E 最新的 400 G 平台，其中最为关键的是采用了华为 Solar3.0 网络处理器。Solar3.0 具备可编程接口，用来完成与 SDN 控制器的通信，大量的路由信息通过 Solar3.0 芯片分发传递到对应路由线卡和接口上，完成对最终流量的牵引。此外，为配合 SDN 高效地完成网络调优，NE5000E 采用了灵活的 400 G 路由线卡，可以根据骨干网络的需求灵活按需部署 10 GE/40 GE/100 GE 高密接口，整机系统容量达到 6.4 Tb/s，打造了高效的网络通道。

4.2.4 基于 NetFPGA 的 SDN 交换机

斯坦福大学开发的 NetFPGA 为网络研究人员提供了一个低成本、可重用的硬件平台，它的出现使研究人员可以在硬件上搭建吉兆级（Gb/s）高性能的网络系统模型。NetFPGA 把 FPGA 可配置的特性带入了网络通信领域，可以使研究人员或者高校学生非常方便地搭建一个高速网络系统。NetFPGA 是一个基于 Linux 的开放性平台，所有对它感兴趣的人都可以利用平台上现有的资源，在前人开发的基础上搭建自己的系统，而自己开发的系统也可以被其他人所用，不再需要重复搭建外围模块、开发驱动和 GUI 等，只要添加自己的模块和修改现有的系统即可。

NetFPGA 硬件平台包含了一个 Xilinx Virtex - 2 Pro 50 的 FPGA，其运行在 125 MHz 的时钟频率下，用于用户自定义逻辑的设计。它还包含了 Xilinx Spartan - II FPGA，运行 PCI 接口控制器的控制逻辑，用于与主处理器的通信。两个 2.25 MB 的外部 SDRAM 以及扩展的 64 MB 的 DDR SDRAM 作为数据存储介质。平台提供了四个千兆以太网接口以配合在 FPGA 中的四个千兆以太网控制器软核。NetFPGA 还包含两个 SATA 连接器,使得在一个系统中多个 NetFPGA 板可以直接交换数据而不需通过 PCI 总线。

NetFPGA 平台的软件系统包括操作系统、作为软件接口的驱动程序、实现各种硬件功能的逻辑代码、执行控制功能的软件程序、系统测试的脚本程序以及计算机辅助设计软件工具。

为了保证开放性,NetFPGA 平台选择了 CentOS 操作系统。CentOS 是一个开放源代码的 Linux 操作系统,全名为社区企业操作系统(Community Enterprise Operating System),是 Red Hat 的免费版本。

基于 Linux 内核的设备驱动程序是 NetFPGA 开发板与主机操作系统的软件接口。首先,驱动程序对 NetFPGA 的四个千兆以太网口进行配置,在系统内添加了四个分别命名为 nf2c0、nf2c1、nf2c2、nf2c3 的网络连接,从而使得 PC 主机上的用户空间软件可以通过 NetFPGA 开发板上的以太网端口来收发数据分组,就像使用普通的以太网口一样;其次,驱动程序给安装在主机上的每个 NetFPGA 板预留了 128 MB 的主机内存空间,开发板的片上寄存器、SRAM、DRAM 被映射到内存中,应用程序通过对这些寄存器映像进行读/写,从而控制 NetFPGA 的运行模式,监视数据通道的分组处理状态;最后,驱动程序使主机和 NetFPGA 之间按照 DMA 方式传送这个以太网帧,从而使主机在 I/O 进行的同时能够并行运算而不必等待 I/O 结束。

实现各种硬件功能的逻辑代码是由 Verilog 硬件设计语言编写的,这些代码通过仿真来测试和改进逻辑功能,之后生成比特流文件下载到 FPGA 中,执行相应的硬件功能。NetFPGA 作为一个开放平台,其研究者们已经贡献出了很多 Verilog 模块,这为研究开发提供了很大的便捷。

完成控制功能的软件程序主要是由 C 语言编写的,包括读/写寄存器、网络协议的执行等功能。为了使操作简单和便捷,NetFPGA 平台还提供了 Java 程序开发的图形用户界面(Java GUI)。

此外,Linux 操作系统下的 Shell 脚本程序可以用来调用 C 语言程序,从而对系统进行测试,评估其网络性能等,这些脚本程序通常是在 Shell 终端里以命令行的方式运行的。

用于 NetFPGA 平台开发的计算机辅助设计(CAD)工具可以对硬件设计进行仿真和调试。设计方案通过 Mentor Graphics ModelSim 来仿真,确保逻辑能够正确地执行。Verilog 源代码通过 Xilinx ISE 进行综合,最终生成比特流文件,比特流文件通过 PC 主机的命令行程序下载到 FPGA 并对其进行编程,从而执行设计的硬件功能。硬件电路的调试可以使用 Xilinx ChipScope 的片上逻辑分析仪通过 JTAG 接口来完成。

基于 NetFPGA 的 OpenFlow 交换机运行时需要一个交换机管理软件,这个管理软件扩展了原来 OpenFlow 的软件实现,其 Linux 开源包可以从 OpenFlow 网站上下载,包括用户空间和内核空间两部分。用户空间使用 SSL 加密和 OpenFlow 控制器的通信,OpenFlow 协议规定了交换机和控制器之间传递消息的格式;内核模块负责维护流表、处理分组和更新数据。

图 4-10 展示了基于 NetFPGA 的 OpenFlow 交换机结构。OpenFlow 协议使用片外 SRAM 和片内 TCAM 来实现流表查找,支持全字段的精确匹配查找和通配符匹配查找。

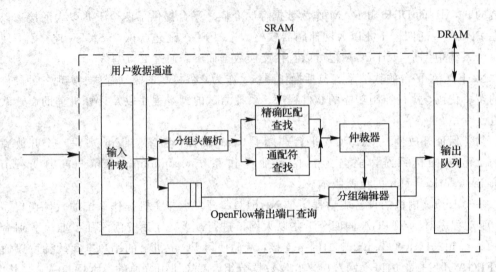

图 4 - 10　基于 NetFPGA 的 OpenFlow 交换机结构

当一个分组进入交换机时，头部分析器从分组里分离出相关字段并进行关联，形成待匹配的流表头部，表头送到通配符查找模块和精确查找模块，精确查找模块对流表头部使用两个哈希函数对 SRAM 进行索引以避免碰撞。同时，通配查找模块在 TCAM 中进行与流表项通配的检查。查找的结果都送往仲裁器进行选择，一旦分组决定采取动作，流表项的计数器将进行更新，分组编辑器会将动作添加到预先新加的头部，最后将分组送到输出队列。

4.3　SDN 软件交换机

SDN 的数据转发设备包含硬件、软件等多种实现方式。随着当前通用处理器性能的提升，基于软件的网络设备已经能够满足很多场景下的网络传输需求，加上 OpenFlow 协议也在不断完善中，使得硬件交换机类型减少，而软件交换机由于成本较低、配置灵活等优点，逐渐成为构建实验平台以及建设小型 SDN 的首选。

4.3.1　OpenvSwitch 交换机

OpenvSwitch 简称为 OVS，是一个虚拟交换软件，主要用于虚拟机（VM）环境。作为一个虚拟交换机，OVS 支持 Xen/XenServer、KVM 和 VirtualBox 等多种虚拟化技术。在这种虚拟化的环境中，一个虚拟交换机（vSwitch）主要有两个作用，即传递虚拟机 VM 之间的流量以及实现 VM 和外界网络的通信。

虚拟交换就是利用虚拟平台，通过软件的方式形成交换机部件。跟传统的物理交换机相比，虚拟交换机具备众多优点：一是配置更加灵活。一台普通的服务器可以配置出数十台甚至上百台虚拟交换机，且端口数目可以灵活选择。例如，一台 VMware 的 ESX 服务器可以仿真出 248 台虚拟交换机，且每台交换机预设虚拟端口可达 56 个。二是成本更加低廉。通过虚拟交换往往可以获得昂贵的普通交换机才能达到的性能，如微软的 Hyper - V 平台，虚拟机与虚拟交换机之间的联机速度轻易可达 10 Gb/s。

OpenvSwitch 是一个高质量的、多层虚拟交换机，使用开源 Apache2.0 许可协议。它旨在通过编程扩展实现网络自动化（如配置、管理、维护），同时还支持标准的管理接口和协议（如 NetFlow、sFlow、SPAN、RSPAN、CLI、LACP、802.1ag）。总的来说，它被设计为支持分布在多个物理服务器上的分布式环境，如 VMware 的 vNetwork 分布式 vSwitch 或思科的 Nexus1000V。

1）OpenvSwitch 的组成

（1）ovs‒vswitchd：是一个实现交换功能的守护程序，和 Linux 内核兼容模块一起实现基于流的交换 flow‒based switching。

（2）ovsdb‒server：是轻量级的数据库服务，保存了整个 OVS 的配置信息，包括接口、交换内容、VLAN 等。ovs‒vswitchd 根据数据库中的配置信息工作。

（3）ovs‒dpctl：一个用来配置交换机内核模块的工具，可以控制转发规则。

（4）ovs‒vsctl：主要获取或者更改 ovs‒vswitchd 的配置信息，此工具操作时会更新 ovsdb‒server 中的数据库。

（5）ovs‒appctl：主要向 OVS 守护进程发送命令，一般用不上。

（6）ovsdbmonitor：是一个 GUI 工具，用来显示 ovsdb‒server 中的数据信息。

（7）ovs‒controller：是一个简单的 OpenFlow 控制器。

（8）ovs‒ofctl：用来控制 OVS 作为 OpenFlow 交换机工作时的流表内容。

2）OpenvSwitch 工作流程

OpenvSwitch 的工作流程如图 4‒11 所示，一般的数据包在 Linux 网络协议栈中的流向如黑色箭头所示，系统从网卡上接收到数据包后层层往上分析，最后离开内核态，把数据传送到用户态。当然也有些数据包只是在内核网络协议栈中操作，然后再从某个网卡发出去。

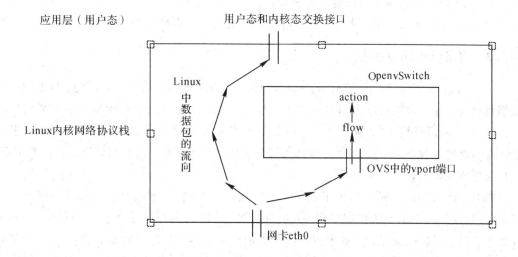

图 4‒11　OVS 交换机工作流程示意图

但当其中有 OpenvSwitch 时，数据包的流向就不一样了。首先是创建一个网桥：ovs‒vsctl add‒br br0；然后是绑定某个网卡：ovs‒vsctl add‒port br0 eth0（这里默认为绑定 eth0 网卡）。数据包的流向是从网卡 eth0 到 OpenvSwitch 的端口 vport，并进入

OpenvSwitch 中，接下来根据 key 值进行流表的匹配。如果匹配成功，则根据流表中对应的 action 找到其对应的操作方法，完成相应的动作（这个动作有可能是把一个请求变成应答，也有可能是直接丢弃，或是设计自己的 action）；如果匹配不成功，则执行默认的动作，有可能是放回内核网络协议栈中去处理（在创建网桥时就会相应地创建一个端口连接内核协议栈）。

OpenvSwitch 的特性如下：

(1) 支持通过 NetFlow sFlow IPFIX、SPAN、RSPAN 和 GRE - tunneled 镜像，使虚拟机内部通信可以被监控；

(2) 支持 LACP (IEEE 802.1AX - 2008)（多端口绑定）协议；

(3) 支持标准的 802.1Q VLAN 模型以及 trunk 模式；

(4) 支持 BFD 和 802.1ag 链路状态监测；

(5) 支持 STP (IEEE 802.1D - 1998)；

(6) 支持细粒度的 QoS；

(7) 支持 HFSC 系统级别的流量控制队列；

(8) 支持虚拟机网卡的流量控制策略；

(9) 支持基于源 MAC 负载均衡模式、主备模式、L4 哈希模式的多端口绑定；

(10) 支持 OpenFlow 协议（包括许多虚拟化的增强特性）；

(11) 支持 IPv6；

(12) 支持多种隧道协议（GRE、VXLAN、IPsec、GRE 和 IPsec 上的 VXLAN）；

(13) 支持通过 C 或者 Pthon 接口远程配置；

(14) 支持内核态和用户态的转发引擎设置；

(15) 支持多列表转发的发送缓存引擎；

(16) 支持转发层抽象，使数据包容易到达新的软件或者硬件平台。

4.3.2 基于 P4 的交换机

P4(Programming Protocol-Independent Packet Processors)是一种开源的、数据面的高级编程语言，专为编程可重构网络而设计。P4 自诞生以来便引起了学术界与工业界的广泛关注，不仅各大顶级会议和期刊上 P4 相关的学术论文大量涌现，谷歌、AT&T、阿里巴巴、腾讯等在内的超过 100 家世界知名大型公司也已加入 P4 语言联盟，产业界掀起了 P4 应用与探索的浪潮。

相对于传统网络，SDN 实现了控制平面与数据平面（转发平面）的分离，同时（至少在逻辑上）构建了一个集中的控制平面。人们可以在这个单一的控制平面上，实现对全网各个设备的监控、管理和编程。控制平面与数据平面分离之后，如何像往常一样管理数据平面呢？这就需要独特的协议——OpenFlow 协议。OpenFlow 虽为 SDN 奠定了基础，但在进行应用开发时有一个很大的局限，就是 OpenFlow 没有真正做到协议不相关。也就是说，OpenFlow 只能依据现有的协议来定义流表项。

自 OpenFlow1.0 发布以来，其版本目前已经演进到了 1.5 版本。其中匹配域的个数从 1.0 版本的 12 元组变为 1.3 版本的 40 个，最后到 1.5 版本的 45 个匹配域，其匹配域数目随着新版本支持特性的更新而不断增加。但 OpenFlow 并不支持弹性地增加匹配域，每增加一个匹配域就需要重新编写控制器和交换机两端的协议栈以及交换机的数据包处理逻辑，这无疑增加了交换机设计的难度，也严重影响了 OpenFlow 协议的版本稳定性和推广。为了解决 OpenFlow 协议编程能力不足的问题以及其设计本身所带来的可拓展性差的缺陷，Nick 教授等人提出了 P4 高级编程语言。Nick 教授曾在一次演讲中提到，SDN 的第一步是在兼容现有硬件设备的前提下发展软件的。SDN 的第二步则是发展专门优化它的硬件设备。P4 是一种对底层设备数据处理行为进行编程的高级语言，用户可以直接使用 P4 语言编写网络应用，之后经编译对底层设备进行配置使其完成用户的功能需求。P4 通过数据平面可编程动态配置设备及开放的生态，将网络控制权真正转移到了最终用户手中，这实际上帮助网络用户摆脱了被芯片和硬件厂商的各种协议的制约。

P4 已加入开放网络基金会(ONF)和 Linux 基金会，自 2013 年，P4 的使用量呈指数级增长，迅速成为描述如何通过网络设备转发数据包的标准。作为 P4 的重要推动者，Barefoot Networks 推出了 Tofino 及 Tofino2，Tofino2 采用 7 nm 工艺技术处理 12.8 Tb/s 的数据包，性能提升了一倍，同时保持了完整的 P4 可编程性，使其成为满足超大规模数据中心、云、企业和服务提供商网络需求的最佳选择。Tofino2 和 Tofino 也是世界上唯一的完全可编程交换芯片，允许网络架构师用 P4 可编程交换机取代传统的固定功能交换机。另外，他们还推出了 P4 Studio，这是一个软件开发环境，旨在帮助推动可编程转发平面的采用。目前，各大知名企业及初创公司都积极采用 P4 和 Tofino，推动了 P4 产业的生态建设与落地应用。2017 年，Google Cloud 和 Barefoot Networks 合作为 P4 网络编程语言创建了一个开源运行时应用程序接口(API)。2018 年，谷歌软件工程师 Jim Wanderer 在博客中宣布，谷歌与 Stratum 上的开放网络基金会(ONF)开展合作，围绕 P4Runtime 设计和构建开源"下一代"SDN。Stratum 平台的核心是由 P4Runtime 提供控制平面软件的方法，用来控制交换机、路由器、防火墙及负载平衡器等的转发平面。Wanderer 表示，P4Runtime 将成为谷歌下一代数据中心和广域网控制平面编程的基础。

Juniper 已经在 MX 路由平台中使用了一个名为 Penta 的新硅片。该公司采用 P4 作为描述控制平面与交换机和路由器数据平面之间沟通的语言。Juniper 还在整个产品组合中实现了将 P4Runtime 作为开放数据平面编程的 API。Xilinx 现已将 P4 语言添加到其 SDNet 开发环境中，以实现高速(1～100 Gb/s)数据包处理。

国内的一线企业腾讯、百度也在关注 P4 的发展。腾讯为构建强大而灵活的网络，将 Barefoot Tofino 的可编程性与 SONiC 相结合。百度为提供网络中的新服务，正利用 Barefoot Tofino P4 解决提高可视化需求及效率的相关问题。

采用 P4 技术与可编程数据平面，网络管理员可以使用编程的方式对交换机的报文处理逻辑进行更改，从而很容易地实现新功能、支持新协议，缩短开发周期与开发成本；并且将一些原本由中间件实现的网络功能与端服务器实现的应用加载到可编程数据平面上，还能获得可观的性能收益，提升网络与应用的整体表现。表 4-7 为基于 P4 与可编程数据平面提升负载均衡与资源分配、网络测量、监控与诊断、网络安全性能等方面作出的应用成果。

表 4-7 基于 P4 与可编程数据平面的应用

应用领域	解决的问题	基于 P4 的应用
负载均衡与资源分配	二层三层负载均衡	HULA
	传输层负载均衡	SilkRoad、Beamer、NDP
	应用层负载均衡	NetCache、AppSwitch、NetChain
	资源分配协议的近似实验	SHARMA N K、CASCONE C
网络测量、监控与诊断	通用方法	FlowRadar、UnivMon、INT
	大流检测	HashPipe、HARRISON R
	网络故障诊断	Dapper、LossRadar、KeySight
	监控查询语言	Marple、Sonata
网络安全	防御 DDoS 攻击	AFEK Y
	防止监控结果受到操控	PEREIRA F
	保障安全策略的执行	Freire L、sandboxing
分布式计算与分布式系统	将计算任务卸载到数据平面	P4MN、DAIET、Linear Road
	将一致性协议卸载到数据平面	DANG H T、Li J、ZHANG Y
	带状态更新与迁移	ez-Segway、Swing State
网络功能虚拟化	模块化转发框架	HyMoS
	虚拟网络资源管理	NERV
路由与流表资源优化	实施新型转发机制	PRPL、BRAUN W
	智能流表过期机制	He C H
其他	P4 在其他领域的应用	BLESS、EDWARDS T G、GEYER F、Wu Z、SIGNORELLO S

P4 的应用领域广泛，在负载均衡和防 DDoS 攻击方面，UCloud、Arista、Xilinx 等公司贡献了很多非常经典的案例。

UCloud 最早的 SDN 方案在转发面是采用 OpenvSwitch 来实现的，控制面采用自研的控制器。但后来遇到了 SDN 交换机 OpenFlow 流表条目有限的问题，UCloud 便采用 DPDK 技术的网关集群来替代 SDN 交换机，但 DPDK 的负载均衡算法不能被软件定义。如果网络中出现单个大象流，则无法被硬件交换机或者网卡的负载均衡算法很好地分发，单根网线或者单个 CPU Core 出现拥塞，将对业务造成巨大影响。其次，随着网络带宽从 10 GB 向 25 GB、40 GB、50 GB、100 GB 的演进，DPDK 需要更强力的 CPU 才能够达到线速，成本要求较高。2017 年年底，UCloud 开始预研 Barefoot 支持 P4 的可编程交换机（Tofino 芯片），很快发现它能够很好地满足使用需求。最初他们用修改版的 switch.p4 来实现功能，但阅读代码后发现 switch.p4 包含较多无需求的交换机功能，于是他们自己编写了一个控制面。对于 Controller 这一层，在 APP 模块中启动了 GRPC Server，重新定义了批量下发配置的接口，将配置下发速度提升了 8 倍。未来他们计划将控制面演进到

P4Runtime 和 Stratum。

2018 年 6 月，Arista 公司推出了一系列交换机，企业可对这些交换机进行编程来执行通常由网络设备和路由器处理执行的任务。该公司声称新的 7170 系列的整合功能可降低成本和网络复杂性。其主要功能包括网关设备的扩展、网络可视化、网络监控、网络安全和大规模 ACL 和 NAT。7170 系列的可编程性来源于该硬件中的 Barefoot Networks Tofino 数据包处理器，工程师可通过开源语言 P4 来编程该芯片。

P4 与可编程数据平面目前是受到学术界与工业界广泛关注的热门技术之一。P4 作为新兴技术，吸收了 SDN 数据平面与控制平面分离的思想，促进了网络协议的发展。其次 P4 让数据平面的可编程性更加灵活，弥补了 OpenFlow 等技术的不可重配置、协议无关、平台无关的缺点。通过 Barefoot Networks、谷歌、英特尔、微软等厂商建立的生态系统，未来每个领域上都会有对应的技术发展。

4.3.3 其他软件交换机

其他软件交换机主要包括以下四种。

(1) Indigo：这是一个运行于物理交换机之上的开源的 OpenFlow 实现方案，能够利用以太网交换机专用 ASIC 芯片的硬件特性，以线速运行 OpenFlow。该方案基于斯坦福大学的 OpenFlow 参考实现方案。

(2) LINC：这是一个由 FlowForwarding 主导的开源项目，是基于 OpenFlow1.2 和 1.3 版本的一个实现方案，遵循 Apache2 许可证。LINC 架构采用流行的商用 x86 硬件，可运行于多种平台上，如 Linux、Solaris、Windows、MacOS，在 Erlang 运行环境的支持下还可以运行于 FreeBSD 平台。

(3) Pantou(OpenWRT)：这个实现方案可以把商用的无线路由器或无线接入点设备变为一个支持 OpenFlow 的交换机，它把 OpenFlow 作为 OpenWRT 上面的一个应用来实现。Pantou 基于所发布的 BackFire OpenWRT 软件版本(Linux2.6.32)，其 OpenFlow 模块基于斯坦福大学的参考实现方案(用户空间)。Pantou 支持的设备包括普通的 Broadcom 接入点设备、部分型号的 LinkSys 设备以及采用 Broadcom 和 Atheros 芯片组的 TP - LINK 的接入点设备。

(4) Of13softswitch：这是一个与 OpenFlow1.3 版本规范兼容的用户空间的软件交换机实现方案，它基于爱立信的 TrafficLab1.1 版软件交换产品。该软件交换机的最新版本包括交换机实现方案(ofdatapath)、用于连接交换机和控制器的安全信道（ofprotocol）、用于和 OpenFlow1.3 之间进行转换的库(oflib)以及一个配置工具(dpctl)。该项目由位于巴西的爱立信创新中心(Ericsson Innovation Center)提供支持，并由同爱立信研究部门展开技术合作的 CPQD 提供维护。

4.4 小   结

SDN 将交换设备的数据平面与控制平面安全解耦，所有数据分组的控制策略由远端控制器通过南向接口协议下发，网络的配置管理也同样由控制器完成，这大大提高了网络管控的效率。交换设备只保留数据平面，专注于数据分组的高速转发，降低了交换设备的复杂度。从这个意义上来说，SDN 中交换设备不再有二层交换机、三层交换机和路由器之分。

无论是硬件实现还是软件实现的 SDN 交换机，数据帧在交换机内部从设备入端口到出端口的传递过程都需要交换机作出转发决策。在传统的网络交换设备中，这一决策过程需要交换机中的转发表和路由器中的路由表等机制实现。对 SDN 交换机而言，以 OpenFlow 交换机为例，它提出了流表的概念对传统的二层转发表、三层路由表进行了抽象，从而使得数据包在转发过程中的决策更具灵活性。

传统的网络设备提供商推出了多款基于 ASIC 的 SDN 交换机。对于 SDN 的快速发展，思科、华为、华三、锐捷等主流网络厂商纷纷顺应趋势，推出了自己的产品。其中，思科推出 ACI 架构，华为则是力推敏捷网络架构(增强型 SDN 架构)，同时，苏州盛科网络、xNet、Pica8 等公司也加速了白牌交换机的商用进程。

基于 NP 的 SDN 交换机，如华为公司的 S12700 系列交换机，是为面向下一代园区网核心而专门设计开发的敏捷交换机。该产品采用全可编程架构，灵活快速地满足客户定制需求，助力客户平滑演进至 SDN。该产品基于华为公司首款以太网络处理器 ENP，内置随板 WLAN AC 无线局域网接入控制器，实现了有线、无线的真正融合。

基于 NetFPGA 的 OpenFlow 交换机运行时需要一个交换机管理软件，扩展了原有 OpenFlow 的软件实现。

虚拟交换就是利用虚拟平台，通过软件的方式形成交换机部件。跟传统的物理交换机相比，虚拟交换机配置更加灵活。一台普通的服务器可以配置出数十台甚至上百台虚拟交换机，且端口数目可以灵活选择。

OpenvSwitch 简称为 OVS，是一个虚拟交换软件，主要用于虚拟机 VM 环境。作为一个虚拟交换机，OVS 支持 Xen/XenServer、KVM 和 VirtualBox 多种虚拟化技术。一个虚拟交换机(vSwitch)主要有两个作用：传递虚拟机 VM 之间的流量以及实现 VM 和外界网络的通信。此外，还有其他类型的 SDN 软件交换机。

不管是 SDN 硬件交换机还是 SDN 软件交换机，都随着网络架构的革新给网络设备市场带来了变化，也使得相关产业的前景充满机遇。

复习思考题

1. 传统交换机的架构是什么？
2. SDN 交换机架构由哪几部分组成？
3. OpenFlow 交换机和传统交换机有哪些不同？
4. SDN 硬件交换机有哪些品牌？各有何特点？
5. 什么是白盒交换机？与品牌交换机相比有哪些特点？
6. OpenvSwitch 交换机由哪些软件组成？
7. OpenvSwitch 交换机的工作流程是什么？
8. 其他类型的软件交换机有哪些？

第 5 章
网络虚拟化

5.1　虚拟化技术简介

在数据大集中的趋势下，数据中心的服务器规模越来越庞大。随着服务器规模的成倍增加，硬件成本也水涨船高，同时管理众多服务器的维护成本也随之增加。为了降低数据中心的硬件成本和管理难度，对大量的服务器进行整合成了必然的趋势。通过整合，可以将多种业务集成在同一台服务器上，直接减少服务器的数量，有效地降低服务器的硬件成本和管理难度。

服务器整合带来了巨大的经济效益，同时也带来了难题，即多种业务集成在一台服务器上，安全如何保证？不同的业务对服务器资源有不同的需求，如何保证各个业务资源的正常运作？为了解决这些问题，虚拟化应运而生。虚拟化指用多个物理实体创建一个逻辑实体，或者用一个物理实体创建多个逻辑实体。实体可以是计算、存储、网络或应用资源。虚拟化的实质就是"隔离"——将不同的业务隔离开来，彼此不能互访，从而保证业务的安全需求；将不同的业务资源隔离开来，从而保证业务对于服务器资源的要求。

数据中心运行的应用越来越多，但很多应用都相互独立，在使用率低下、相互隔绝的不同环境中运行。每个应用都追求性能的不断提高，而且数据中心拥有多种操作系统、计算平台和存储系统，因此，IT 机构必须提高运行效率，优化数据中心资源的利用率，才能将节省出来的资金用于开展新的盈利型 IT 项目。另外，数据中心需要建立永续的基础设施，才能保证应用和服务免受各种安全攻击和干扰，才能建立既可以持续改进计算机存储和应用技术，又能支持不断变化的业务流程的灵活型基础设施。利用整合和虚拟化技术帮助数据中心将计算和存储资源从多个分布式系统转变成可以通过智能网络汇聚、分层、调配和访问的标准化组件，从而为自动化等新兴 IT 战略奠定基础。

数据中心资源的整合和虚拟化正在不断发展，这需要高度可扩展的永续安全数据中心网络基础。网络不但能让用户安全地访问各种数据中心服务，还能根据需要实现共享数据中心组件的部署、互联和汇聚，包括各种应用、服务器、设备和存储。适当规划的数据中心网络不仅能保护应用和数据的完整性，提高应用的性能，还能增强对不断变化的市场状况、业务重要程度和技术先进性的反应能力。

5.2　服务器虚拟化

服务器虚拟化能够通过区分资源的优先次序，随时随地将服务器资源分配给最需要它们的工作负载来简化管理和提高效率，从而减少为单个工作负载峰值而储备的资源。

通过服务器虚拟化技术，用户可以动态启用虚拟服务器（又叫虚拟机），每个服务器可以让操作系统（以及在上面运行的任何应用程序）误认为虚拟机就是实际硬件。运行多个虚拟机还可以充分发挥物理服务器的计算潜能，迅速应对数据中心不断变化的需求。

常用的服务器主要分为 Unix 服务器和 x86 服务器。对 Unix 服务器而言，IBM、HP、Sun 各有其技术标准，没有统一的虚拟化技术。因此，目前 Unix 的虚拟化受到具体产品平台的制约，Unix 服务器虚拟化通常会用到硬件分区技术。而 x86 服务器的虚拟化标准则相对开放，下面介绍 x86 服务器的虚拟化技术。

1. 完全虚拟化

使用 Hypervisor 在 VM 和底层硬件之间建立一个抽象层，Hypervisor 能捕获 CPU 指令，并为指令访问硬件控制器和外设充当中介。这种虚拟化技术几乎能让任何一款操作系统不加改动地就可以安装在 VM 上，而它们不知道自己运行在虚拟化环境下。完全虚拟化的主要缺点是 Hypervisor 会带来处理开销。

2. 准虚拟化

完全虚拟化是处理器密集型技术，因为它要求 Hypervisor 管理各个虚拟服务器，并让它们彼此独立。减轻这种负担的一种方法就是改动客户操作系统，让它以为自己运行在虚拟环境下，能够与 Hypervisor 协同工作，这种方法就叫准虚拟化。准虚拟化技术的优点是性能高。经过准虚拟化处理的服务器可与 Hypervisor 协同工作，其响应能力几乎不亚于未经过虚拟化处理的服务器。

3. 操作系统层虚拟化

实现虚拟化还有一个方法，那就是在操作系统层面增添虚拟服务器功能。就操作系统层的虚拟化而言，它没有独立的 Hypervisor 层，主机操作系统本身就负责在多个虚拟服务器之间分配硬件资源，并且让这些服务器彼此独立。如果使用操作系统层虚拟化，所有虚拟服务器必须运行同一操作系统。

虽然操作系统层虚拟化的灵活性比较差，但本机速度性能比较高。此外，由于架构在所有虚拟服务器上使用单一、标准的操作系统，管理起来比异构环境要容易。

5.3　存储虚拟化

所谓虚拟存储，就是把多个存储介质模块（如硬盘、RAID）通过一定的手段集中管理起来，所有的存储模块在一个存储池中得到统一管理。从主机和工作站的角度来看，这些存储模块不是多个硬盘，而是一个分区或者卷，就好像是一个超大容量的硬盘。这种可以将多种、多个存储设备统一管理起来，为使用者提供大容量、高数据传输性能的存储系统，就称为虚拟存储。

虚拟存储设备主要通过大规模的 RAID 子系统和多个 I/O 通道连接到服务器上，智能控制器提供访问控制、缓存和其他(如数据复制等)的管理功能。这种方式的优点在于存储设备管理员对设备有完全的控制权,而且通过与服务器系统分开,可以将存储的管理与多种服务器操作系统隔离,并且可以很容易地调整硬件参数。

从虚拟化存储的拓扑结构来看,主要有两种方式,即对称式(带内管理)与非对称式(带外管理)。对称式虚拟存储技术是指虚拟存储控制设备与存储软件系统、交换设备集成为一个整体,内嵌在网络数据传输路径中;非对称式虚拟存储技术是指虚拟存储控制设备独立于数据传输路径之外。

从系统的观点来看,有三种主要的存储虚拟化方法,即基于主机的虚拟存储、基于存储设备的虚拟存储和基于网络的虚拟存储。

1. 基于主机的虚拟存储

基于主机的虚拟存储依靠于代理或治理软件,它们安装在一个或多个主机上,实现存储虚拟化的控制和治理。由于控制软件是运行在主机上的,这就会占用主机的处理时间,因此这种方法的可扩充性较差,实际运行的性能不是很好。基于主机的方法也有可能影响到系统的稳定性和安全性,因为有可能会不经意间越权访问到受保护的数据。这种方法要求在主机上安装适当的控制软件,因此一个主机的故障可能影响整个 SAN 系统中数据的完整性。软件控制的存储虚拟化还可能由于不同存储厂商软、硬件的差异而带来不必要的互操纵性开销,所以这种方法的灵活性也比较差。

但是,由于不需要任何附加硬件,基于主机的虚拟化方法最容易实现,其设备成本最低。使用这种方法的供给商趋向于成为存储治理领域的软件厂商,而且目前已经有成熟的软件产品。

2. 基于存储设备的虚拟存储

基于存储设备的虚拟存储方法依赖于提供相关功能的存储模块。假如没有第三方虚拟软件,基于存储的虚拟化经常只能提供一种不完全的存储虚拟化解决方案,对于包含多厂商存储设备的 SAN 存储系统,这种方法的运行效果并不是很好。依赖于存储供应商的功能模块会在系统中排斥简单的硬盘组和简单存储设备的使用,因为这些设备并没有提供存储虚拟化的功能。当然,利用这种方法意味着最终将锁定某一家单独的存储供给商。

基于存储的虚拟化方法也有一些优势:在存储系统中这种方法比较容易实现,容易和某个特定存储供给商的设备相协调,所以更容易治理;同时,它对用户或治理员都是透明的。但必须注意的是,由于缺乏足够的软件支持,这就使得解决方案更难以客户化和监控。

3. 基于网络的虚拟存储

基于网络的虚拟存储方法是在网络设备之间实现存储虚拟化功能,具体有下面两种方式。

1) 基于互联设备的虚拟化

假如基于互联设备的方法是对称的,那么控制信息和数据在同一条通道上;假如是不对称的,那么控制信息和数据在不同的路径上。在对称的方式下,互联设备可能成为瓶颈,但是多重设备治理和负载平衡机制可以缓解瓶颈问题。同时,在多重设备治理环境下,当一个设备发生故障时,也比较容易支持服务器实现故障接替。但是这将产生多个 SAN 孤岛,因为一个设备仅控制与它所连接的存储系统。非对称式虚拟存储比对称式更具有可扩展性,因为数据和控制信息的路径是分离的。

基于互联设备的虚拟化方法能够在专用服务器上运行，使用标准操作系统，如Windows、SunSolaris、Linux或供给商提供的操作系统，具有基于主机方法的诸多优点，如易使用和设备便宜。很多基于设备的虚拟化提供商也提供附加的功能模块来改善系统的整体性能，能够获得比标准操作系统更好的性能和更完善的功能，但需要更高的硬件成本。

但是，基于设备的方法也存在着和基于主机虚拟化方法类似的一些缺陷，由于它仍然需要一个运行在主机上的代理软件或基于主机的适配器，主机的任何故障或不适当的主机配置都可能导致访问到不被保护的数据。同时，在异构操作系统间的互操作性仍然是一个难题。

2）基于路由器的虚拟化

基于路由器的方法是在路由器固件上实现存储虚拟化功能。供给商通常也提供运行在主机上的附加软件来进一步增强存储治理能力。在此方法中，路由器被放置于每个主机到存储网络的数据通道中，用来截取网络中任何一个从主机到存储系统的命令。由于路由器潜在地为每一台主机服务，大多数控制模块存在于路由器的固件中，相对于基于主机和大多数基于互联设备的方法，这种方法的性能更好，效果更佳。而且由于不依赖于每个主机上运行的代理服务器，这种方法比基于主机或基于设备的方法具有更好的安全性。当连接主机到存储网络的路由器出现故障时，仍然可能导致主机上的数据不能被访问，但是只有连接在故障路由器的主机才会受到影响，其他主机仍然可以通过其他路由器访问存储系统。路由器的冗余可以支持动态多路径，这也为上述故障提供了一个解决方法。由于路由器经常作为协议转换的桥梁，基于路由器的方法也可以在异构操作系统和多供给商存储环境之间提供互操作性。

5.4 网络虚拟化

1. 网络虚拟化概述

在计算机领域中，网络虚拟化是指将硬件和软件网络资源以及网络的各项功能集成到一个基于软件的可管理实体，即虚拟网络中的过程。网络虚拟化涉及物理平台的虚拟化，常常与资源虚拟化的概念联系在一起。网络虚拟化技术的体系结构如图5-1所示，网络虚拟化可以是外部的虚拟化，即将多个网络或者某个网络的一部分集成到一个虚拟的单元中；也可以是内部的虚拟化，即在一个软件系统中模拟出虚拟的网络功能。网络虚拟化可以提高物理资源的利用率，提供虚拟网络之间的隔离以及高度可定制化的网络环境，因此在云计算、数据中心、企业级网络管理以及未来互联网试验床等领域中都得到了广泛的应用。

网络虚拟化的业务驱动力包括：

（1）能大幅度节省企业开销。一般只需要一个物理网络即可满足服务要求。

（2）简化企业网络的运维和管理。

（3）提高了网络的安全性。在多套物理网上很难做到安全策略的统一和协调，但在一套物理网上可以将安全策略下发到各虚拟网络中，各虚拟网络间是完全的逻辑隔离，一个虚拟网络上的操作、变化、故障等不会影响到其他的虚拟网络。

（4）提升了网络和业务的可靠性。如在虚拟网络中可以把多台核心交换机通过虚拟化

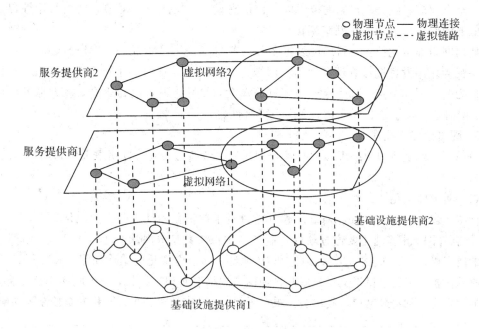

图 5-1 网络虚拟化技术的体系结构

技术融合为一台，当集群中一些小的设备发生故障时，整个集群的业务系统不会有任何的影响。

（5）满足新型数据中心应用程序的要求。如云计算、服务器集群技术等新型数据中心应用都要求数据中心和广域网有高性能的、可扩展的虚拟化能力。

2. 网络虚拟化分类

从总体来说，网络虚拟化分为纵向分割和横向整合两大类概念。

1）纵向分割

早期的网络虚拟化是指虚拟专用网络（VPN）。VPN 对网络连接的概念进行了抽象，允许远程用户访问组织的内部网络，就像物理上连接到该网络一样。网络虚拟化可以帮助保护 IT 环境，防止来自 Internet 的威胁，同时使用户能够快速、安全地访问应用程序和数据。

随后的网络虚拟化技术随着数据中心业务的要求发展为多种应用承载在一张物理网络上，通过网络虚拟化分割(称为纵向分割)使得不同企业机构相互隔离，但可在同一网络上访问自身应用，从而实现了将物理网络进行逻辑纵向分割，虚拟化为多个网络。

如果把一个企业网络分隔成多个不同的子网络，而这些子网络可以使用不同的规则和控制，用户就可以充分利用基础网络的虚拟化功能，而不是部署多套网络来实现这种隔离机制。

网络虚拟化并不是什么新概念，多年来，虚拟局域网（VLAN）技术作为基本隔离技术已经被广泛应用。当前，在交换网络上通过 VLAN 来区分不同业务网段、配合防火墙等安全产品划分安全区域，是数据中心的基本设计内容之一。

2）横向整合

多个网络节点承载上层应用，基于冗余的网络设计势必带来复杂性，而将多个网络节点进行整合(称为横向整合),虚拟化成一台逻辑设备,在提升数据中心网络可用性以及节点性能的同时将极大地简化网络架构。

使用网络虚拟化技术,用户可以将多台设备"横向整合"组成一个"联合设备",并将这些设备视为单一设备进行管理和使用。虚拟化整合后的设备组成了一个逻辑单元,在网络中表现为一个网元节点,这使管理和配置简单化,并可跨设备链路聚合,极大地简化网络架构,同时进一步增强了冗余性,提高了可靠性。

3. 网络虚拟化技术

目前,几种成熟的网络虚拟化技术分别是网络设备虚拟化、链路虚拟化和虚拟网络。

1) 网络设备虚拟化

(1) 网卡虚拟化。

网卡虚拟化(NIC Virtualization)包括软件网卡虚拟化和硬件网卡虚拟化。

① 软件网卡虚拟化主要通过软件控制各个虚拟机共享同一块物理网卡实现。软件虚拟出来的网卡可以包含单独的 MAC 地址和 IP 地址。网卡虚拟化的结构如图 5-2 所示。所有虚拟机的虚拟网卡通过虚拟交换机以及物理网卡连接至物理交换机,虚拟交换机负责将虚拟机上的数据报文从物理网口转发出去。根据需要,虚拟交换机还可以支持安全控制等功能。

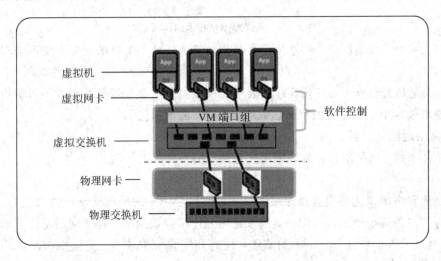

图 5-2　网卡虚拟化和虚拟交换机示意

② 硬件网卡虚拟化主要用到的技术是单根 I/O 虚拟化(Single Root I/O Virtulization,SR-IOV)。所有针对虚拟化服务器的技术都是通过软件模拟虚拟化网卡的一个端口,以满足虚拟机的 I/O 需求,因此在虚拟化环境中,软件性能很容易成为 I/O 性能的瓶颈。SR-IOV 是一项不需要软件模拟就可以共享 I/O 设备、I/O 端口的物理功能的技术。它创造了一系列 I/O 设备物理端口的虚拟功能(Virtual Function,VF),每个 VF 都被直接分配到一个虚拟机。SR-IOV 将 PCI 功能分配到多个虚拟接口以便在虚拟化环境中共享一个PCI 设备的资源。SR-IOV 能够让网络传输绕过软件模拟层直接分配到虚拟机,这样就降低了软件模拟层中的 I/O 开销。

(2) 硬件设备虚拟化。

硬件设备虚拟化主要有两个方向:一是在传统的基于 x86 架构机器上安装特定的操作系统,实现路由器的功能;二是传统网络设备硬件虚拟化。

通常，网络设备的操作系统软件会根据不同的硬件进行定制开发，以便设备能以最高的速度工作。例如，思科公司的 IOS 操作系统在不同的硬件平台需要使用不同的软件版本。近年来，为了提供低成本的网络解决方案，一些公司提出了网络操作系统和硬件分离的思路。

典型的网络操作系统是 Mikrotik 公司开发的 RouterOS。这些网络操作系统通常基于 Linux 内核开发，可以安装在标准的 x86 架构的机器上，使得计算机可以虚拟成路由器使用，并适当扩展了一些防火墙、VPN 的功能。此类设备以其低廉的价格以及不受硬件平台约束等特性占据了不少低端路由器市场。

传统网络设备硬件(路由器和交换机)的路由功能根据路由表转发数据报文。在很多时候，一张路由表已经不能满足需求，因此，一些路由器可以利用虚拟路由转发(Virtual Routing and Forwarding，VRF)技术将路由信息库(Forwarding Information Base，FIB)虚拟化成多个路由转发表。

为增加大型设备的端口利用率，减少设备投入，还可以将一台物理设备虚拟化成多台虚拟设备，每台虚拟设备仅维护自身的路由转发表。例如，思科的 N7K 系列交换机可以虚拟化成多台 VDC，所有的 VDC 共享物理机箱的计算资源，但各自独立工作，互不影响。此外，为了便于维护、管理和控制，将多台物理设备虚拟化成一台虚拟设备也有一定的市场，例如 H3C 公司的 IRF 技术。

2) 链路虚拟化

链路虚拟化是日常使用最多的网络虚拟化技术之一，常见的链路虚拟化技术有链路聚合和隧道协议，这些虚拟化技术增强了网络的可靠性与便利性。

(1) 链路聚合。

链路聚合是最常见的二层虚拟化技术。链路聚合将多个物理端口捆绑在一起，虚拟成为一个逻辑端口。当交换机检测到其中一个物理端口链路发生故障时，就停止在此端口上发送报文，根据负载分担策略在余下的物理链路中选择报文发送的端口。链路聚合可以增加链路带宽，实现链路层的高可用性。

在网络拓扑设计中，要实现网络的冗余一般都会使用双链路上连的方式，而这种方式明显存在一个环路。因此，在生成树计算完成后，就会有一条链路处于 block 状态，所以这种方式并不会增加网络带宽。如果想用链路聚合方式形成双链路并连到两台不同的设备，但传统的链路聚合功能不支持跨设备的聚合，则在这种背景下就出现了虚链路聚合的技术。虚链路聚合技术很好地解决了传统聚合端口不能跨设备的问题，既保障了网络冗余，又增加了网络可用带宽。

(2) 隧道协议。

隧道协议(Tunneling Protocol)指一种技术/协议的两个或多个子网穿过另一种技术/协议的网络实现互联。使用隧道传递的数据可以是不同协议的数据帧或包。隧道协议将其他协议的数据帧或包重新封装，然后通过隧道发送。新的帧头提供路由信息，以便通过网络传递被封装的负载数据。隧道可以将数据流强制送到特定的地址，并隐藏中间节点的网络地址，还可根据需要提供对数据加密的功能。一些典型的使用到隧道的协议包括 Generic Routing Encapsulation(GRE)和 Internet Protocol Security(IPSec)。

3) 虚拟网络

虚拟网络(Virtual Network)是由虚拟链路组成的网络。虚拟网络节点之间的连接并不使用物理线缆连接，而是依靠特定的虚拟化链路相连。典型的虚拟网络包括层叠网络、虚拟专用网以及在数据中心使用较多的虚拟二层延伸网络。

（1）层叠网络。

简单来说，层叠网络（Overlay Network）就是在现有网络的基础上搭建另外一种网络。层叠网络允许对没有 IP 地址标识的目的主机路由信息。例如，分布式哈希表（Distributed Hash Table，DHT）可以路由信息到特定的结点，而这个结点的 IP 地址事先并不知道。层叠网络可以充分利用现有资源，在不增加成本的前提下提供更多的服务。例如，ADSL Internet 接入线路就是基于已经存在的 PSTN 网络实现的。

（2）虚拟专用网。

虚拟专用网（Virtual Private Network，VPN）是一种常用于连接中、大型企业或团体与团体间的私人网络的通信方法。虚拟专用网通过公用的网络架构（例如互联网）来传送内联网的信息，利用已加密的隧道协议来达到保密、终端认证、保证信息准确性等安全效果。这种技术可以在不安全的网络上传送可靠的、安全的信息。需要注意的是，加密信息与否是可以控制的，没有加密的信息依然有被窃取的危险。

（3）虚拟二层延伸网络。

虚拟化从根本上改变了数据中心网络架构的需求。虚拟化引入了虚拟机动态迁移技术，要求网络支持大范围的二层域。一般情况下，多数据中心之间的连接是通过三层路由连通的，而要实现通过三层网络连接的两个二层网络互通，就要使用到虚拟二层延伸网络（Virtual L2 Extended Network）。

传统的 VPLS（MPLS L2VPN）技术以及新兴的 Cisco OTV、H3C EVI 等技术，都是借助隧道的方式，将二层数据报文封装在三层报文中，跨越中间的三层网络，实现两地二层数据的互通。一些虚拟化软件厂商提出了软件的虚拟二层延伸网络解决方案。例如，VXLAN、NVGRE 在虚拟化层的 vSwitch 中将二层数据封装在 UDP、GRE 报文中，在物理网络拓扑上构建一层虚拟化网络层，从而摆脱对底层网络的限制。

根据网络虚拟化的定义以及需要解决的问题，可以推断其应当具有如下特征：

① 独立性。网络虚拟化提供独立于网络基础设施的网络服务，网络本身不再依赖于设备的物理属性（如地理位置），利用虚拟网络层实现网络功能的解耦。独立性是网络虚拟化的基础，对实现后面的特征有决定意义。

② 隔离性。在网络虚拟化中，多个虚拟网络同时运行于同一个物理网络上，使用隔离保证各个虚拟网络之间互不干扰。根据目的不同可以将网络虚拟化的隔离分为安全隔离和资源隔离。安全隔离指的是各个虚拟网络可以运行特有的路由协议和其他服务，彼此之间互不干扰；而资源隔离是指各个虚拟网络获得预约的资源（CPU、内存、缓存、带宽），这些资源不会被其他的虚拟网络占用。

③ 灵活性。作为解决互联网僵化问题而诞生的一门技术，网络虚拟化的灵活性可以说是它的灵魂特征。网络虚拟化需要能够动态适应网络环境的变化，给予用户最佳的体验。这种环境的变化往往包含两个方面：底层的基础设施变化（如发生故障或者更新）和上层的需求变化。网络虚拟化动态地调整资源分配方案，提供高度灵活的虚拟网络服务。

④ 可编程性。网络虚拟化将网络的功能按照服务化的理念开放出来，这就必然要求用户可以自由地定制网络。实现这种自定义的一种可行的方式就是将网络功能以 API 的形式

展现给用户，用户通过调用 API 来实现服务。当然，网络的可编程性需要根据情况提供合适权限的 API 用以保证设备的安全性。

⑤ 高效性。作为资源分配策略占主导的技术，网络虚拟化在满足功能的前提下，需要尽可能地提高资源的利用率。通过对资源的合理配置，一方面可以降低资源的使用成本，另一方面也可以容纳更多的服务请求，这对于用户和服务提供商都很重要。

⑥ 可扩展性。网络虚拟化在大规模网络(如数据中心网络)中的应用备受关注，主要是这种应用场景可以全面地展现网络虚拟化的性能。与之对应的是要解决好大规模应用网络虚拟化的软肋，海量的网络信息对于资源调度的要求之高显而易见，动辄数以万计的 VN 并存问题需要网络虚拟化提供优良的扩展性。

⑦ 兼容性。虚拟网络始终定位于下一代网络的重要组成部分，在将来很长一段时间无法完全取代传统网络，这就表示网络虚拟化的实现仍然需要将现有的网络体系纳入考量范围，为虚拟网络到传统网络的连接提供保障，虚拟网络之上需要实现现有网络的几乎全部技术。

5.5　基于 SDN 技术的网络虚拟化方案

对于传统的网络虚拟化技术，如 VLAN 和 VPN，设备运行着各自的转发逻辑，对这样的网络进行虚拟化需要分别对每一台设备进行操作，再加上不同厂商的设备具有不同的硬件架构和软件逻辑，网络虚拟化的配置和操作通常是非常复杂的。另外，由于自动化的缺失，当虚拟网络发生变化时，更改原来的配置工作量将巨大，因此，并不适合构建网络虚拟化平台。

SDN 的集中控制和可编程能力恰好解决了上述问题，它可以在集中式架构的合适位置引入"转换单元"，按照一定的策略实现虚拟逻辑资源与真实物理资源间的映射。这种映射可以非常灵活，虚拟逻辑资源可能是物理资源的一个子集，也可能是完全解耦于物理资源的。当虚拟网络发生变化时，"转换单元"还可以自动调整映射的策略。通过 SDN 这种集中式可编程特性实现自动化，可以简化传统网络虚拟化场景中复杂的配置工作，使网络虚拟化技术能够更具灵活性和弹性。

由于 SDN 中的网络设备具有良好的可编程性，网络管理人员和网络研究人员可以非常容易地控制网络设备，部署新型网络协议。在 SDN 中控制平面与数据平面相互分离，支持用户定义自己的虚拟网络，定义自己的网络规则和控制策略，网络服务提供者能够为用户提供端到端的、可控的网络服务，甚至可以在硬件设备上直接添加新的应用，这都使得 SDN 非常适合于研究网络虚拟化技术。这种可编程的网络平台不仅能解开网络软件与特定硬件之间的挂钩，还能将网络软件的智能性和硬件的高速性充分结合在一起，使得网络变得更加智能与灵活。目前，在 SDN 中网络虚拟化技术的研究项目和产品主要有斯坦福大学的 FlowVisor、匈牙利爱立信研究院的 IVOF、瑞典皇家理工学院的 OVN 项目以及 Nicira 公司提出的 NVP 网络虚拟化平台。下面以 FlowVisor 为例进行介绍。

5.5.1　FlowVisor 简介

FlowVisor 是建立在 OpenFlow 基础上的网络虚拟化平台，它可以将物理网络分成多个逻辑网络，从而实现软件定义网络。它为管理员提供了广泛的定义规则来管理网络，而不是通过调整路由器和交换机来管理网络。FlowVisor 提供了一套比较完整的网络虚拟化方案，用户可以通过配置文件来进行虚拟网络的划分及资源管理等工作，但对多协议的支持不够完善，无法支持多业务。FlowVisor 作为一个比较成熟的基于网络虚拟化的解决方案，为未来网络资源的虚拟化发展提供了方向。

FlowVisor 是使用 Java 语言编写的建立在 OpenFlow 之上的网络虚拟化平台，用来在交换机和多个控制器之间传输透明代理（Proxy）。它可以将物理网络分成多个逻辑网络，从而实现开放软件定义网络。它是一个特殊的 OpenFlow 控制器，已经被部署在很多地方，如从 2009 年开始就应用于斯坦福大学的校园网络。

FlowVisor 是一个开源系统，与 OpenFlow 有着比较密切的关系，使用 FlowVisor 系统就可以在 OpenFlow 上建立多个虚拟网络。FlowVisor 是处于控制器与 OpenFlow 之间的一个虚拟化层，它按照用户定义的 FlowSpace 规则将数据进行切片。FlowVisor 允许多个控制器同时控制一台 OpenFlow 交换机，但是每个控制器仅仅可以控制经过这个 OpenFlow 交换机的一个切片。因此，通过 FlowVisor 建立的试验平台可以在不影响商业流转发速度的情况下，允许多个网络试验在不同的虚拟网络上同时进行。

正如计算机中的虚拟化层处于硬件和操作系统之间一样，FlowVisor 处于底层物理硬件与控制它的控制器之间，如图 5-3 所示。正如计算机的虚拟机用指令集来控制底层硬件一样，FlowVisor 使用 OpenFlow 协议来控制底层的物理网络。FlowVisor 同时为多个控制器服务，每个控制器控制一个切片，保证了每个控制器只能看到和控制它对应的切片，同时将不同切片之间的流量隔离开来。

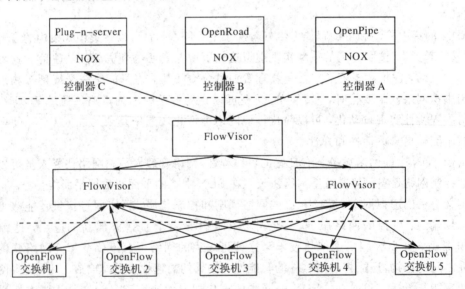

图 5-3　FlowVisor 结构示意图

OpenFlow 提供了对转发路径的抽象，这使得 FlowVisor 能够对网络进行切片，并且具备以下主要特征：

（1）FlowVisor 将一个切片定义为运行在某网络拓扑中的一个流的集合。

（2）FlowVisor 处于每个交换机和控制器之间，保证每个控制器只能观察到它对应的切片。

（3）FlowVisor 通过拦截控制器和交换机之间的信息，并且据此对流表进行切分。

FlowVisor 通过监查、重写、匹配策略规则来实现它作为一个虚拟层所需要的透明性。根据不同的资源分配策略、消息类型、目的地或者内容，FlowVisor 会原封不动地转发一条消息，或将它转换成一条合适的消息并转发，或者返回一条 OpenFlow 错误信息给消息发送者。对于一条从控制器发往交换机的消息，FlowVisor 会保证该信息只作用于该控制器对应切片的数据流上。对于相反方向，即从交换机发往控制器的消息，FlowVisor 会检查消息的内容，然后将它转发给对应的控制器。控制器也只能收到来自于与它对应切片相关的消息。因此，从控制器的角度来看，FlowVisor 看起来像一个交换机；从交换机的角度来看，FlowVisor 看起来像一个控制器。

　　FlowVisor 在设计过程中考虑了对如下几种资源的虚拟化，但 FlowVisor 不保证以下资源的虚拟化能够完全部署，在特定的条件下部分资源的虚拟化是无法实现的。

　　（1）带宽。每个虚拟网络所占用的带宽是可以配置的，这就需要对链路带宽进行抽象和分配。

　　（2）拓扑。每个虚拟网络拥有属于自己的网络节点及链路连接视图，控制器可以通过协议学习虚拟网络的拓扑，能够为不同的虚拟网络控制器提供不同的虚拟网络拓扑。

　　（3）流量。不同虚拟网络的流量应该是互不干扰的，这就需要对流量进行抽象并管理，确保不同虚拟网络的流量能够严格地互相隔离。

　　（4）CPU 资源。CPU 资源可用来处理数据平面流量转发的网络设备需要的计算资源的开销，因此，网络设备的计算资源需要被划分，而且交换机对控制指令的数据平面分组以及进行转发的过程都需要计算开销。如果没有适当划分，一个虚拟网络的运行就可能影响其他虚拟网络的正常工作。

　　（5）流表。交换机中的流表只有一个，需要多个虚拟网络共享，如果没有流表隔离机制，一个虚拟网络所下发的控制指令可能会影响到另一个虚拟网络的数据流量。

　　FlowVisor 中每一个虚拟网络就是一个网络切片（Slice），每一个切片包含多条流空间（FlowSpace）。FlowVisor 中的流空间是定义在一台交换机之上的流量集合，它描述了一个能够控制的流量特征，如表 5-1 所示。

　　FlowVisor 根据一个切片的流空间推断出切片的拓扑。如果在一台交换机上定义了一个流空间，那么虚拟网络的拓扑就包含了这台交换机。如果这条流空间的入端口是某个指定的端口，那么虚拟网络的拓扑只包含这个端口；如果一个流空间的入端口没有指定端口，那么这个虚拟网络将包含这台交换机上的所有端口。

表 5-1　FlowSpace 包含字段及各字段含义

字段名	含　义
priority	优先级，取值范围为 0~65535
in_port	进入端口
dl_vlan	VLAN ID，0xffff 表示匹配非 VLAN 包，否则指定为 0~4095，表示 12 位的 VLAN ID
dl_vpcp	VLAN 优先级，最外层 VLAN 头的 PCP 域
dl_src	Ethernet 源 MAC 地址
dl_dst	Ethernet 目的 MAC 地址

字段名	含　义
dl_type	Ethernet 协议类型，采用 0～65535 表示
nw_src	源 IP 地址
nw_dst	目的 IP 地址
nw_proto	IP 协议类型，采用十进制数 0～255 表示
nw_tos	IP TOS 位，采用 0～255 表示
tp_src	TCP/UDP 源端口
tp_dst	TCP/UDP 目的端口
wildcards	匹配规则
actions	切片行为，指的是 Slice 对这个 FlowSpace 拥有的权限。DELEGATE＝1，READ＝2，WRITE＝4，actions 的值为三者的组合，所有取值范围为 1～7

5.5.2　FlowVisor 常用命令

FlowVisor 中常用的命令如表 5 - 2 所示。

表 5 - 2　**FlowVisor 常用命令**

Slice 相关命令	
add - Slice	创建一个 Slice
list - slices	列出所有的 Slice
list - slice - health	显示 Slice 的健康状况
list - slice - info	显示 Slice 的信息、状态
list - slice - stats	显示 Slice 的统计信息
remove - slice	删除一个 Slice
update - slice	修改 Slice 信息
update - slice - password	修改 Slice 密码
Datapath 相关命令	
list - datapaths	列出所有交换设备
list - datapath - info	显示交换设备的具体信息
list - datapath - stats	显示交换设备的统计信息
update - flowspace	修改 FlowSpace 匹配信息等参数
list - datapath - flowdb	如果支持流跟踪功能，则显示流数据库
FlowSpace 相关命令	
add - flowspace	创建一条 FlowSpace
list - flowspace	显示 FlowSpace 信息
remove - flowspace	删除一条 FlowSpace

续表

其他相关命令	
get - config	显示 FlowVisor 的配置参数
save - config	修改 FlowVisor 的配置信息
list - fv - health	显示 FlowVisor 的健康状况
list - links	显示拓扑信息，即设备链接信息
list - version	显示 FlowVisor 的版本

5.5.3　FlowVisor 工作流程

FlowVisor 的工作流程如图 5 - 4 所示，控制器和交换机与 FlowVisor 之间产生的所有 I/O 事件都进入到一个消息队列，通过 Poll Loop 轮询来处理。交换机交给控制器的数据分组通过 OFSwitchAcceptor 模块接收后，递交给对应的 FVClassifier 模块对数据分组类型以及参数特征进行分析；随后此数据分组进入 FVSlicer 模块，此模块与数据库交互，将数据分组与 FlowSpace 数据库的内容进行比对；最终由 FVSlicer 模块决定此数据分组所属的虚拟网络，并交给相应的 FVSlicer 转发给控制器。同样，控制器下发给交换机的数据分组会通过相反的过程送达交换机，但是在下发到物理交换机之前，FVSlicer 会对下行的信令进行检查，防止下行信令操作虚拟网络 FlowSpace 未定义的数据流。

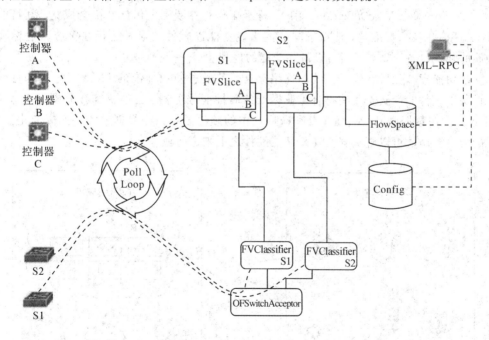

图 5 - 4　FlowVisor 工作原理

每个 FlowSpace 都定义了一个控制器具有的行为权限，一个 Slice 中的 FlowSpace 可以定义如下三种权限：

（1）允许。虚拟网络控制器能够接收匹配这条 FlowSpace 的流表，并且虚拟网络控制器能够向交换机中添加控制这条 FlowSpace 的流表，即虚拟网络对这条 FlowSpace 定义的流量是可读可写的。

(2)只读。匹配这条 FlowSpace 的流仅能被此虚拟网络的控制器接收，控制器对这条 FlowSpace 的控制操作都是非法的。

(3)丢弃。匹配这条 FlowSpace 的流将被 FlowVisor 直接丢弃，虚拟网络的控制器也无法操作这条流。

FlowVisor 借鉴了计算机虚拟化的技术。计算机虚拟化之所以能取得成功，在于其实现了对底层硬件的抽象，硬件抽象层保证了操作系统对于硬件资源的共享和分片使用。从操作系统的视角上来说，底层硬件是被其独享的私有硬件。一个完备的硬件抽象层允许安装不同的操作系统，硬件可以独立地更新与优化，保证了虚拟化层面上南北双向的快速革新。SDN 的出现使得网络的底层硬件与上层控制逻辑得以分离，OpenFlow 作为广泛采用的南向接口对网络底层硬件进行了抽象，提供了类似于计算机虚拟化中硬件抽象层的能力。原则上，任何其他的抽象层都可以在 FlowVisor 原型系统中使用，而不仅仅局限于 OpenFlow。

5.6 网络功能虚拟化与 SDN

依托于 SDN 技术实现的未来网络必须同时实现网络功能的虚拟化，才能对各种新兴业务进行全面的支撑。2012 年 10 月，由 AT&T 等大型运营商牵头的网络功能虚拟化 (Network Function Virtualization，NFV)标准工作组在欧洲电信标准协会成立，其目的在于将 IT 虚拟化技术标准化，使得不同的网络设备能以软件的形式运行在符合行业标准的高性能的硬件设备中，实现网络设备和功能的虚拟化。

网络功能虚拟化旨在改变传统的网络架构，其通过使用标准的 IT 虚拟化技术将许多网络设备以软件的形式安装在符合工业标准的高性能服务器、交换机和存储硬件中，如图 5-5 所示。在数据中心、网络节点和端用户中的硬件设备只需要提供统一的标准化接口，传统的网络应用就可以直接安装在高性能硬件之上来进行业务部署。

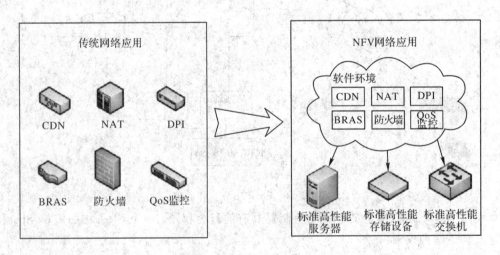

图 5-5 网络功能虚拟化

网络功能虚拟化会给运营商和网络本身带来许多益处,可以大大减少网络设备成本和运营过程中的能源消耗,节省部署应用的成本,缩短新业务部署的周期,加速网络革新的速度,使得网络运营商能够快速地针对市场需求进行业务调整。通过 NFV,网络运营商可以将底层网络资源共享给多个租户,提供面向用户的目标服务。NFV 使得网络本身可以对外开放,打开了面向纯软件公司的虚拟应用市场的大门,同时在保证网络安全的前提下给小型公司和学术界提供了网络操作的接入,这将大大促进新业务和新型网络经济的革新和发展。

　　NFV 与传统硬件网络应用的不同在于其通过标准的执行环境与管理接口实现网络功能与硬件的解耦合,这使得多种虚拟网络功能以虚拟机的形式共享底层硬件,但 NFV 的实现也面临着许多挑战和技术难题。首先必须定义统一的接口来实现可移植性与互操作性,只有实现了标准的接口才能将网络功能以软件的形式进行部署。其次网络对于时延和性能的要求很高,在 NFV 环境中,所有的网络功能以软件的形式实现,如何保证底层硬件资源的分配以提供与硬件相同的性能将是需要重点解决的问题。NFV 想要大规模部署,就必须依托于全面高效的网络管理,NFV 使得网络更加灵活,但也让网络的管理难度增大。与 SDN 的基本要求相同,NFV 也必须保证虚拟机间的隔离,满足安全性要求,由于网络功能应用和对软件的管理都发生在相同的物理机器上,如何无差错、无干扰地对单个虚拟机进行控制和管理也是在 NFV 进行全网部署时必须有效解决的难点问题。

　　NFV 与 SDN 是相辅相成的,两者之间并非相互依赖而是高度互补的关系,两者可以相互独立地实施。通过 SDN 中控制与数据平面相互分离的方式,网络功能虚拟化的性能可以得到巨大的提高,充分简化虚拟化实现的部署难度和操作。而 NFV 为 SDN 软件的运行提供了环境,可以说 NFV 和 SDN 联合组网将带来最大程度的虚拟化能力,大大推动网络的开放与革新。

5.7　小　　结

　　本章首先介绍了虚拟化技术及分类,重点介绍了网络虚拟化技术,进而引出了基于 SDN 的网络虚拟化技术。当前学术界对软件定义网络的虚拟化问题存在多种设计思路,接下来详细介绍了一种基于 SDN 的网络虚拟化平台——FlowVisor。FlowVisor 作为一个基于 SDN 的网络虚拟化平台,能够将物理网络切分为多个逻辑网络视图供不同的控制逻辑控制。

复习思考题

1. 什么是虚拟化技术? 虚拟化技术有哪些分类?
2. 什么是网络虚拟化? 网络虚拟化技术有哪些?
3. 网络虚拟化所关注的主要资源有哪些?
4. 什么是网络虚拟化的隔离机制?

5. 在 Ubuntu14.04 系统下构建安装 FlowVisor 的步骤是什么？

6. 综合使用 FlowVisor、Floodlight 和 Mininet 构建一个 SDN 运行实例。

7. FlowVisor 在设计过程中主要考虑对哪几种资源虚拟化？

8. FlowVisor 中切片的含义是什么？切片包含哪些字段且各字段的含义是什么？

9. FlowVisor 的常用命令及含义是什么？

10. FlowVisor 的工作流程是什么？

第 *6* 章

SDN 实战基础案例

本章以及下一章将结合 SDN 理论的基本知识，特别是 OpenFlow 协议中的有关技术规范给出若干个实例，这些实例能够很好地帮助我们理解 SDN 的基本理论和 OpenFlow 协议。在开始 SDN 实战之前，首先需要具备 SDN 环境，在投入相对不足的情况下，用户完全可以自己动手 DIY 一个小型的 SDN。

6.1　概　　述

要想比较深入地了解 SDN 的网络特点以及 OpenFlow 协议中的有关概念，切实可行的方法是亲自实践一些典型的案例，这些案例有助于对一些基本概念的理解，例如动作集（Action Set）与动作列表（Action List）有何区别？初学者往往很难理解，但是通过实验就很容易理解这两个概念的区别，即两者中动作执行的顺序不一样，动作集中的动作是在流水线处理的最后一步执行的动作，而动作列表中的动作则是一旦流表项匹配数据包就立即执行该动作。特别对于初学者，除了仔细阅读 OpenFlow 协议文档外，有必要完成一些基本的 SDN 实验案例，如同学习编程语言，总是从 Hello World 开始一样，学习 SDN 知识同样要从"Hello World"开始，那么 SDN 技术的"Hello World"在哪里呢？毫无疑问，应该是如何配置流表并使流表能够匹配相关的数据包以及改变数据包的转发行为，为此，我们将以循序渐进的方式介绍九个实战案例，这些案例充分展示了 SDN 的特点，关于 SDN 可编程特点的案例将在下一章介绍。这些案例主要介绍如何分析 OpenFlow 各种消息，如何利用流表做到负载均衡，如何实现 ARP 代理服务器，如何实现 DDoS 攻击防御，如何实现多控制器集群，以及如何实现 SDN 可编程等。

在开始 SDN 实战前，首先需要搭建一个 SDN 环境，在硬件条件相对不足的情况下，建议采用 Ubuntu＋Mininet＋OpenDaylight 方式组建一个简单的 SDN。本书采用的是自制的 SDN 交换机和独立的 OpenDaylight 控制器，主要的硬件设备有 SDN 交换机三台（便于组网）以及控制器服务器两台，主要的软件有 Ubuntu 服务器软件、OpenvSwitch(OVS)（支持 OpenFlow1.3 协议）虚拟交换机软件、OpenDaylight 铍版本的控制器软件、Iperf 网络性能测试工具、Tomcat Web 服务器软件以及 Java JDK 工具等。

可以通过以下三种方法来配置 SDN 交换机（要求支持 OpenFlow1.3 协议）：

（1）商品化的 SDN 交换机。目前市场上有一些厂商（如华三、盛科）已经制造出了设备性能较好的 SDN 交换机，但是普遍反映价格较贵。

（2）在 PC 上安装 OpenvSwitch 软件。OpenvSwitch 可以使计算机变成一个 OpenFlow 交换

机，该方法性价比较好，同时性能也相对比较稳定，能够满足绝大多数实验的网络需求。

（3）使用 Mininet 模拟环境，可以搭建许多交换机，而且可以任意拓扑，但其性能依赖虚拟机的性能，无法满足有些实验的网络需求。

本书采用上述第（2）种方式，自制若干台 SDN OpenFlow 交换机，由于 PC 上网口比较少，外加网卡的插槽数量也是有限的（1 或 2 块），因此建议可以采用如图 6-1 所示的多网卡主板，该主板提供了 6 个网络端口，并配有 32 G 固态硬盘，在 Linux 操作系统上安装 OpenvSwitch 软件。注意安装 OpenvSwitch 软件时应仔细阅读安装文档，确保所需要的 Linux 操作系统版本与 OpenvSwitch 版本匹配，有关 OpenvSwitch 的安装和运行请参考 OpenvSwitch 官方文档，特别建议阅读其中的 FAQ（常见问答）文档，该文档能够提供一些交换机的使用注意细节，如支持最新的 OpenFlow 版本是多少。SDN 交换机的数量最好能配置 2~3 台以便组成一个小型的 SDN，本章 6.6 节使用 2 台 SDN 交换机组成两个不同网络段的 SDN，通过配置网关实现不同网段的主机相互通信。

图 6-1　自制的 SDN 交换机

本章的 SDN 交换机基于 Ubuntu14.04 Linux 操作系统，OpenvSwitch 各版本支持的 Linux 内核如表 6-1 所示。

表 6-1　OpenvSwitch 各版本支持的 Linux 内核

OpenvSwitch 版本	Linux 内核版本
1.4.x	2.6.18 to 3.2
1.5.x	2.6.18 to 3.2
1.6.x	2.6.18 to 3.2
1.7.x	2.6.18 to 3.3
1.8.x	2.6.18 to 3.4
1.9.x	2.6.18 to 3.8
1.10.x	2.6.18 to 3.8
1.11.x	2.6.18 to 3.8
2.0.x	2.6.32 to 3.10
2.1.x	2.6.32 to 3.11
2.3.x	2.6.32 to 3.14
2.4.x	2.6.32 to 4.0
2.5.x	2.6.32 to 4.3

安装完 OpenvSwitch 软件后就可以在一台独立的服务器（或 PC 机）上安装 OpenDaylight 控制器软件，安装 OpenDaylight 的步骤请参见 OpenDaylight 官网上的安装手册，图 6-2(a) 和 (b) 是利用 SDN 交换机和普通交换机组成小型 SDN 的实物图。建议安装控制器的服务器内存不低于 4 GB，配有固态硬盘，有条件的话可以采用机架式服务器。由于OpenvSwicth 与 OpenDaylight 的安装均有详细的官方安装手册，因此不再给出详细的安装步骤。

图 6-2(a)　SDN 交换机和普通交换机组成小型 SDN

图 6-2(b)　SDN 环境实物场景

SDN 软件安装完成后，需要对 SDN 交换机进行必要的参数配置，以便 SDN 交换机能够连接到 SDN 控制器。配置参数前首先需要熟悉一些在 OpenvSwicth 中常用的基本概念。

（1）Bridge。网桥代表一个以太网交换机，一个主机中可以创建一个或者多个网桥设备。

（2）Port。这里的端口与物理交换机的端口概念类似，每个端口都隶属于一个网桥。

（3）Interface。Interface 指连接到 Port 的网络接口设备，通常情况下 Port 和 Interface 是一对一的关系，只有在配置 Port 为 bond 模式后（所谓网卡 bond 模式，是指把多个物理网卡绑定为一个逻辑网卡），Port 和 Interface 是一对多的关系。

（4）Controller。Controller 指 OpenFlow 控制器，OpenvSwitch 可以同时接受一个或者多个 OpenFlow 控制器的管理（多控制器集群模式）。

（5）Datapath。Datapath 负责执行数据交换，也就是把从接收端口收到的数据包在流表中进行匹配，并执行匹配到的动作。

（6）Flow Table。每个 Datapath 都和一个流表关联，当 Datapath 接收到数据之后，OpenvSwitch 会在 Flow Table 中查找可以匹配的流表项，执行对应的操作，如转发数据到另外的网络出端口。

下面通过 OpenvSwitch 有关命令配置 SDN 交换机，并将 SDN 交换机连接到 OpenDaylight 控制器，连接成功后可以在 OpenDaylight DLUX 界面中看到交换机的拓扑结构。可参考以下步骤。

（1）首先创建一个网桥 br0，命令如下：

    ovs – vsctl add – br br0

创建成功后通过命令 ovs – vsctl list – br 可以列出所有网桥。

（2）启用或关闭网桥，命令如下：

    ifconfig br0 up （启用）；ifconfig br0 down （关闭）

（3）向网桥 br0 上增加端口，命令如下：

    add – port br0 ethx

其中，x 为端口编号。这里的端口必须是 SDN 交换机存在的物理端口，如 add – port br0 eth0、add – port br0 eth1 等。

（4）删除网桥 br0 上的端口，命令如下：

    del – port br0 ethx

其中，x 为端口编号。例如，del – port bro eth0 表示删除 eth0 端口。

（5）将 br0 网桥连接至指定的控制器，命令如下：

    ovs – vsctl set – controller br0 tcp：<controller IP>：<port>

其中，<controller IP>填写控制器的 IP 地址，<port>填写端口号，端口号可以不写，默认端口为 6633。如 ovs – vstctl set – controller br0 tcp：192.168.3.6，其中，192.168.3.6 为控制器的 IP 地址。

（6）查看 br0 连接控制器是否成功，命令如下：

    ovs – vsctl show

一旦 SDN 交换机成功连接上控制器，则会显示"is_connected：true"字样，如图 6 – 3 所示，并能够在 OpenDaylight UI 界面看到如图 6 – 4 所示的交换机拓扑图。

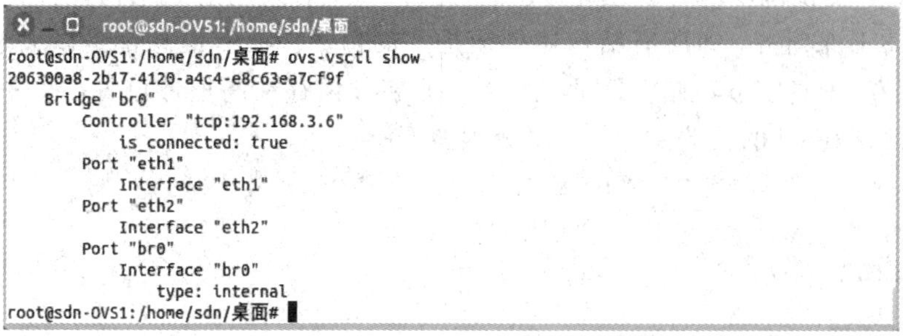

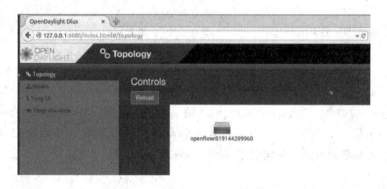

图 6-3　交换机连接控制器

至此我们已经具备了一个比较理想的实战环境，接下来就可以进行相关实战案例，通过这些案例能够进一步帮助我们了解 SDN 的概念和特点。

图 6-4　连接交换机后的 OpenDaylight Web 界面

6.2　使用 Wireshark 抓取 OpenFlow 消息及相关内容分析

Wireshark 是一款开源网络协议分析软件，具备很好的可视化和解码功能，通过合理抓取和过滤数据包，能够帮助我们学习 OpenFlow 协议的信息交换过程和交换内容，加深对 OpenFlow 消息的理解，从而更透彻地看清 SDN 的本质特点。

6.2.1　OpenFlow 消息

根据 OpenFlow 协议规定，SDN 交换机和控制器之间交换三类消息，即 controller-to-switch（控制器到交换机）、asynchronous（异步）和 symmetric（对称）。controller-to-switch 消息由控制器发起，用来直接管理、检查交换机状态，不强制交换机做出回应，包括 features、configuration、modify_state、read_state、packet_out、barrier、role_request 和 asynchronous_configuration 消息；asynchronous 消息由交换机发起，用于控制器更新网络事件和交换机状态的改变，包括 packet_in、flow_removed、port_status 和 error 消息；symmetric 类型的消息可由交换机或者控制器发起，包括 hello、echo、experimenter 三种消息。通过网络抓包工具 Wireshark 抓取并分析这些消息有助于进一步理解 OpenFlow 协议的内容。

OpenFlow 交换机规范的核心就是建立 OpenFlow 协议消息的结构体。所有结构体都是用填充和 8 B 来对齐，即所有结构体必须是 8 的倍数。所有消息都是以大端模式发送，所谓大端模式，即高字节存储在低地址位置，低字节保存在高地址位置，反之则为小端模式，例如 0x1223abcd 的大端模式与小端分别如下所示：

地址	大端模式	小端模式
0x0000	0x12	0xcd
0x0001	0x23	0xab
0x0002	0xab	0x23
0x0003	0xcd	0x12

所有 Openflow 消息结构体都以 head 开头，如：

```
struct ofp_header {
    uint8_t version;          //协议版本
    uint8_t type;             //消息类型
    uint16_t length;          //消息长度(含头部)
    uint32_t xid;             //一个不断增长的 32 位整数
};
```

其中，xid 实际上就是一个标识该消息的 ID 号，如有返回配对的消息，则该 ID 值将出现在返回的消息中。例如，发送 features_request 消息中的 xid 是 23，则返回 features_reply 消息中的 xid 仍然是 23。另外，xid 的值对某一端而言总是增加的。下面使用枚举类型给出 OpenFlow 消息类型编号，一共定义了 30 个 OpenFlow 消息。

```
enum ofp_type {
/* Immutable messages. */
OFPT_HELLO = 0,                          /* Symmetric message */
OFPT_ERROR = 1,                          /* Symmetric message */
OFPT_ECHO_REQUEST = 2,                   /* Symmetric message */
OFPT_ECHO_REPLY = 3,                     /* Symmetric message */
OFPT_EXPERIMENTER = 4,                   /* Symmetric message */
/* Switch configuration messages. */
OFPT_FEATURES_REQUEST = 5,               /* Controller/switch message */
OFPT_FEATURES_REPLY = 6,                 /* Controller/switch message */
OFPT_GET_CONFIG_REQUEST = 7,             /* Controller/switch message */
OFPT_GET_CONFIG_REPLY = 8,               /* Controller/switch message */
OFPT_SET_CONFIG = 9,                     /* Controller/switch message */
/* Asynchronous messages. */
OFPT_PACKET_IN = 10,                     /* Async message */
OFPT_FLOW_REMOVED = 11,                  /* Async message */
OFPT_PORT_STATUS = 12,                   /* Async message */
/* Controller command messages. */
OFPT_PACKET_OUT = 13,                    /* Controller/switch message */
OFPT_FLOW_MOD = 14,                      /* Controller/switch message */
OFPT_GROUP_MOD = 15,                     /* Controller/switch message */
OFPT_PORT_MOD = 16,                      /* Controller/switch message */
```

```
OFPT_TABLE_MOD = 17,                            /* Controller/switch message */
/* Multipart messages. */
OFPT_MULTIPART_REQUEST = 18,                     /* Controller/switch message */
OFPT_MULTIPART_REPLY = 19,                       /* Controller/switch message */
/* Barrier messages. */
OFPT_BARRIER_REQUEST = 20,                       /* Controller/switch message */
OFPT_BARRIER_REPLY = 21,                         /* Controller/switch message */
/* Queue Configuration messages. */
OFPT_QUEUE_GET_CONFIG_REQUEST = 22,             /* Controller/switch message */
OFPT_QUEUE_GET_CONFIG_REPLY = 23,               /* Controller/switch message */
/* Controller role change request messages. */
OFPT_ROLE_REQUEST = 24,                          /* Controller/switch message */
OFPT_ROLE_REPLY = 25,                            /* Controller/switch message */
/* Asynchronous message configuration. */
OFPT_GET_ASYNC_REQUEST = 26,                     /* Controller/switch message */
OFPT_GET_ASYNC_REPLY = 27,                       /* Controller/switch message */
OFPT_SET_ASYNC = 28,                             /* Controller/switch message */
/* Meters and rate limiters configuration messages. */
OFPT_METER_MOD = 29,                             /* Controller/switch message */
};
```

6.2.2　Wireshark 工具简介

1997 年年底，GeraldCombs 需要一个能够追踪网络流量的工具软件来辅助其工作，于是他开始撰写 Ethereal 软件。Ethereal 在开发过程中数次中断，终于在 1998 年 7 月发布了第一个版本 0.2.0。此后，GeraldCombs 收到了来自全世界的修补程序、错误回报与鼓励信件。不久，GilbertRamirez 看到了这套软件的开发潜力并开始参与低阶程式的开发。1998 年 10 月，来自 NetworkAppliance 公司的 GuyHarris 开始参与 Ethereal 的开发工作。1998 年年底，一位教授 TCP/IP 课程的讲师 RichardSharpe 也看到了这套软件的发展潜力，而后便开始参与开发新协定的功能。因为在当时新的通信协议的制定并不复杂，因此，他开始在 Ethereal 上新增封包捕捉功能，这几乎包含了当时所有的通信协议。而此后很多人开始参与 Ethereal 的开发，多半是因为希望能让 Ethereal 捕捉特定的、尚未包含在 Ethereal 默认的网络协议的封包。2006 年 6 月，因为商标的问题 Ethereal 更名为 Wireshark。

Wireshark 是当前世界上最流行的网络分析工具，可以捕捉网络中的数据，并为用户提供关于网络和上层协议的各种信息。Wireshark 支持 Windows 和 Unix/Linux 操作系统，用户可以利用 pcap network library 编写自己的程序来进行封包捕捉。在使用 Wireshark 之前应检查是否支持 OpenFlow1.3 协议（点击 Wireshark 窗体的 Expression，搜索其中是否具有 OF 协议，如图 6－5 所示）。直接安装的 Wireshark 一般不支持 OpenFlow，可以下载 Mininet，安装 Mininet 时有安装选项，这时选择安装的 Wireshark 软件即可支持 OpenFlow1.3 协议。

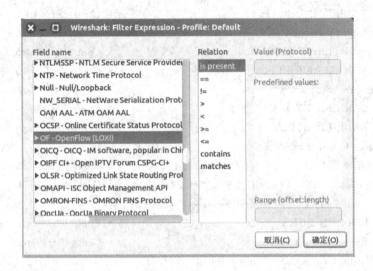

图 6 - 5　验证 Wireshark 是否支持 OpenFlow

Wireshark 主界面如图 6 - 6(a)所示，其中包括：

（1）窗口 1：过滤窗口，可以过滤出需要的内容。

（2）窗口 2：点选某条包的详细信息，可查看该包的 MAC 层、IP 层、传输层和应用层信息。

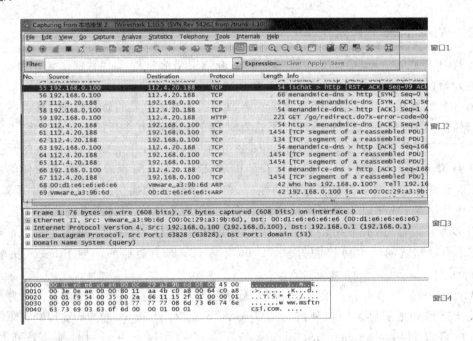

图 6 - 6(a)　Wireshark 界面介绍

（3）窗口 3：显示包内容的文本信息、字节信息以及数据包的详细信息，可用来查看协议中的每一个字段，其各行信息分别为：

① Frame：物理层的数据帧概况；

② Ethernet Ⅱ：数据链路层以太网帧头部信息；

③ Internet Protocol Version 4：互联网层 IP 包头部信息；

④ 传输层数据段头部信息；

⑤ 应用层的信息。

（4）窗口 4：显示包列表，包括包的源、目的地址、协议类型、长度和信息等。

在使用过程中，若计算机上有多块网卡，可以点击 capture→interface，查看哪些网卡可以获取流量，点击 capture→options，选择抓取有流量的网卡。点击 start，则 Wireshark 开始获取监控网卡接口的实时数据。注意网卡一定要选中混杂模式 use promiscuous mode on all interfaces，如图 6 - 6(b)所示，否则无法获取内网的其他信息。

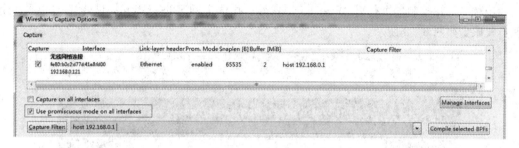

图 6 - 6(b)　Wireshark 简单抓包

6.2.3　Wireshark 抓包过程及消息分析

接下来通过 Wireshark 捕获 SDN 交换和控制器之间传递的消息分析来进一步了解 OpenFlow 协议过程和有关的消息内容。

1. Wireshark 抓包过程

步骤一：首先启动 SDN 控制器上的 OpenDaylight，执行 OpenDaylight 安装目录中的 /bin/karaf，如图 6 - 7 所示。如果是首次运行 OpenDaylight，必须安装 OpenDaylight 相关

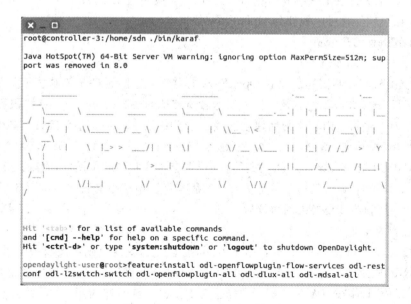

图 6 - 7　OpenDaylight 启动过程

特征组件，再次启动则不再需要安装上述组件。安装 OpenDaylight 插件的命令如下：

    feature：install odl - openflowplugin - flow - services odl - restconf odl - l2switch - switch odl - openflowplugin - all odl - dlux - all odl - mdsal - all

其中，odl - restconf 是支持 REST API 的组件；odl - l2switch - switch、odl - openflowplugin - all 是交换层和 OpenFlow 协议插件；odl - dlux - all 的主要作用是提供 Web 界面功能。

    启动并安装好 OpenDaylight 功能组件后，就可以使用浏览器登录到 OpenDaylight Web 界面（URL：http://localhost:8080/index.html）。

    步骤二：在控制器上打开 Wireshark 软件，并选定网卡进行抓包，该步骤需要获取管理员权限，如图 6 - 8 所示。

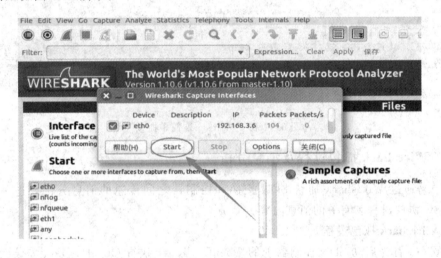

图 6 - 8　Wireshark 启动并设置抓包网卡

    步骤三：将一台装有 OpenvSwitch 的 SDN 交换机连接到控制器。一旦连接成功，Wireshark 抓包软件就可以捕获到 OpenFlow 数据包。

2. OpenFlow 消息分析

1）建立连接（hello 消息）

    SDN 交换机与控制器初次建立 OpenFlow 连接时，连接的双方必须立即发送携带版本字段的 OFPT_HELLO 消息，版本代表发送者所支持的最高的 OpenFlow 协议版本。hello 消息可能含有一些可选内容来帮助建立连接，一旦接收到 hello 消息，接收方必须立即计算出应该使用的协议版本。如果发送和接收的 hello 消息都包含 OFPHET_VERSIONBITMAP 的 hello 元素，并且这些位图有一些共同的位设置，则双方协商的协议是最高版本。否则，协商版本必须是接收到的版本字段中较小的版本。从图 6 - 9(a)和(b)中可以看出，控制器和交换机的协议版本都为 version：4（表示 OpenFlow1.3 版本），故最终使用的版本为 1.3。

    如果接收方支持协商的版本，那么双方将建立连接。否则，接收方必须回应一个 OFPT_ERROR 消息，此消息带有 OFPET_HELLO_FAILED 类型字段、OFPHFC_INCOMPATIBLE 字段以及一个解释数据状态的随机 ASCII 字符串，然后终止连接。

No.	Time	Source	Destination	Protocol	Lengtl Info
102	32.2086950000	192.168.3.3	192.168.3.6	OF 1.3	74 of_hello
104	32.2250690000	192.168.3.6	192.168.3.3	OF 1.3	82 of_hello
106	32.2279930000	192.168.3.6	192.168.3.3	OF 1.3	74 of_features_request
108	32.2283700000	192.168.3.3	192.168.3.6	OF 1.3	98 of_features_reply

▶ Frame 102: 74 bytes on wire (592 bits), 74 bytes captured (592 bits) on interface 0
▶ Ethernet II, Src: Intel_e0:45:b7 (00:90:27:e0:45:b7), Dst: Elitegro_23:bd:58 (74:27:ea:23:bd:58)
▶ Internet Protocol Version 4, Src: 192.168.3.3 (192.168.3.3), Dst: 192.168.3.6 (192.168.3.6)
▶ Transmission Control Protocol, Src Port: 41408 (41408), Dst Port: openflow (6653), Seq: 1, Ack: 1, Len: 8
▼ OpenFlow (LOXI)
　　version: 4
　　type: OFPT_HELLO (0)
　　length: 8
　　xid: 22

图 6 - 9（a）　控制器发送的 hello 消息数据包

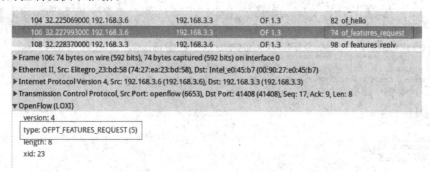

No.	Time	Source	Destination	Protocol	Lengtl Info
102	32.2086950000	192.168.3.3	192.168.3.6	OF 1.3	74 of_hello
104	32.2250690000	192.168.3.6	192.168.3.3	OF 1.3	82 of_hello
106	32.2279930000	192.168.3.6	192.168.3.3	OF 1.3	74 of_features_request

▶ Frame 104: 82 bytes on wire (656 bits), 82 bytes captured (656 bits) on interface 0
▶ Ethernet II, Src: Elitegro_23:bd:58 (74:27:ea:23:bd:58), Dst: Intel_e0:45:b7 (00:90:27:e0:45:b7)
▶ Internet Protocol Version 4, Src: 192.168.3.6 (192.168.3.6), Dst: 192.168.3.3 (192.168.3.3)
▶ Transmission Control Protocol, Src Port: openflow (6653), Dst Port: 41408 (41408), Seq: 1, Ack: 9, Len: 16
▼ OpenFlow (LOXI)
　　version: 4
　　type: OFPT_HELLO (0)
　　length: 16
　　xid: 21
　▼ of_hello_elem list
　　▼ of_hello_elem_versionbitmap
　　　　type: 1
　　　　length: 8
　　　▼ of_uint32 list
　　　　▼ of_uint32
　　　　　　value: 18

图 6 - 9(b)　交换机发送的 hello 消息数据包

2）能力请求及响应（features 消息）

控制器通过发送 features_request 消息请求查询交换机的身份以及具有的基本功能，交换机必须响应，回答其身份和基本功能。该消息通常在 OpenFlow 通道建立后运行，features_request 消息由控制器发出，交换机则以 features_reply 消息作为响应，如图 6 - 10(a)和(b)所示，消息包括交换机自身的一些基本设置信息，即交换机的能力以及它的一些端口信息等。每一次交换机连到控制器，都会收到控制器的 features_request 消息，当交换机将自己的 features 回复给控制器之后，控制器就对交换机有了一个全面的了解，从而为后面的控制提供了依据。

104	32.2250690000	192.168.3.6	192.168.3.3	OF 1.3	82 of_hello
106	32.2279930000	192.168.3.6	192.168.3.3	OF 1.3	74 of_features_request
108	32.2283700000	192.168.3.3	192.168.3.6	OF 1.3	98 of_features_reply

▶ Frame 106: 74 bytes on wire (592 bits), 74 bytes captured (592 bits) on interface 0
▶ Ethernet II, Src: Elitegro_23:bd:58 (74:27:ea:23:bd:58), Dst: Intel_e0:45:b7 (00:90:27:e0:45:b7)
▶ Internet Protocol Version 4, Src: 192.168.3.6 (192.168.3.6), Dst: 192.168.3.3 (192.168.3.3)
▶ Transmission Control Protocol, Src Port: openflow (6653), Dst Port: 41408 (41408), Seq: 17, Ack: 9, Len: 8
▼ OpenFlow (LOXI)
　　version: 4
　　type: OFPT_FEATURES_REQUEST (5)
　　length: 8
　　xid: 23

图 6 - 10(a)　features_request 消息数据包

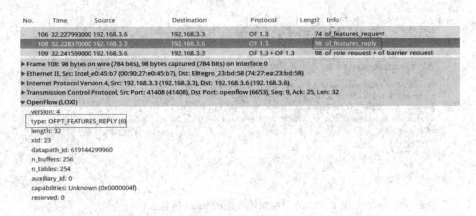

No.	Time	Source	Destination	Protocol	Length	Info
106	32.227993000	192.168.3.6	192.168.3.3	OF 1.3	74	of_features_request
108	32.228370000	192.168.3.3	192.168.3.6	OF 1.3	98	of_features_reply
109	32.241599000	192.168.3.6	192.168.3.3	OF 1.3 + OF 1.3	98	of role request + of barrier request

▶ Frame 108: 98 bytes on wire (784 bits), 98 bytes captured (784 bits) on interface 0
▶ Ethernet II, Src: Intel_e0:45:b7 (00:90:27:e0:45:b7), Dst: Elitegro_23:bd:58 (74:27:ea:23:bd:58)
▶ Internet Protocol Version 4, Src: 192.168.3.3 (192.168.3.3), Dst: 192.168.3.6 (192.168.3.6)
▶ Transmission Control Protocol, Src Port: 41408 (41408), Dst Port: openflow (6653), Seq: 9, Ack: 25, Len: 32
▼ OpenFlow (LOXI)
    version: 4
    type: OFPT_FEATURES_REPLY (6)
    length: 32
    xid: 23
    datapath_id: 619144299960
    n_buffers: 256
    n_tables: 254
    auxiliary_id: 0
    capabilities: Unknown (0x0000004f)
    reserved: 0

图 6 - 10(b)　features_reply 消息数据包

3) 角色请求及响应

控制器使用 role_request 消息用来设置 OpenFlow 通道角色或者查询这个角色。当交换机连接多个控制器时，这个消息则非常有用，在多控制器的应用中，控制器通常分为主控制器和从控制器。

角色的请求和响应的意义在于，一个交换机可能同时连接多个相同状态的控制器或者多个从控制器，但是最多同时连接一个主控制器。每个控制器会发送 OFPT_ROLE_REQUEST消息给交换机告知自己的身份，交换机必须记住每个控制器连接的身份，见图 6 - 11(a)和(b)。

No.	Time	Source	Destination	Protocol	Length	Info
108	32.228370000	192.168.3.3	192.168.3.6	OF 1.3	98	of features reply
109	32.241599000	192.168.3.6	192.168.3.3	OF 1.3 + OF 1.3	98	of_role_request + of_barrier_request
110	32.241908000	192.168.3.3	192.168.3.6	OF 1.3	90	of_role_reply

▶ Frame 109: 98 bytes on wire (784 bits), 98 bytes captured (784 bits) on interface 0
▶ Ethernet II, Src: Elitegro_23:bd:58 (74:27:ea:23:bd:58), Dst: Intel_e0:45:b7 (00:90:27:e0:45:b7)
▶ Internet Protocol Version 4, Src: 192.168.3.6 (192.168.3.6), Dst: 192.168.3.3 (192.168.3.3)
▶ Transmission Control Protocol, Src Port: openflow (6653), Dst Port: 41408 (41408), Seq: 25, Ack: 41, Len: 32
▼ OpenFlow (LOXI)
    version: 4
    type: 24
    length: 24
    xid: 1
    role: OFPCR_ROLE_NOCHANGE (0)
    generation_id: 0

图 6 - 11(a)　role_request 消息数据包

No.	Time	Source	Destination	Protocol	Length	Info
109	32.241599000	192.168.3.6	192.168.3.3	OF 1.3 + OF 1.3	98	of_role_request + of_barrier_request
110	32.241908000	192.168.3.3	192.168.3.6	OF 1.3	90	of_role_reply
111	32.241951000	192.168.3.3	192.168.3.6	OF 1.3	74	of_barrier_reply

▶ Frame 110: 90 bytes on wire (720 bits), 90 bytes captured (720 bits) on interface 0
▶ Ethernet II, Src: Intel_e0:45:b7 (00:90:27:e0:45:b7), Dst: Elitegro_23:bd:58 (74:27:ea:23:bd:58)
▶ Internet Protocol Version 4, Src: 192.168.3.3 (192.168.3.3), Dst: 192.168.3.6 (192.168.3.6)
▶ Transmission Control Protocol, Src Port: 41408 (41408), Dst Port: openflow (6653), Seq: 41, Ack: 57, Len: 24
▼ OpenFlow (LOXI)
    version: 4
    type: 25
    length: 24
    xid: 1
    role: OFPCR_ROLE_EQUAL (1)
    generation_id: 5

图 6 - 11(b)　role_reply 消息数据包

4）barrier 请求及响应消息

当控制器要想确保消息已送到或想接收到通知来完成操作时，可以发送一个 barrier_request 消息（分界线请求消息）给交换机，此消息不含有任何内容，见图 6 - 12(a)和(b)。交换机收到该消息进行处理之前，必须处理完所有先前收到的其他消息，包括发送相应的回复或错误信息。当处理完成后，交换机必须发送一个消息 OFPT_BARRIER_REPLY 携带 xid 最初的请求。

```
No.      Time             Source           Destination          Protocol         Length   Info
   108 32.228370000 192.168.3.3      192.168.3.6          OF 1.3              98  of_features_reply
   109 32.241599000 192.168.3.6      192.168.3.3          OF 1.3 + OF 1.3     98  of_role_request + of_barrier_request
   110 32.241908000 192.168.3.3      192.168.3.6          OF 1.3              90  of_role_reply

▶ Frame 109: 98 bytes on wire (784 bits), 98 bytes captured (784 bits) on interface 0
▶ Ethernet II, Src: Elitegro_23:bd:58 (74:27:ea:23:bd:58), Dst: Intel_e0:45:b7 (00:90:27:e0:45:b7)
▶ Internet Protocol Version 4, Src: 192.168.3.6 (192.168.3.6), Dst: 192.168.3.3 (192.168.3.3)
▶ Transmission Control Protocol, Src Port: openflow (6653), Dst Port: 41408 (41408), Seq: 25, Ack: 41, Len: 32
▶ OpenFlow (LOXI)
▼ OpenFlow (LOXI)
     version: 4
     type: OFPT_BARRIER_REQUEST (20)
     length: 8
     xid: 2
```

图 6 - 12(a)　barrier_request 消息数据包

```
No.      Time             Source           Destination          Protocol         Length   Info
   110 32.241908000 192.168.3.3      192.168.3.6          OF 1.3              90  of_role_reply
   111 32.241951000 192.168.3.3      192.168.3.6          OF 1.3              74  of_barrier_reply
   113 32.242486000 192.168.3.6      192.168.3.3          OF 1.3 + OF 1.3     98  of_role_request + of_b

▶ Frame 111: 74 bytes on wire (592 bits), 74 bytes captured (592 bits) on interface 0
▶ Ethernet II, Src: Intel_e0:45:b7 (00:90:27:e0:45:b7), Dst: Elitegro_23:bd:58 (74:27:ea:23:bd:58)
▶ Internet Protocol Version 4, Src: 192.168.3.3 (192.168.3.3), Dst: 192.168.3.6 (192.168.3.6)
▶ Transmission Control Protocol, Src Port: 41408 (41408), Dst Port: openflow (6653), Seq: 65, Ack: 57, Len: 8
▼ OpenFlow (LOXI)
     version: 4
     type: OFPT_BARRIER_REPLY (21)
     length: 8
     xid: 2
```

图 6 - 12(b)　barrier_reply 消息数据包

5）flow_mod 消息

flow_mod 消息涉及流表项的匹配信息，图 6 - 13 显示了 flow_mod 匹配项的类型信息，即下发的流表信息。

6）packet_out 消息

控制器会用 packet_out 消息将数据包发送到交换机特定的端口，并且转发通过 packet_in 消息接收到的数据包。packet_out 消息必须包括一个完整的数据包或者一个指明交换机中存储数据包缓冲区的 ID。这个消息必须包含一个动作列表，并按指定顺序应用这些动作，若动作列表为空，则丢弃该包。图 6 - 14 展示了 packet_out 消息的基本内容。

7）packet_in 消息

当交换机接收到的数据包没有匹配的相应流表规则来进行处理时，那么交换机通过 packet_in 将数据包转发给控制器，由控制器来处理该数据包。如果数据包使用流表项或者漏表项转发到控制器的保留端口，那么一个 packet_in 消息就会发给控制器，图 6 - 15 为捕

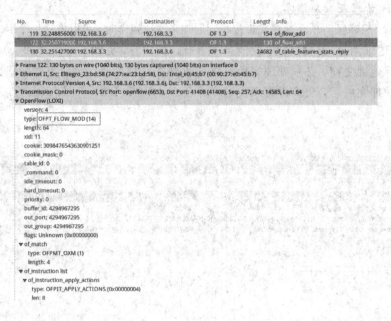

No.	Time	Source	Destination	Protocol	Lengtt	Info
119	32.248856000	192.168.3.6	192.168.3.3	OF 1.3	154	of_flow_add
122	32.250739000	192.168.3.6	192.168.3.3	OF 1.3	130	of_flow_add
130	32.251427000	192.168.3.3	192.168.3.6	OF 1.3	24682	of_table_features_stats_reply

▶ Frame 122: 130 bytes on wire (1040 bits), 130 bytes captured (1040 bits) on interface 0
▶ Ethernet II, Src: Elitegro_23:bd:58 (74:27:ea:23:bd:58), Dst: Intel_e0:45:b7 (00:90:27:e0:45:b7)
▶ Internet Protocol Version 4, Src: 192.168.3.6 (192.168.3.6), Dst: 192.168.3.3 (192.168.3.3)
▶ Transmission Control Protocol, Src Port: openflow (6653), Dst Port: 41408 (41408), Seq: 257, Ack: 14585, Len: 64
▼ OpenFlow (LOXI)
   version: 4
   type: OFPT_FLOW_MOD (14)
   length: 64
   xid: 11
   cookie: 3098476543630901251
   cookie_mask: 0
   table_id: 0
   _command: 0
   idle_timeout: 0
   hard_timeout: 0
   priority: 0
   buffer_id: 4294967295
   out_port: 4294967295
   out_group: 4294967295
   flags: Unknown (0x00000000)
   ▼ of_match
     type: OFPMT_OXM (1)
     length: 4
   ▼ of_instruction list
     ▼ of_instruction_apply_actions
       type: OFPIT_APPLY_ACTIONS (0x00000004)
       len: 8

图 6-13　flow_mod 消息数据包

No.	Time	Source	Destination	Protocol	Lengtt	Info
256	34.068846000	Intel_e0:45:ba	CayeeCom_00:00:01	OF 1.3	213	of_packet_out
258	34.069499000	Intel_e0:45:b8	CayeeCom_00:00:01	OF 1.3	213	of_packet_out
260	34.071213000	Intel_e0:45:b9	CayeeCom_00:00:01	OF 1.3	213	of_packet_out

▶ Frame 258: 213 bytes on wire (1704 bits), 213 bytes captured (1704 bits) on interface 0
▶ Ethernet II, Src: Elitegro_23:bd:58 (74:27:ea:23:bd:58), Dst: Intel_e0:45:b7 (00:90:27:e0:45:b7)
▶ Internet Protocol Version 4, Src: 192.168.3.6 (192.168.3.6), Dst: 192.168.3.3 (192.168.3.3)
▶ Transmission Control Protocol, Src Port: openflow (6653), Dst Port: 41408 (41408), Seq: 632, Ack: 951713, Len: 147
▼ OpenFlow (LOXI)
   version: 4
   type: OFPT_PACKET_OUT (13)
   length: 147
   xid: 16
   buffer_id: 4294967295
   in_port: 4294967293
   actions_len: 16
  ▼ of_action list
   ▼ of_action_output
     type: OFPAT_OUTPUT (0)
     len: 16
     port: 1
     max_len: 65535

图 6-14　packet_out 消息数据包

获的 packet_in 数据包。

8) set_config 消息

set_config 消息由控制器发出，用来设置、查询交换机的配置参数，交换机仅需要回应来自控制器的查询消息（见图 6-16）。

9) stats 状态信息

stats 状态信息可以获得统计信息，stats_reply 消息用于回应 stats_request 消息，主要是交换机回应给控制器的状态信息。交换机和控制器连接后，控制器会不断发送 stats_request 消息询问交换机的状态，图 6-17(a)和(b)是 stats_request 消息和 stats_reply 消息的内容。

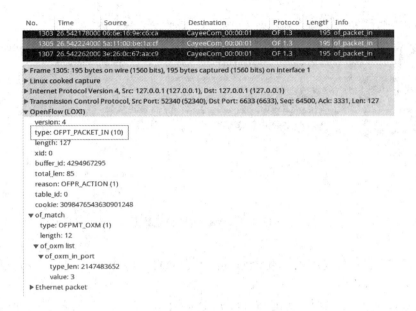

图 6 - 15　packet_in 消息数据包

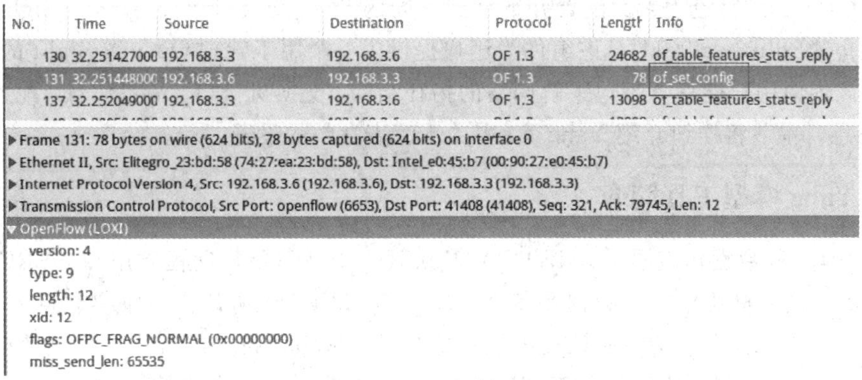

图 6 - 16　set_config 消息数据包

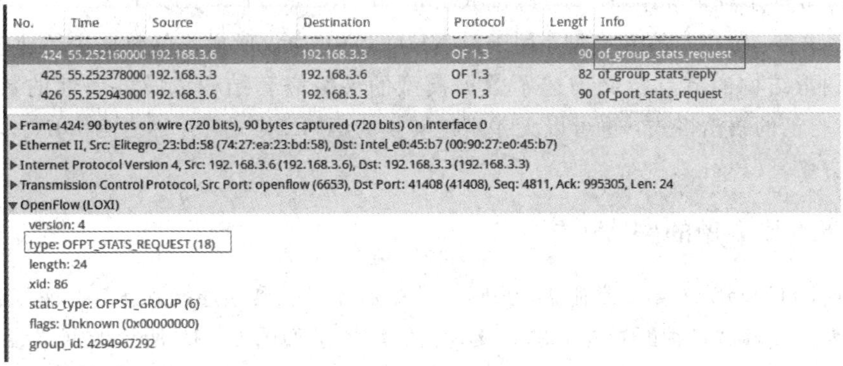

图 6 - 17(a)　stats_request 消息数据包

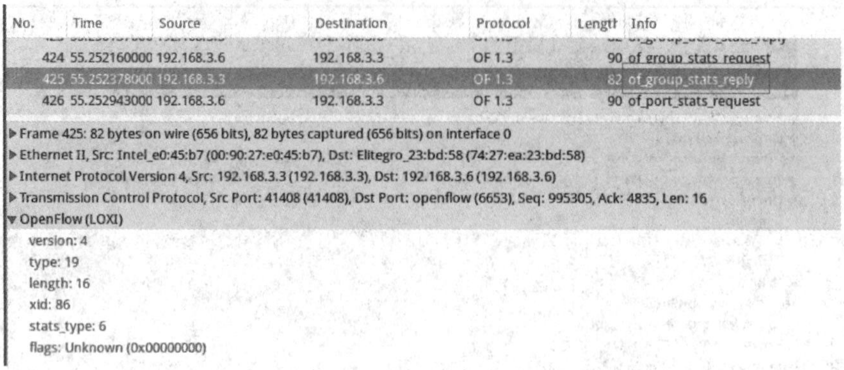

图 6-17(b)　stats_reply 消息数据包

6.3　利用 OpenDaylight Yang UI 工具下发流表

在 OpenvSwitch 交换机上配置 OpenFlow 流表的方式有两种，一是直接利用 OpenvSwitch 命令进行流表的增/删管理操作；二是用户可以通过 OpenDaylight 控制器中的 Yang UI 工具进行流表参数配置并下发到不同的 SDN 交换机上。OpenDaylight 初次启动后安装 odl-dlux-all 组件，该组件为用户提供了一个用于管理 OpenDaylight 的 Web 界面，通过该界面用户能够清楚地了解网络的拓扑结构、交换机接口、端口信息、配置信息以及统计信息。本节将详细介绍 Yang UI 中关于流表参数的设置。

6.3.1　Yang 模型工具简介

Yang 是一种数据建模语言，NETCONF 协议、NETCONF 远程调用和 NERCONF 通知通过 Yang 模型模块化配置数据和状态数据。NETCONF 协议是一种最新的基于 XML 的网络配置和管理的协议，该协议提出了一整套对于网络设备的配置信息和状态信息进行管理的机制。Yang 模块定义了基于 NETCONF 操作使用的层次化结构的数据，它提供了 NETCONF 客户端和服务器之间完全的数据描述。

国际互联网工程任务组（IETF）通过 REF6020、REF6021 和 REF6022 三个文档分别定义了 Yang 语言、数据类型和模型，用于对 NETCONF 协议所操作的数据进行建模。Yang 模型通过树形结构的节点定义描述了数据模型的层级嵌套结构以及各属性的数据类型。Yang 具有自己的语法格式，也可以无差别地转换为 XML 格式，并称之为 YIN。转换可以使用第三方工具（Pyang）进行。

6.3.2　下发流表前的网络配置

首先启动 OpenDaylight 控制器，并确保控制器和主机已经连接到 SDN 交换机（OVS）。为了能够准确地理解各种配置参数的含义，我们配置了如图 6-18 所示的网络设备，其中包括 SDN 交换机一台，PC 四台（各主机的 IP 地址、MAC 地址和端口号如表 6-2 所示）。通过 Yang UI 参数配置以达到通过主机 PC1 ping PC2，结果返回的数据包是主机 PC3 的数据包的目的。

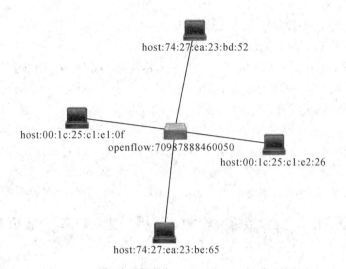

图 6-18　在 OpenDaylight Web 界面上显示的网络拓扑结构

表 6-2　主机基本配置信息

主机名称	主机 IP 地址	主机 MAC 地址	端口号
PC1	192.168.1.101	00:1c:25:c1:e1:0f	1
PC2	192.168.1.102	74:27:ea:23:bd:52	2
PC3	192.168.1.103	00:1c:25:c1:e2:26	3
PC4	192.168.1.104	74:27:ea:23:be:65	4

6.3.3　利用 OpenDaylight Yang UI 下发流表的实现过程

在 OpenDaylight 启动后，可以在交换机端使用 ovs-ofctl dump-flows br0 命令查询已有流表的信息，这些流表是由 OpenDaylight 交换机在接收到 SDN 交换机发送的 LLDP 协议数据包后被动下发的流表，如图 6-19 所示。在后面下发流表的过程中，可以通过该命令时刻关注流表是否下发成功以及是否匹配成功。

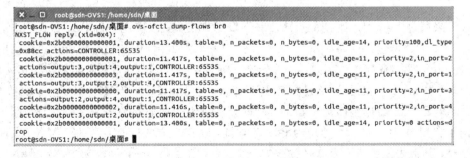

图 6-19　控制器默认下发的流表条目

通过 Yang UI 模块提供的 Web 界面可进行流表的配置操作，包括 GET、PUT、POST

和 DELETE 操作。

(1) GET：从 OpenDaylight 获取数据。

(2) PUT 和 POST：保存配置数据，发送数据给 OpenDaylight。PUT 和 POST 的区别在于，如果所请求的 URL 资源不存在，PUT 会创建资源，而 POST 则不会。因此，在下面的配置中，一般采用 PUT 操作。

(3) DELETE：删除配置，发送数据给 OpenDaylight。

下面是 OpenDaylight Web 界面提供的 Yang UI 工具进行下发流表的操作步骤。如图 6-20 所示，点击操作界面中的左侧菜单 Yang UI，并在界面的右侧选择 opendaylight-inventory，点击展开后可以看到有两个子项，分别是 operational 和 config。其中，operational 仅用于查看相关的网络配置参数，只有在 config 子项中才能手动配置流表。

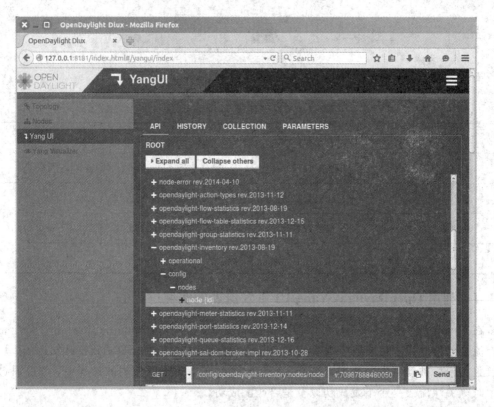

图 6-20　Yang UI 主页面

接下来通过 Yang UI 手动配置流表并下发到交换机，以实现主机 PC1 ping PC2，流表将发往 PC2 的数据包改变路径发往 PC3，同时 PC3 返回相应的数据包给 PC1，其效果相当于 PC1 ping PC3。在配置流表之前，首先要分析需要用到哪些流表、匹配条件和相关动作。众所周知，ping 命令发送和接收的是 ICMP echo_request 和 ICMP echo_reply 数据包，ICMP 报文是在 IP 数据包内部传输的，因此，只需要配置一条流表项。匹配规则设定为：以太网帧类型为 IP，目的 IP 地址为 PC2 的地址，动作为改变目的 IP 地址、MAC 地址以及物理端口，其流表配置步骤及参数设置如下。

1. 添加 table 0 并在 table 0 中添加一个流表项(flow)

flow id 的配置如图 6-21 所示，其中 table id 的值必须为 0。当 table id 的值大于 0 时，

交换机不会主动去执行该 table 的值,除非在 table id 为 0 的流表中添加一个 go - to - table (流水线操作)的动作,将流表转到下一个流表。flow id 规定为任意大于等于 0 的整数,当有多个 flow id 时,交换机会根据 id 的值从小到大依次执行。

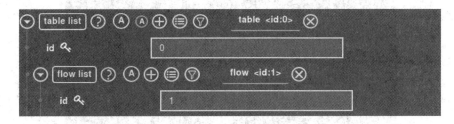

图 6 - 21　flow id 配置

2. 设置流表匹配项

流表匹配项的配置如图 6 - 22 所示,其中,ethernet - type 的值为 0x0800,表示匹配的是 IP 数据包。ethernet - type 常见的值还有 0x0806(ARP)和 0x88CC(LLDP)。另外,匹配选用的是 layer - 3 - match 中的 ipv4 - match。需要特别注意的是其中 ipv4 - source 和 ipv4 - destination 字段的填写规范,填写形式为:点分十进制 IP/子网掩码(CIDR 无类别域间路由),子网掩码为 0 或者 32 代表全匹配。当 SDN 中主机数量比较多时,如果为每一台主机分别配置流表或流表项,势必造成流表项数量过多,因此,可以通过子网掩码的设置进行 IP 地址聚类。例如,设置匹配规则为源 IP 地址 192.168.1.100/31,则意味着主机 IP 地址是 192.168.1.100 和 192.168.1.101 的流表项均匹配成功。如果子网掩码填写错误,将不能成功下发流表,或者下发的流表不会达到预期的效果。

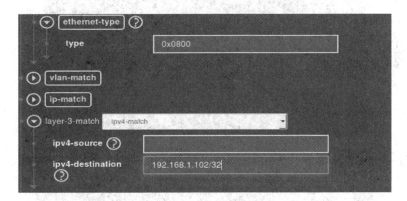

图 6 - 22　流表匹配项配置

3. 选择指令类型

指令类型分为 apply - actions - case、write - actions - case、clear - actions - case 和 goto - table - case 四种类型。其中,apply - actions - case 代表立即执行行动列表中指定的行动而不改变行动集,在两个表之间传递或者执行同类型的多个行动时,这个指令可用来修改数据包;write - actions - case 代表将指定的动作添加到当前动作集中,如果已经存在该类型的动作,则覆盖原来的动作;clear - actions - case 代表立即清除动作集中所有的动作;goto - table - case 代表指定流水线处理进程中的下一张表的 ID。本实验设置指令类型为 apply - actions - case,如图 6 - 23 所示。请注意行动列表与行动集的区别,行动列表中的动作是要立即执行的，即一旦流表项匹配成功，则立即执行行动列表中的动作。而行动集中的动作并不会立即执行，而是要等到流水线处理完所有的流表项后再执行。

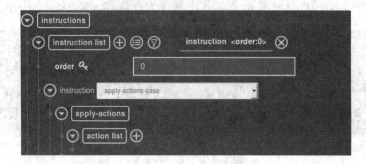

图 6-23　指令类型选择

4. 为指令添加行动列表

这里需要添加三个动作，分别为改变目的 IP 地址、目的 MAC 地址和目的物理端口。order：0 使用的是 set-dl-dst-action-case 命令，其作用是改变目的主机的 MAC 地址（改为 PC3 的 MAC 地址，其中 dl 是 datalink 的缩写，即数据链路层）；order：1 使用的是 set-nw-dst-action-case 命令，其作用是改变目的主机的 IP 地址（改为 PC3 的 IP 地址，其中 nw 是 network 的缩写，即 IP 网络层）；order：2 使用的是 output-action-case 命令，用于改变数据包的出端口（出端口改为 3）。图 6-24 中的（a）、（b）和（c）表示配置了以上三个动作。

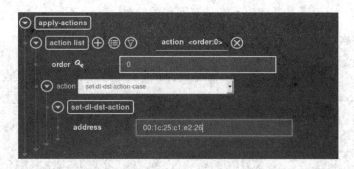

图 6-24（a）　order：0 动作配置

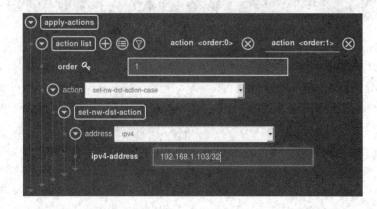

图 6-24（b）　order：1 动作配置

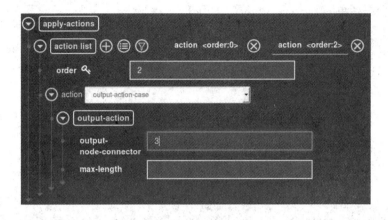

图 6 - 24（c） order：2 动作配置

5. 流表其他信息的配置

如图 6 - 25 所示，最后需要配置流表的优先级和生命时间。由于在 OpenDaylight 控制器中自动产生的内部流表优先级（priority）默认值为 1 到 100，因此，手工配置流表的优先级应大于 100（优先级越大，流表越先执行），新流表才能在控制器自动产生的内部流表之前生效。idle - timeout 和 hard - timeout 是交换机端流表的生存时间，如果 hard - timeout 值不为零，则无论有多少数据包与之匹配，交换机经过 hard - timeout 时间后都会删除该流表项。如果给定非零 idle - timeout 的值，那么在 idle - timeout 时间内没有数据包达到并匹配该流表时，交换机则要删除这个流表项。当 idle-timeout 和 hard-timeout 其中一个发生超时时，交换机必须实现流表项超时并且从流表中删除该流表项。当这两个字段同时为 0 时，表示下发到交换机的流表项在交换机启动期间永久地存在于交换机中（除非控制器下发删除该流表的指令）。cookie 表示由控制器选择的不透明数据值，用来标识流表。

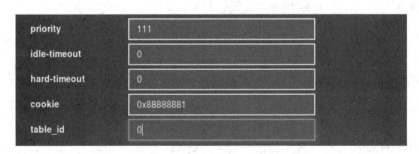

图 6 - 25 流表其他信息配置

6. 使用 PUT 方式将流表下发到交换机

改变操作方式为 PUT，并点击最右边的 Send 按钮可下发上述配置的流表，如图 6 - 26(a) 所示。若发送成功，则界面上将出现"Request sent successful"字样，但是这并不表明该流表成功下发到交换机上。如果配置的参数错误，OpenDaylight 并不能指出其中的错误。目前，OpenDaylight 只能针对输入参数做一些简单的错误检查，必须在交换机上查看流表信息来确定是否下发成功。如图 6 - 26(b)所示，证明流表下发成功。

7. 测试实际结果

在 PC1 上 ping PC2，交换机上显示流表匹配的数据包已达到 3 条（n_packets＝3），如图 6 - 26(c)所示。

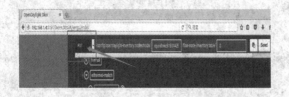

图 6 - 26（a） 通过 PUT 方法向控制器发送流表

```
✕ _ □  root@sdn-OVS1: /home/sdn/桌面
root@sdn-OVS1:/home/sdn/桌面# ovs-ofctl dump-flows br0
NXST_FLOW reply (xid=0x4):
 cookie=0x88888881, duration=15.328s, table=0, n_packets=0, n_bytes=0, idle_age=15, priority=111,ip,nw_dst=192.1
68.1.102 actions=mod_dl_dst:00:1c:25:c1:e2:26,mod_nw_dst:192.168.1.103,output:3
 cookie=0x2b00000000000001, duration=969.233s, table=0, n_packets=0, n_bytes=0, idle_age=970, priority=100,dl_ty
pe=0x88cc actions=CONTROLLER:65535
 cookie=0x8b00000000000001, duration=967.250s, table=0, n_packets=0, n_bytes=0, idle_age=967, priority=2,in_port
=2 actions=output:3,output:4,output:1,CONTROLLER:65535
```

图 6 - 26（b） 交换机上显示流表已下发

```
✕ _ □  root@sdn-OVS1: /home/sdn/桌面
root@sdn-OVS1:/home/sdn/桌面# ovs-ofctl dump-flows br0
NXST_FLOW reply (xid=0x4):
 cookie=0x88888881, duration=150.703s, table=0, n_packets=3, n_bytes=294, idle_age=39, priority=111,ip,nw_dst=19
2.168.1.102 actions=mod_dl_dst:00:1c:25:c1:e2:26,mod_nw_dst:192.168.1.103,output:3
 cookie=0x2b00000000000001, duration=1104.608s, table=0, n_packets=0, n_bytes=0, idle_age=1106, priority=100,dl_
type=0x88cc actions=CONTROLLER:65535
 cookie=0x2a00000000000000, duration=36.070s, table=0, n_packets=0, n_bytes=0, idle_timeout=1800, hard_timeout=3
600, idle_age=36, priority=10,dl_src=00:1c:25:c1:e2:26,dl_dst=00:1c:25:c1:e1:0f actions=output:1
```

图 6 - 26（c） 交换机上显示流表已匹配 3 条数据包

6.3.4 使用 go - to - table 指令下发流表

在实际开发使用过程中，由于流表数量众多，不会只在一个 table 中下发流表，而是在多个流表中下发相应的动作，使用 go - to - table 指令实现流表的跳转以达到流水线的效果。应特别注意的是，go - to - table 指令实现跳转的表 id 必须大于跳转之前的表 id，同时，在表跳转结束之前不能出现 output 动作，否则流表就不会跳转到下一个流表。下面使用 go - to - table 指令实现与前面配置的流表达到相同的效果，主要步骤如下：

1. 配置 table 0

（1）table 0 的匹配条件和前一小节的匹配条件一样，ethernet - type 字段设置为 0x0800，ipv4 - destination 设置为 192.168.1.102/32。

（2）为 table 0 添加指令，该指令将与 table 0 匹配到的数据包进一步转发到 table 1 上进行更为细粒度的处理。

（3）设置 table 0 的优先级和生命时间，完成该项后使用 PUT 下发该流表。

2. 配置 table 1

参照 6.3.3 节中配置 table 0 的方式同样配置 table 1 的匹配域、行动列表和流表的其他配置信息，填写完成后使用 PUT 下发该流表，在流表配置信息中，table_id 字段需要设置为 1，如图 6 - 27(a)所示。

3. 在交换机上查看流表信息并实际测试结果

在图 6 - 27(b)中可以看到 cookie 等于 0x44444444 的 table 0 流表和 cookie 等于 0x666666 的 table 1 流表，证明流表 0 与流表 1 下发成功。在 PC1 上执行 ping PC2 的操作，结果如图 6 - 27(c) 所示，此时两条流表匹配的数据包均已增加（n_packets 均为 3），表明流表已经起到了匹配效果。

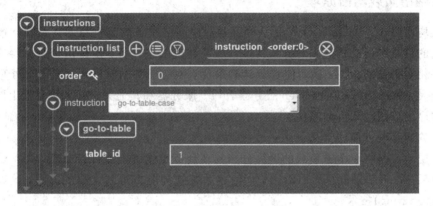

图 6 - 27(a)　table 0 添加 go - to - table 指令

```
root@sdn-OVS1: /home/sdn/桌面
root@sdn-OVS1:/home/sdn/桌面# ovs-ofctl dump-flows br0
NXST_FLOW reply (xid=0x4):
 cookie=0x44444444, duration=32.404s, table=0, n_packets=0, n_bytes=0, idle_age=32, priority=111,ip,nw_dst=192.1
68.1.102 actions=resubmit(,1)
 cookie=0x2b00000000000000, duration=30.733s, table=0, n_packets=0, n_bytes=0, idle_age=30, priority=100,dl_type
=0x88cc actions=CONTROLLER:65535
 cookie=0x2b00000000000001, duration=28.767s, table=0, n_packets=0, n_bytes=0, idle_age=28, priority=2,in_port=2
 actions=output:3,output:4,output:1,CONTROLLER:65535
 cookie=0x2b00000000000003, duration=28.767s, table=0, n_packets=0, n_bytes=0, idle_age=28, priority=2,in_port=1
 actions=output:3,output:2,output:4,CONTROLLER:65535
 cookie=0x2b00000000000002, duration=28.766s, table=0, n_packets=0, n_bytes=0, idle_age=28, priority=2,in_port=4
 actions=output:3,output:1,CONTROLLER:65535
 cookie=0x2b00000000000000, duration=28.763s, table=0, n_packets=0, n_bytes=0, idle_age=28, priority=2,in_port=3
 actions=output:2,output:4,output:1,CONTROLLER:65535
 cookie=0x666666, duration=32.404s, table=1, n_packets=0, n_bytes=0, idle_age=32, priority=101,ip actions=mod_dl
_dst:00:1c:25:c1:e2:26,mod_nw_dst:192.168.1.103,output:3
root@sdn-OVS1:/home/sdn/桌面#
```

图 6 - 27(b)　table 0 和 table 1 下发成功

```
root@sdn-OVS1: /home/sdn/桌面
root@sdn-OVS1:/home/sdn/桌面# ovs-ofctl dump-flows br0
NXST_FLOW reply (xid=0x4):
 cookie=0x44444444, duration=60.787s, table=0, n_packets=3, n_bytes=294, idle_age=4, priority=111,ip,nw_dst=192.
168.1.102 actions=resubmit(,1)
 cookie=0x2b00000000000000, duration=59.116s, table=0, n_packets=0, n_bytes=0, idle_age=59, priority=100,dl_type
=0x88cc actions=CONTROLLER:65535
 cookie=0x2a00000000000000, duration=1.362s, table=0, n_packets=0, n_bytes=0, idle_timeout=1800, hard_timeout=36
00, idle_age=1, priority=10,dl_src=00:1c:25:c1:e1:0f,dl_dst=00:1c:25:c1:e2:26 actions=output:3
 cookie=0x2a00000000000001, duration=1.362s, table=0, n_packets=0, n_bytes=0, idle_timeout=1800, hard_timeout=36
00, idle_age=1, priority=10,dl_src=00:1c:25:c1:e2:26,dl_dst=00:1c:25:c1:e1:0f actions=output:1
 cookie=0x2b00000000000001, duration=57.150s, table=0, n_packets=0, n_bytes=0, idle_age=57, priority=2,in_port=2
 actions=output:3,output:4,output:1,CONTROLLER:65535
 cookie=0x2b00000000000003, duration=57.150s, table=0, n_packets=1, n_bytes=60, idle_age=1, priority=2,in_port=1
 actions=output:3,output:2,output:4,CONTROLLER:65535
 cookie=0x2b00000000000002, duration=57.149s, table=0, n_packets=0, n_bytes=0, idle_age=57, priority=2,in_port=4
 actions=output:3,output:2,output:1,CONTROLLER:65535
 cookie=0x2b00000000000000, duration=57.146s, table=0, n_packets=4, n_bytes=354, idle_age=1, priority=2,in_port=
3 actions=output:2,output:4,output:1,CONTROLLER:65535
 cookie=0x666666, duration=60.787s, table=1, n_packets=3, n_bytes=294, idle_age=4, priority=101,ip actions=mod_d
l_dst:00:1c:25:c1:e2:26,mod_nw_dst:192.168.1.103,output:3
root@sdn-OVS1:/home/sdn/桌面#
```

图 6 - 27(c)　使用 table 0 和 table 1 流表数据包匹配成功

6.4 使用 OpenFlow 流表实现网络负载均衡

本节将介绍如何用利用 OpenDaylight Beryllium 版本 Web 界面中的 Yang UI 工具并结合 OpenvSwitch 下发流表来动态改变网络路径,以达到实现网络负载均衡的效果。

6.4.1 网络负载均衡原理

负载均衡(Load Balance,LB)是一种服务器或网络设备的集群技术。负载均衡将从外部接收到的负载尽量有效地平均分配到多台服务器或网络设备,使得每台服务器或设备的负载达到相对平衡的状态,从而使资源达到最优,响应任务的时间尽可能少,处理的吞吐量尽可能大,提高使用在诸如 Web 服务器、FTP 服务器和其他关键任务服务器上的因特网服务器程序的可用性和可伸缩性。

负载均衡有两方面的含义:

第一层含义是将单个重负载的运算分担到多台节点设备上做并行处理,每个节点设备处理结束后,再将结果汇总返回给用户,使得系统处理能力得到大幅度提高,这就是常说的集群(clustering)技术。

第二层含义就是进行大量的并发访问或将数据流量分担到多台节点设备上分别处理,减少用户等待响应的时间,这主要针对的是 Web 服务器、FTP 服务器、企业关键应用服务器等网络应用。

通常,负载均衡会根据网络的不同层次(网络七层)来划分,其中第二层的负载均衡指将多条物理链路当作一条单一的聚合逻辑链路使用,这就是链路聚合技术。它不是一种独立的设备,而是交换机等网络设备的常用技术。现代负载均衡技术通常操作于网络的第四层或第七层,这是针对网络应用的负载均衡技术,它完全脱离于交换机、服务器而成为独立的技术设备。

服务器负载均衡有三大基本特征:

(1) 负载均衡算法;

(2) 健康检查;

(3) 会话保持。

这三个特征是保证负载均衡正常工作的基本要素。在没有部署负载均衡设备之前,用户直接访问服务器地址,是一对一的访问。当单台服务器由于性能不足无法处理众多用户的访问时,就要考虑用多台服务器来提供服务,实现的方式就是负载均衡。负载均衡设备的实现原理是把多台服务器的地址映射成一个对外的服务 IP,通常称之为 VIP(虚拟 IP),这个过程对用户端是透明的,用户实际上不知道服务器已进行了负载均衡,以为他们访问的还是一个目的 IP,那么当用户的访问到达负载均衡设备后,如何把用户的访问分发到合适的服务器就是负载均衡设备要做的工作,具体来说,用到的就是上述的三大特征。

6.4.2 基于 SDN 的负载均衡

在基于 SDN 的服务器负载均衡网络中,负载均衡服务器不再直接修改 TCP 数据包的源 IP、源端口、目的 IP 端口以及目的 MAC 地址,而是通过下发流表的方式由 SDN 交换机完成网络地址转换(Network Address Translation,NAT)功能。SDN 负载均衡器仅仅用于产生、修改或删除流表规则,不再具体转发客户端的任何数据包。SDN 负载均衡器产生的流表主要依据健康检查和相应的负载均衡算法。

基于 SDN 的服务器负载均衡的关键是对 SDN 流表的设置,一方面,流表的数量不能过多,否则会影响动态维护流表的性能,因此通常采用源 IP 地址模糊匹配的方式;另一方面,流表匹配 IP 地址范围也不能过度宽泛,这样不利于对网络流量变化的实时响应,也不利于对突变流量的主机准确定位。

负载均衡又分为静态负载均衡和动态负载均衡。静态负载均衡方法是在算法执行之前,通过对系统的一些性能参数以及经验值参数的分析总结得出的分配策略。这种方法易于实施,开销少,但方案制定难度比较大。而动态负载均衡利用系统运行时对网络用户任务量以及信息传输速率等因素的实时分析,得到动态分配策略。此方法可通过编程实现流表的下发以及实时的改变,利用 SDN 技术在流表和任务调度上灵活性的优势,通过 OpenFlow 协议对服务节点流量及负载状况进行实时监测。

SDN 负载均衡技术不管应用于用户访问服务器资源,还是应用于多链路出口,均大大提高了资源的利用率,显著降低了用户的网络部署成本,提升了用户的网络使用体验。

6.4.3　OpenDaylight Web 界面

OpenDaylight Web 界面主要使用了 OpenDaylight 用户接口 Dlux,Dlux 提供了多种多样的 Karaf features 组件,使得启动和关闭相分离。在 Beryllium 版本中,与 Dlux 相关的特征组件主要有:odl - dlux - core 、odl - dlux - node 、odl - dlux - yangui、odl - dlux - Yangvisualizer。

Dlux 还有其他应用,如 Nodes、Yang UI 等。其中,Yang UI 模块已在 6.3 节详细介绍,下面主要介绍 Nodes 模块和 Topology 模块。

1. Nodes 模块

(1) 在如图 6 - 28(a)所示的 Nodes 模块中,用鼠标单击左边 Nodes,右边将显示连接该控制器的所有节点、节点连接器和统计的列表信息。

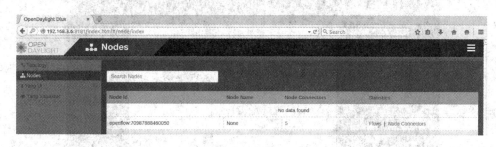

图 6 - 28(a)　Nodes 节点列表

(2) 在 Search Nodes 中输入一个节点的 Id,通过节点连接器搜索相应节点。

(3) 点击 Node Connectors 查看详细信息,可以查看的信息有端口 Id、端口名称、每个交换机的端口号、MAC 地址等,如图 6 - 28(b)所示。

(4) 点击统计行中的 Flows 查看具体节点的流表统计信息,包括表 Id、匹配包、活跃状态的流等,如图 6 - 28(c)所示。

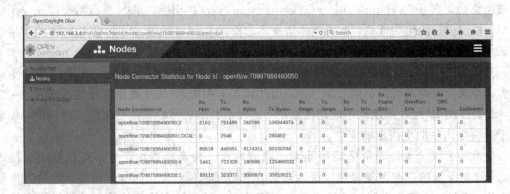

图 6 - 28(b) Node Connectors 详细信息

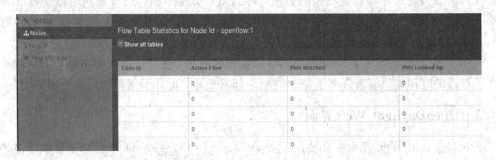

图 6 - 28(c) Flows 查看具体节点的流表统计信息

2. Topology 模块

（1）用鼠标单击左边面板的 Topology，可以在右边查看图形化显示，如图 6 - 29 所示。

（2）在主机、链路或者交换机上悬停鼠标，可以显示源和目的端口。

（3）使用鼠标滚轮可以放大和缩小图标验证拓扑。

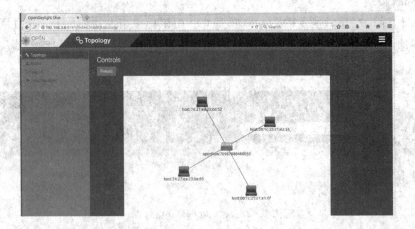

图 6 - 29 网络拓扑结构

6.4.4 实现网络负载均衡的网络设置

由于本次实验涉及的协议是 HTTP 协议，HTTP 协议的下层是 TCP 协议，TCP 在通信时会进行三次握手。首先在 PC1 上安装 Tomcat 7.0.72 版本，在 PC2 上安装 Tomcat 8.5.6 版本。实验的最终结果是，当 PC3 客户端给 PC1 服务器发送 SYN 包时，由于流表的作用改变了出端口，导致 PC3 的发送路径发生了改变，因此，当 PC3 登录到 PC1 的 Tomcat 时，结果出现了 PC2 安装的 Tomcat 版本界面。这就表明可以通过流表改变网络流量的访问路径，从而达到均衡负载的作用。

本次实验用到的主要设备有：安装有 OpenDaylight Beryllium 版本的控制器一台、OpenvSwitch 2.5.0 版本的交换机一台、终端 PC 机三台。终端 PC 的配置信息如表 6－3 所示，网络拓扑图如图 6－30 所示。

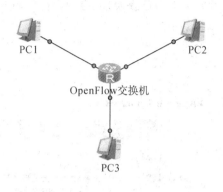

图 6－30　网络拓扑图

表 6－3　网络参数配置

主机名	IP 地址	对应 MAC 地址	端口号	Tomcat 版本
PC1	192.168.1.101	00:1c:25:c1:e1:0f	1	7.0.72
PC2	192.168.1.102	74:27:ea:23:bd:52	2	8.5.6
PC3	192.168.1.103	00:1c:25:c1:e2:26	3	未安装

6.4.5　通过下发流表改变网络访问路径

本次实验的目的是通过 Yang UI 工具下发流表，实现在 PC3 主机的浏览器登录 PC1 的 Tomcat，返回界面是 PC2 的 Tomcat。

首先启动 PC1 和 PC2 上的 Tomcat 服务器软件。启动 Tomcat 的方法是在 Tomcat 的安装目录里的 bin 目录下输入命令：./startup.sh，然后通过浏览器分别验证 Tomcat 是否启动正常。在 PC3 主机的浏览器上输入 PC1 或 PC2 的 IP 地址：8080，即 PC3 登录到 PC1 和 PC2 上的 Tomcat 服务器后返回的页面，如图 6－31 和图 6－32 所示。注意两个服务器上安装的 Tomcat 版本不一样。

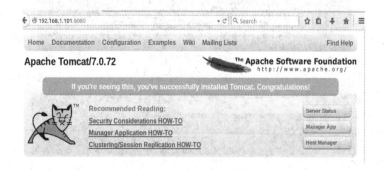

图 6－31　PC3 登录 PC1 的 Tomcat 主界面

步骤 1：首先启动 ODL 控制器，并确保控制器和主机已经连接到 OVS 交换机（详细启动过程在 6.3 节已提及）。启动后可使用 ovs - ofctl dump - flows br0 命令在交换机端查询已有流表的信息。

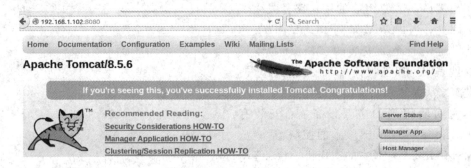

图 6 - 32　PC3 登录 PC2 的 Tomcat 主界面

步骤 2：创建新的流表进行下发。

（1）打开 Yang UI 添加 table 0，并在 table 0 中添加一个 id 为 1（假定编号为 1）的 flow 1 进行流表配置。此流表的作用是为了匹配到 TCP 协议中的第一次和第三次握手（包由 PC3 发出）并改变包的目的主机信息，如图 6 - 33(a)所示。

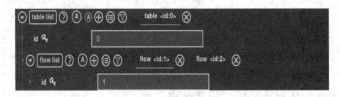

图 6 - 33(a)　添加 flow 1

（2）添加匹配字段。如图 6 - 33(b)所示，以太网类型字段为 2048(0x0800)，代表 ip 数据包，ip - protocol 为 6 代表匹配的协议为 TCP 协议。layer - 3 的配置规则如图 6 - 33(c)所示，设置 ipv4 目的地址为 192.168.1.101/0。

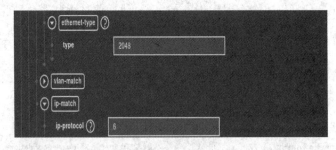

图 6 - 33(b)　设置以太网类型为 ip

图 6 - 33(c)　设置匹配目的地址为 192.168.1.101/0(PC1)

（3）为 flow 1 添加指令。其中，apply – actions – case 表示不改变行动集立即执行指定的行动。在两个表之间传递或者执行同类型的多个行动时，这个指令可用来修改数据包，如图 6 – 33(d)所示。

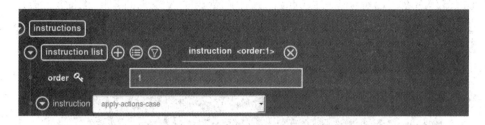

图 6 – 33(d)　添加 apply – actions – case 指令

（4）为 flow 1 指令添加指令和行动列表。动作 0 是为了改变目的主机的 MAC 地址（改为 PC2 主机的 MAC 地址）；动作 1 是改变目的主机的 IP 地址（改为 PC2 主机的 IP 地址）；动作 2 是改变数据包的出端口（改为 PC2 主机的端口号）。此配置目的是把包的目的主机改为 PC2，从而改变数据包发送的路径，即由发往 PC1 改为发往 PC2，如图 6 – 33(e)、(f)、(g)所示。

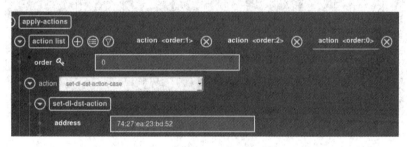

图 6 – 33(e)　添加动作 0，修改目的 MAC 地址为 PC2 的 MAC 地址

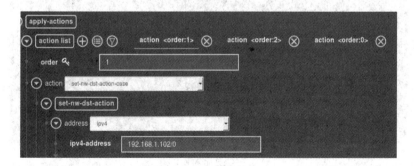

图 6 – 33(f)　添加动作 1，修改目的 IP 地址为 PC2 的 IP 地址

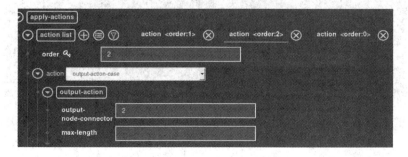

图 6 – 33(g)　添加动作 2，出端口改为 2（连接 PC2）

（5）在 table 0 中添加一个 id 为 2 的 flow 2 并进行流表配置。此流表的作用是为了匹配到 TCP 协议中的第二次握手（包由 PC2 发出）并改变包的发送源主机信息。如图 6 - 34 (a)所示，匹配规则为入端口 2。

（6）为 flow 2 添加指令和行动列表。动作 0 是为了改变目的主机的 MAC 地址（改为 PC1 主机的 MAC 地址）；动作 1 是改变目的主机的 IP 地址（改为 PC1 主机的 IP 地址）；动作 2 是改变数据包的出端口（改为 PC3 主机的端口号）。此配置目的是把包的发送源主机改为 PC1，但是出端口却改到 PC3 上，从而实现路径的转移，如图 6 - 34 所示。

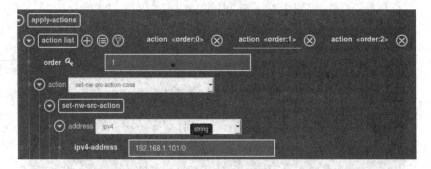

(a) 添加 flow 2

(b) 添加动作 0

(c) 添加动作 1

(d) 添加动作 2

图 6 - 34　添加 flow 2 及动作 0～2

（7）为流表添加优先级等其他信息（其中优先级的注意点在 6.3 节已提及），如图6-35 所示。

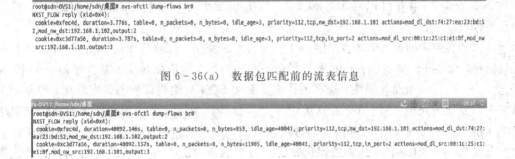

图 6-35　流表其他消息配置

（8）使用 PUT 将配置好的流表下发到交换机。交换机端的流表信息如图 6-36 所示，证明流表下发成功。

```
root@sdn-OVS1:/home/sdn/桌面# ovs-ofctl dump-flows br0
NXST_FLOW reply (xid=0x4):
 cookie=0xfec4d, duration=3.776s, table=0, n_packets=0, n_bytes=0, idle_age=3, priority=112,tcp,nw_dst=192.168.1.101 actions=mod_dl_dst:74:27:ea:23:bd:5
2,mod_nw_dst:192.168.1.102,output:2
 cookie=0xc3d77a56, duration=3.787s, table=0, n_packets=0, n_bytes=0, idle_age=3, priority=112,tcp,in_port=2 actions=mod_dl_src:00:1c:25:c1:e1:0f,mod_nw
src:192.168.1.101,output:3
```

图 6-36(a)　数据包匹配前的流表信息

```
root@sdn-OVS1:/home/sdn/桌面# ovs-ofctl dump-flows br0
NXST_FLOW reply (xid=0x4):
 cookie=0xfec4d, duration=40092.146s, table=0, n_packets=8, n_bytes=853, idle_age=40041, priority=112,tcp,nw_dst=192.168.1.101 actions=mod_dl_dst:74:27:
ea:23:bd:52,mod_nw_dst:192.168.1.102,output:2
 cookie=0xc3d77a56, duration=40092.157s, table=0, n_packets=8, n_bytes=11905, idle_age=40041, priority=112,tcp,in_port=2 actions=mod_dl_src:00:1c:25:c1:
e1:0f,mod_nw_src:192.168.1.101,output:3
```

图 6-36（b）　数据包匹配后的流表信息

步骤 3：在 PC3 主机的浏览器中输入 192.168.1.101:8080，目的是登录到 PC1 的 Tomcat。

由图 6-37 可以看出，登录 PC1 主机的 Tomcat，得到的却是 PC2 主机的 Tomcat 界面。通过再次查看交换机端的流表信息，发现控制器下发的流表有数据包被匹配。

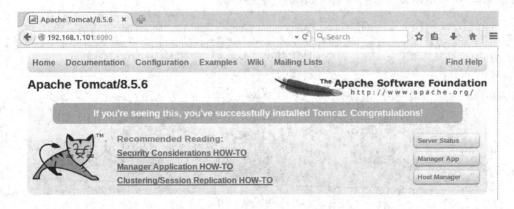

图 6-37　Tomcat 登录信息

6.5　基于 OpenFlow1.3 组表的验证性实验

6.5.1　组表的基本概念及主要作用

根据 OpenFlow 协议中对组(group)的定义,组是动作桶(bucket)的集合,是其中的一个或多个动作桶应用到每一个数据包上的手段。

一个组表的表项是由组编号(一个 32 位的无符号整数,是组的唯一标识)、组类型(确定组语义)、计数器、动作桶集合(一系列有序的动作桶,其中的每个动作桶包含了一组要执行的动作和相关参数)组成。组类型分为 4 种:all、select、indirect 和 fast failover。all 表示要执行组中的所有动作桶;select 表示有选择地执行动作桶集合中的一个动作桶;indirect 表示动作桶集合中的动作桶只有一个;fast failover 表示执行动作桶集合中第一个有效的动作桶。在流表的动作类型中有一个 group - ation - case 选项,可以指定执行的动作是某个 group。由此可以看出,group 本质上相当于是一个可以为所有流表"共享"的动作集合。

本次实验主要验证 group 类型为 all 和 select 的使用,all 类型的 group 理解起来相对比较简单,而 select 类型的 group 则要复杂一些。当数据包应用 select 类型的 group 时,如何选择其中的某一个动作桶呢?选择的依据是基于 SDN 交换机设置的调度算法,如基于用户某个配置项的元组/数组的哈希算法或简单的循环算法,所有的调度算法配置信息对于 SDN 交换机来说都是属于外部的。当数据包发往一个当前宕掉的端口时,交换机能将该数据包改发到一个预留端口(如将数据包转发到当前活跃的端口上),而不是继续将数据包发送给这个已经宕掉的端口。

6.5.2　实验网络环境配置

本次实验中用到的主要设备有:安装有 OpenDaylight Beryllium 版本的控制器一台、OpenvSwitch2.5.0 版本的交换机一台、安装有 iperf 工具的终端 PC 三台。终端 PC 的配置信息如表 6-4 所示,网络拓扑结构如图 6-38 所示。

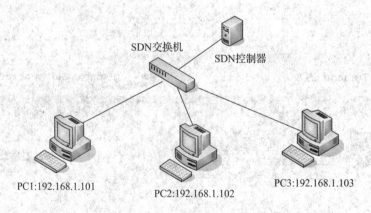

图 6-38　组表实验网络拓扑结构

表 6－4　主机配置信息

主机名	主机 IP 地址	对应 MAC 地址	端口号
PC1	192.168.1.101	74:27:ea:23:bd:52	1
PC2	192.168.1.102	00:1c:25:c1:e2:26	2
PC3	192.168.1.103	00:1c:25:c1:e1:0f	4

6.5.3　利用 OpenDaylight Yang UI 工具实现简单的组表下发

本节将利用 OpenDaylight Yang UI 工具配置组表，并学习如何使用组表进行数据包的转发，主要步骤如下：

步骤 1：在 OpenDaylight Yang UI 工具中进行组表配置。

浏览 OpenDaylight Dlux Web 界面，点击 OpenDaylight Yang UI 树形菜单下的 opendaylight－inventory/config/nodes/node{id}/group，group 配置参数如图 6－39(a)和 (b)所示。注意组表类型(type)应设置为 group－all，而不能设置 bucket weight 字段，因为 weight 为 select 的特有字段，其他组表类型不能使用。group－id 设置为 1，动作(action)配置为出端口 4。参数配置完后选择操作类型为 PUT，然后点击 Send 按钮发送参数到控制器上，控制器通过 OpenFlow 消息下发给 SDN 交换机。可以通过交换机端的查询命令查看组表：

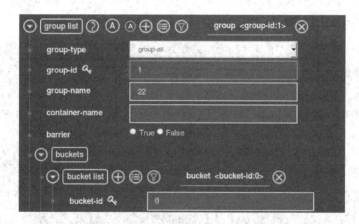

图 6－39（a）　group 参数配置界面

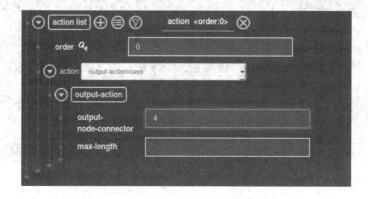

图 6－39(b)　group 中的 action 参数配置界面

ovs – ofctl dump – groups br0 – O OpenFlow13

其中，– O OpenFlow13 是指定查询组表的协议为 OpenFlow1.3。从配置界面中可以看出，一个组表由多个 bucket 组成，每个 bucket 又由多个 action 组成，如图 6 – 39(c) 所示。

```
root@sdn-OVS3: /home/sdn
root@sdn-OVS3:/home/sdn# ovs-ofctl dump-groups br0 -O OpenFlow13
OFPST_GROUP_DESC reply (OF1.3) (xid=0x2):
 group_id=1,type=all,bucket=actions=output:4
root@sdn-OVS3:/home/sdn#
```

图 6 – 39(c)　在交换机端查看组表

步骤 2：在 OpenDaylight Yang UI 工具中进行流表配置。

首先在 table 0 中添加 flow 1，并为 flow 1 添加匹配规则，这里的配置规则设置 ethernet – type 为 2048（帧类型为 IP），目的 IP 地址为 192.168.1.103/0。然后设置 flow 1 的动作列表，其中，动作 1 的 action 选择 group – action – case，group – id 设置为 1。最后将该流表保存并下发到交换机，如图 6 – 40(a) 和 (b) 所示。

由图 6 – 40(c) 可以看出，流表下发成功。注意此处查看流表的命令为 ovs – ofctl dump – flows br0 – O OpenFlow13。若直接使用命令 ovs – ofctl dump – flows br0，则用的是 OpenFlow1.0 协议查看流表，将不会查询到 group 的存在，显示为 actions = drop，这是因为 OpenFlow1.0 还不支持组表。

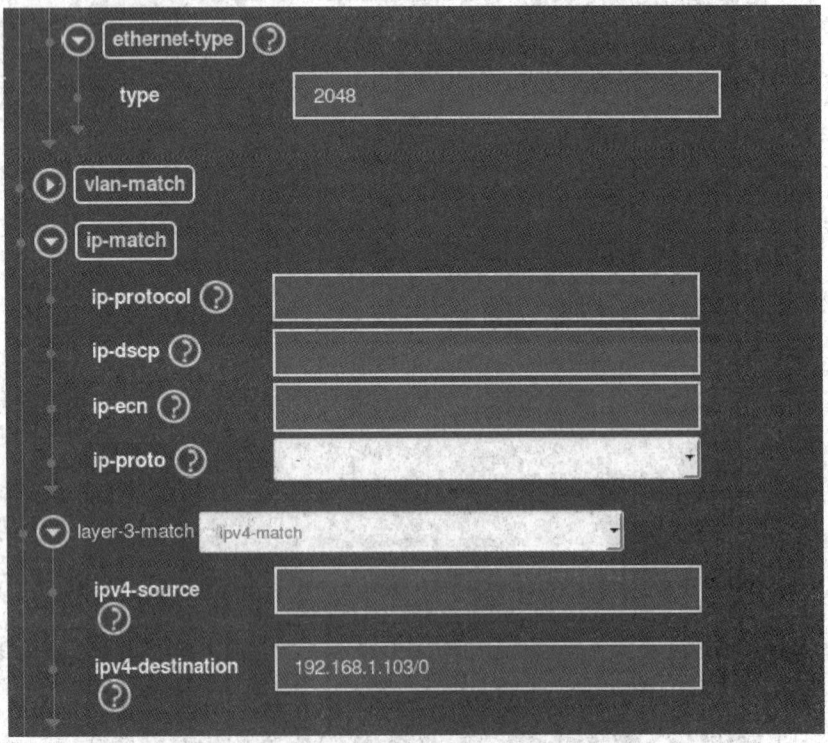

图 6 – 40 (a)　配置 flow 1 的匹配参数

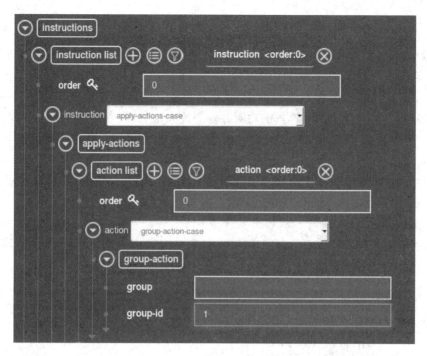

图 6 - 40(b)　指定 flow 1 的动作跳转到 group 1

```
  ✕ _ ☐   root@sdn-OVS3: /home/sdn
root@sdn-OVS3:/home/sdn# ovs-ofctl dump-flows br0 -O OpenFlow13
OFPST_FLOW reply (OF1.3) (xid=0x2):
 cookie=0x44444441, duration=19.422s, table=0, n_packets=0, n_bytes=0, priority=11
5,ip,nw_dst=192.168.1.103 actions=group:1
 cookie=0x2b00000000000001, duration=239787.176s, table=0, n_packets=0, n_bytes=0,
 priority=100,dl_type=0x88cc actions=CONTROLLER:65535
 cookie=0x2b00000000000000, duration=239785.205s, table=0, n_packets=204, n_bytes=
22434, priority=2,in_port=1 actions=output:3,CONTROLLER:65535
 cookie=0x2b00000000000001, duration=239785.205s, table=0, n_packets=336, n_bytes=
49466, priority=2,in_port=3 actions=output:1,CONTROLLER:65535
root@sdn-OVS3:/home/sdn#
```

图 6 - 40(c)　查看 table 0 flow 1 是否下发成功

步骤 3：验证组表是否执行指定动作。

在 PC1(192.168.1.101)上 ping PC3(192.168.1.103)，结果能够成功 ping 通，同时发现流表 table 0 flow 1 的 n_packets 数值增加（见图 6 - 41），表明在流表中使用组表成功。

```
  ✕ _ ☐   root@sdn-OVS3: /home/sdn
root@sdn-OVS3:/home/sdn# ovs-ofctl dump-flows br0 -O OpenFlow13
OFPST_FLOW reply (OF1.3) (xid=0x2):
 cookie=0x44444441, duration=28.776s, table=0, n_packets=3, n_bytes=294, priority=
115,ip,nw_dst=192.168.1.103 actions=group:1
 cookie=0x2b00000000000000, duration=26.832s, table=0, n_packets=0, n_bytes=0, pri
ority=100,dl_type=0x88cc actions=CONTROLLER:65535
 cookie=0x2b00000000000001, duration=24.890s, table=0, n_packets=0, n_bytes=0, pri
ority=2,in_port=3 actions=output:1,output:4,CONTROLLER:65535
 cookie=0x2b00000000000002, duration=24.890s, table=0, n_packets=4, n_bytes=354, p
riority=2,in_port=4 actions=output:1,output:3,CONTROLLER:65535
```

图 6 - 41　查看 table 0 flow 1 匹配数据包的数值变化

6.5.4　类型为 all 的组表的使用

本节对 group 类型为 all 的组表语义进行验证，在组类型是 all 的组表中，动作桶集合中的所有动作桶均被执行。PC1(192.168.1.101)和 PC3(192.168.1.103)作为服务器，PC2(192.168.1.102)作为客户端仅向 PC1 发送数据，然后配置组表实现将发往 PC1 的 UDP 数据复制一份发往 PC3。客户端和服务器上均采用 iperf 软件。iperf 是一个网络性能测试工具，可以测试 TCP 和 UDP 的带宽质量，可以报告带宽、延迟抖动和数据包丢失。详细步骤如下：

(1) 在主机 PC1 和 PC3 上分别以服务器方式运行 iperf。使用 UDP 协议的服务器程序端口设置为 5001，如图 6-42(a)和(b)所示。启动命令为：

    iperf - s - p 5001 - u - i 1

其中，- s 表示服务器，- u 表示采用 UDP 协议，- p 5001 表示指定监听端口为 5001，- i 1 表示每隔 1 秒打印一次报告。

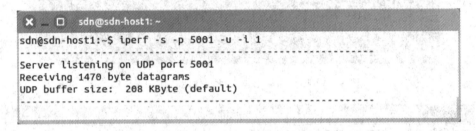

图 6-42(a)　在 PC1 上启动 iperf 服务器程序

图 6-42(b)　在 PC3 上启动 iperf 服务器程序

(2) 使用 OpenvSwicth 命令直接在交换机上添加组表。设置 group id 为 0，组类型为 all，两个动作桶分别设置为数据包发往不同的主机(PC1 和 PC3)。其中，第一个动作桶设置为 bucket＝output:1，不修改目的 MAC 地址和目的 IP 地址，因为进入交换机的数据包本来就是要发往 PC1 的，所以该动作桶是直接将 PC2 的数据包发往 PC1。第二个动作桶除了发往指定端口外，还需要修改目的 MAC 地址和目的 IP 地址，即将发往 PC1 的数据包发往 PC3。只有这两个动作桶都执行，PC1 和 PC3 才能都收到同样的数据包，如图 6-42(c)所示。设置完组表后，最好能够查看一下组表设置是否正确。设置命令如下：

    ovs - ofctl add - group br0 - O Openflow13 group_id＝0,type＝all,bucket＝output:1,bucket＝mod
    _dl_dst:00:1c:25:e2:26,mod_nw_dst:192.168.1.103,output:4

(3) 使用 OpenvSwicth 命令直接在交换机上添加流表，如图 6-42(d)所示，动作设置为 action＝group:1。

```
X _ □   root@sdn-OVS3: /home/sdn
root@sdn-OVS3:/home/sdn# ovs-ofctl add-group br0 -O Openflow13 group_id=0,type=all
,bucket=output:1,bucket=mod_dl_dst=00:1c:25:c1:e2:26,mod_nw_dst:192.168.1.103,outp
ut:4
root@sdn-OVS3:/home/sdn# ovs-ofctl dump-groups br0 -O OpenFlow13
OFPST_GROUP_DESC reply (OF1.3) (xid=0x2):
 group_id=0,type=all,bucket=actions=output:1,bucket=actions=set_field:00:1c:25:c1:
e2:26->eth_dst,set_field:192.168.1.103->ip_dst,output:4
root@sdn-OVS3:/home/sdn#
```

图 6-42(c) 直接在交换机上添加组表

```
X _ □   root@sdn-OVS3: /home/sdn
root@sdn-OVS3:/home/sdn# ovs-ofctl add-flow br0 -O Openflow13 priority=155,ip,nw_d
st=192.168.1.102,action=group:1
root@sdn-OVS3:/home/sdn# ovs-ofctl dump-flows br0 -O OpenFlow13
OFPST_FLOW reply (OF1.3) (xid=0x2):
 cookie=0x0, duration=8.359s, table=0, n_packets=0, n_bytes=0, priority=155,ip,nw_
dst=192.168.1.102 actions=group:1
 cookie=0x2b00000000000000, duration=765.867s, table=0, n_packets=0, n_bytes=0, pr
iority=100,dl_type=0x88cc actions=CONTROLLER:65535
 cookie=0x2b00000000000001, duration=763.925s, table=0, n_packets=0, n_bytes=0, pr
iority=2,in_port=3 actions=output:1,output:4,CONTROLLER:65535
```

图 6-42(d) 直接在交换机上添加流表

（4）在主机 PC2 上使用 iperf 向主机 PC1 发送 UDP 数据包，发送结果如图 6-42(e)所示，发现 PC1 和 PC3 在组表作用下能够同时收到客户端发送的数据包。发送数据命令为：

iperf -c 192.168.1.101 -t 3 -u -i 1

其中，-c 表示客户端程序，-t 3 表示连续发送 3 秒时间，其他参数与上述命令一样。

```
X _ □   root@sdn-host3: /home/sdn
root@sdn-host3:/home/sdn# iperf -c 192.168.1.101 -t 3 -u -i 1
------------------------------------------------------------
Client connecting to 192.168.1.101, UDP port 5001
Sending 1470 byte datagrams
UDP buffer size:  208 KByte (default)
------------------------------------------------------------
[  3] local 192.168.1.102 port 38514 connected with 192.168.1.101
 port 5001
[ ID] Interval       Transfer     Bandwidth
[  3]  0.0- 1.0 sec   129 KBytes  1.06 Mbits/sec
[  3]  1.0- 2.0 sec   128 KBytes  1.05 Mbits/sec
[  3]  2.0- 3.0 sec   128 KBytes  1.05 Mbits/sec
[  3]  0.0- 3.0 sec   386 KBytes  1.05 Mbits/sec
[  3] Sent 269 datagrams
[  3] Server Report:
[  3]  0.0- 3.0 sec   386 KBytes  1.05 Mbits/sec   0.014 ms    0/
 269 (0%)
root@sdn-host3:/home/sdn#
```

图 6-42(e) PC2 上启动 iperf 客户端程序并发送数据包

上述结果如图 6-42(f)、(g)、(h)所示。容易看出，PC1 和 PC3 接收的 UDP 数据包数量完全一样，这充分说明在组表类型为 all 时，流表会把匹配上的数据包复制给组表里的每个 bucket 进行处理。

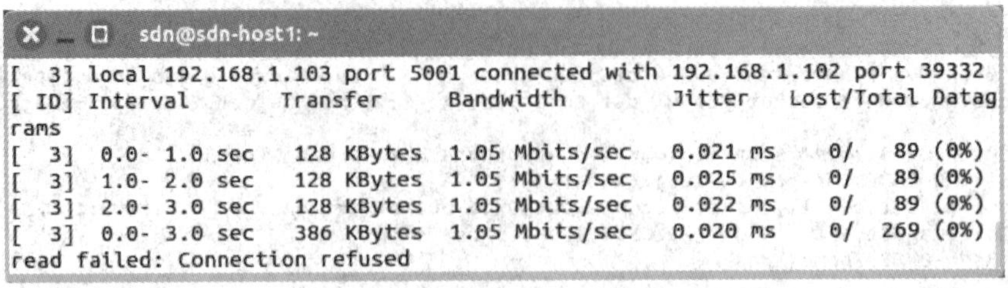

SDN 技术及应用

图 6-42(f) PC3 上接收到客户端程序发送的数据包

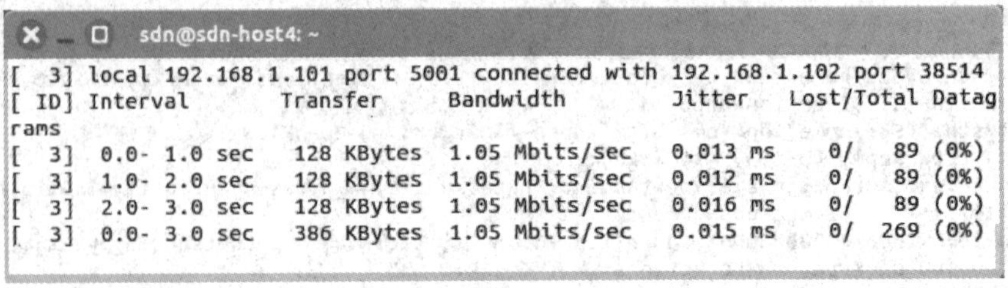

图 6-42(g) PC1 上接收到客户端程序发送的数据包

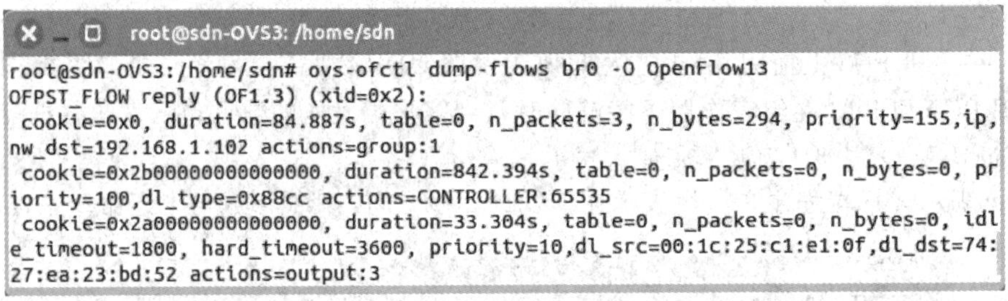

图 6-42(h) 交换机上流表应用 group 后的数据变化

6.5.5 类型为 select 的组表的使用

当 group 类型为 select 时，交换机会为数据包选择动作桶集合中的某一动作桶来执行相应的动作，而选择的依据依赖于交换机设置的选择算法。接下来验证 group 类型为 select 时是否具有上述特性，只需将 6.5.4 节中添加的 group 语句稍加修改即可，将组表类型改为 select 以及在每个动作桶上增加 weight 属性。如图 6-43(a)所写的添加命令，第一次在两个动作桶上均添加 weight 为 50 的值，实验结果表明只有 PC1 接收到数据包，而 PC3 未收到任何数据包。第二次将第一个动作桶的 weight 值改为 2，将第二个动作桶的 weight 值改为 90(见图 6-43(b))，结果表明这次是 PC1 接收不到任何数据，而 PC3 接收到了全部数据。上述实验结果说明，当 group 类型为 select 时，确实只执行动作桶集合中的某一个动作桶。

由于实验的局限性，因为不清楚交换机的选择算法以及动作桶集合中的动作桶数量偏少(只有 2 个)，因此实验并没有达到所有接收的数据包能够部分选择第一个动作桶，部分数据包选择第二个动作桶的效果。

· 172 ·

```
X — □   root@sdn-OVS3: ~
root@sdn-OVS3:~# ovs-ofctl add-group br0 -O Openflow13 group_id=0,type=select,bu
cket=weight:50,action=output:1,bucket=weight:50,action=mod_dl_dst=00:1c:25:c1:e2
:26,mod_nw_dst=192.168.1.103,output:4
root@sdn-OVS3:~# ovs-ofctl dump-groups br0 -O OpenFlow13
OFPST_GROUP_DESC reply (OF1.3) (xid=0x2):
 group_id=0,type=select,bucket=weight:50,actions=output:1,bucket=weight:50,actio
ns=set_field:00:1c:25:c1:e2:26->eth_dst,set_field:192.168.1.103->ip_dst,output:4
root@sdn-OVS3:~#
```

图 6-43(a)　在交换机上添加 group 类型为 select 的组表

```
X — □   root@sdn-OVS3: ~
root@sdn-OVS3:~# ovs-ofctl add-group br0 -O Openflow13 group_id=0,type=select,bu
cket=weight:2,action=output:1,bucket=weight:90,action=mod_dl_dst=00:1c:25:c1:e2:
26,mod_nw_dst=192.168.1.103,output:4
root@sdn-OVS3:~# ovs-ofctl dump-groups br0 -O OpenFlow13
OFPST_GROUP_DESC reply (OF1.3) (xid=0x2):
 group_id=0,type=select,bucket=weight:2,actions=output:1,bucket=weight:90,action
s=set_field:00:1c:25:c1:e2:26->eth_dst,set_field:192.168.1.103->ip_dst,output:4
root@sdn-OVS3:~#
```

图 6-43(b)　在交换机上添加 group 类型为 select 的组表

6.6　SDN 网关功能的实现

在开放系统互联参考模型(OSI)中，网关有两种实现思路，一种是面向连接的网关，一种是面向无连接的网关。网关又叫网间连接器或协议转换器，它在传输层上实现网络的互联，是复杂的网络连接设备，仅用于两个高层协议不同的网络互联。在真实的网络环境中，大多数网关运行在 OSI 七层模型的最上层，也就是我们熟知的应用层。

6.6.1　SDN 中的网关

一般传统网络中数据包的转发是通过一系列的路由协议完成的，而在 SDN 中，数据包的转发与处理则是通过 SDN 控制器和 SDN 交换机的方式实现的，数据包进入到 SDN 交换机进行流表的匹配。若匹配不成功，交换机会执行 table_miss、丢弃或者通过 pack_in 消息上传给控制器，由控制器决定处理方式，并通过 pack_out 消息将处理决定发送给交换机，使得交换机具备处理该类数据包的能力；若匹配成功，数据包将按照流表的动作进行处理。但是在这个过程中，会面临不同子网间的通信问题。例如，现在有两台主机 A 和 B，分别连接同一台 SDN 交换机，主机 A 的 IP 地址为 192.168.1.101，子网掩码为 255.255.255.0，主机 B 的 IP 地址为 192.168.2.101，子网掩码为 255.255.255.0。此时我们用主机 A ping 主机 B，当主机 A 发送 ARP 请求数据包进入到交换机中时，交换机接收到该数据包并进行匹配，然后执行相应动作，将 ARP 请求数据包发送给主机 B。当主机 B 收到主机 A 的 ARP 请求数据包时，由于主机 B 与主机 A 分属于不同的子网，主机 B 会将该数据包丢弃，导致主机 A 和 B 无法通信。

那么，如何才能使得两台不在同一子网的主机在 SDN 中实现相互通信呢？这时候就需要用到网关。SDN 中网关的实现主要有两种思路：第一种是利用传统的网关服务器，将两个不同的子网通过网关服务器连接起来，从而实现不同网段之间的通信；第二种是将控制器当作网关,当数据包进入交换机时,由于不同网段之间不能通信,故交换机将数据包发送给控制器,控制器作为网关服务器对数据包进行处理后转发给交换机,从而实现网关的功能。

本节将对第一种思路给出实现步骤,实际的网络拓扑结构如图6-44所示。其中,PC3作为网关服务器,它具备两块网卡,OVS1连接的是网关服务器上的eth0,OVS2连接的是网关服务器的eth1。本次实战用到三台PC主机,PC1和PC2的配置信息如表6-5所示,PC3的具体配置如表6-6所示。

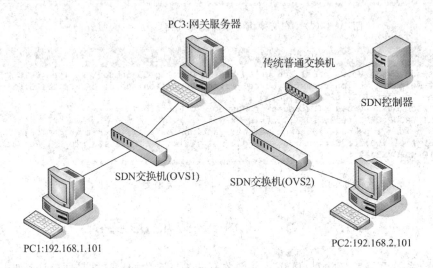

图6-44 不同网段的两个SDN互通拓扑结构

表6-5 主机配置信息

主机名	主机 IP 地址	对应 MAC 地址	默认网关
PC1	192.168.1.101/24	00:1c:25:c1:e1:0f	192.168.1.254
PC2	192.168.2.101/24	74:27:ea:23:bd:52	192.168.2.254

表6-6 网关服务器(PC3)配置信息

网卡	网卡 IP 地址	对应子网掩码	连接的交换机
eth0	192.168.1.254	255.255.255.0	OVS1
eth1	192.168.2.254	255.255.255.0	OVS2

6.6.2 网关服务器参数配置

首先来分析数据包的转发路径。当PC1(192.168.1.101)ping PC2时,PC1发现目的IP地址的网段为192.168.2,与自身的网段192.168.1不在同一网段中,因此将本机设置的默认网关(192.168.1.254)的MAC地址发送数据帧,目的IP地址(192.168.2.101)不变。如果192.168.1.254的MAC地址在PC1上不存在,PC1将发送ARP请求包获得PC3 eth0的MAC地址。网关服务器PC3接收到PC1发送的数据包后,通过查找本地路由表,将该数据包转发到eth1端口,同时将目的MAC地址改为PC2的MAC地址,源MAC地址改为PC3 eth0的MAC地址。Ubuntu操作系统中提供了路由服务route进程,通过下列命令可以配置静态路由表,在PC3上配置静态路由表步骤如下。

1. 设置静态路由表

如图 6 - 45(a)所示，采用下列命令设置静态路由表：

route add - net 192.168.1.0 netmask 255.255.255.0 eth0　＃将 192.168.1.0/24 转发 eth0

route add - net 192.168.2.0 netmask 255.255.255.0 eth1　＃将 192.168.2.0/24 转发 eth1

查看路由表命令为：

route　- n

```
✕ _ ☐   root@controller-2: /home/sdn
[sudo] password for sdn:
root@controller-2:/home/sdn# route add -net 192.168.1.0 netmask 255.255.255.0 et
h0
root@controller-2:/home/sdn# route add -net 192.168.2.0 netmask 255.255.255.0 et
h1
root@controller-2:/home/sdn# route -n
内核 IP 路由表
目标            网关            子网掩码        标志  跃点  引用  使用 接口
192.168.1.0     0.0.0.0         255.255.255.0   U     0     0     0 eth0
192.168.2.0     0.0.0.0         255.255.255.0   U     0     0     0 eth1
192.168.2.0     0.0.0.0         255.255.255.0   U     1     0     0 eth1
```

图 6 - 45(a)　配置路由表

2. 开启网关服务器的路由转发功能

如图 6 - 45(b)所示，采用如下命令编辑 sysctl.conf 文件：

echo　1　＞　/proc/sys/net/ipv4/ip_forward

修改/etc/sysctl.conf 文件，将 net.ipv4.ip_forward=1 的注释去掉，最后执行 sysctl - p 命令使修改的信息立即生效。

```
✕ _ ☐   root@controller-2: /home/sdn
root@controller-2:/home/sdn# echo 1 > /proc/sys/net/ipv4/ip_forward
root@controller-2:/home/sdn# gedit  /etc/sysctl.conf

(gedit:3735): Gtk-WARNING **: Calling Inhibit failed: GDBus.Error:org.freedeskto
p.DBus.Error.ServiceUnknown: The name org.gnome.SessionManager was not provided
by any .service files

(gedit:3735): Gtk-WARNING **: Calling Inhibit failed: GDBus.Error:org.freedeskto
p.DBus.Error.ServiceUnknown: The name org.gnome.SessionManager was not provided
by any .service files
root@controller-2:/home/sdn# sysctl -p
net.ipv4.ip_forward = 1
root@controller-2:/home/sdn# ▮
```

图 6 - 45(b)　修改系统配置文件并生效

通过 PC1 和 PC2 互 ping 可以验证不同网段的 PC1 和 PC2 的互通性，结果如图 6 - 46(a)和(b)所示，证明可以通过网关服务器实现在 SDN 中不同网段主机之间的通信。

```
✕ _ ☐   root@sdn-host4: /home/sdn
root@sdn-host4:/home/sdn# ping 192.168.2.101
PING 192.168.2.101 (192.168.2.101) 56(84) bytes of data.
64 bytes from 192.168.2.101: icmp_seq=1 ttl=64 time=0.874 ms
64 bytes from 192.168.2.101: icmp_seq=2 ttl=64 time=0.523 ms
64 bytes from 192.168.2.101: icmp_seq=3 ttl=64 time=0.508 ms
^C
--- 192.168.2.101 ping statistics ---
3 packets transmitted, 3 received, 0% packet loss, time 1998ms
rtt min/avg/max/mdev = 0.508/0.635/0.874/0.169 ms
root@sdn-host4:/home/sdn# ▮
```

图 6 - 46(a)　PC1 ping PC2

```
×  —  ☐  root@sdn-host3: /home/sdn
root@sdn-host3:/home/sdn# ping 192.168.1.101
PING 192.168.1.101 (192.168.1.101) 56(84) bytes of data.
64 bytes from 192.168.1.101: icmp_seq=1 ttl=64 time=0.907 ms
64 bytes from 192.168.1.101: icmp_seq=2 ttl=64 time=0.447 ms
64 bytes from 192.168.1.101: icmp_seq=3 ttl=64 time=0.470 ms
^C
--- 192.168.1.101 ping statistics ---
3 packets transmitted, 3 received, 0% packet loss, time 2000ms
rtt min/avg/max/mdev = 0.447/0.608/0.907/0.211 ms
root@sdn-host3:/home/sdn#
```

图 6-46(b) PC2 ping PC1

6.7 OpenDaylight 集群实验

6.7.1 OpenFlow 协议中的多控制器

交换机可以与一个或多个控制器建立通信连接，在多控制器模式下整个网络的可靠性更好，如果一个控制器出现意外情况，交换机还是能够继续在 OpenFlow 模式中运行，同时相关数据也不会丢失。控制器之间的切换（Hand-over）机制由控制器自己管理，这能够使其从失败中快速恢复并且使控制器负载平衡。控制器通过现有规范之外的模式来调节对交换机的管理，多控制器的目的是帮助同步控制器的切换。多控制器只能使控制器具有容错和负载平衡能力，但不具有虚拟化能力，虚拟化可以用 OpenFlow 协议之外的协议实现。

当 OpenFlow 安全通道建立时，交换机必须连接到所有配置给它的控制器，并且尽量保持同时与所有控制器连接。多个控制器发送 controller-to-switch 命令到交换机，有关此命令的回复消息或错误消息只能通过相关的连接返回给控制器。异步消息可能发送给多个控制器，为每一个 OpenFlow 通道复制一个消息，当控制器允许时就发送出去。多节点集群部署的注意事项如下：

（1）当设置一个多节点的集群时，推荐最少使用三台控制器。因为若设置一个只有两个节点的集群时，如果两个节点中有一个宕机的话，那么剩下的控制器将作为一个独立的控制器，而不再受集群网络控制。

（2）集群中的每台设备都必须有辨明身份的 ID。若要在 OpenDaylight 中使用节点的角色，可以在 akka.conf 文件中将第一个节点角色定义为 member-1，OpenDaylight 将会使用定义为 member 的那个节点。

（3）数据分片用于存储所有数据或者模块的某一段数据。例如，一个分片能够包含一个模块的所有库存信息，另一个分片可以包含一个模块的所有拓扑数据。

（4）在开启控制器之前，请确保以下端口是开启的且未处于被占用的状态，否则可能会导致实验失败：

端口 8181：用于 restconf；

端口 2550：用于 cluster-data；

端口 2551：用于 cluster-rpc；

端口 6633（或 6653）：用于 OpenFlow。

6.7.2　集群实验网络环境配置

集群实验中采用了三台控制器(见图 6-47),控制器通过传统交换机与 SDN 交换机相连。控制器主机装有 Postman 插件、Wireshark 抓包工具(须支持 OpenFlow1.3)以及相应的 jdk 运行环境,控制器的具体配置如表 6-7 所示。主机的配置信息如表 6-8 所示。

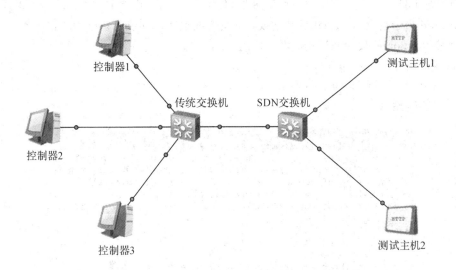

图 6-47　实验网络拓扑

表 6-7　控制器配置信息

控制器名称	控制器角色	IP 地址	子网掩码
控制器 1	member - 1	192.168.10.11	255.255.255.0
控制器 2	member - 2	192.168.10.12	255.255.255.0
控制器 3	member - 3	192.168.10.13	255.255.255.0

表 6-8　主机的配置信息

控制器名称	控制器角色	IP 地址	子网掩码
测试主机 1	192.168.1.101	255.255.255.0	74:27:ea:23:bd:52
测试主机 2	192.168.1.102	255.255.255.0	00:1c:25:c1:e1:0f

6.7.3　多节点集群配置

多节点集群配置步骤如下。

1. 安装 OpenDaylight 及相应的功能模块

下载 OpenDaylight 铍版本的压缩包,并解压到指定目录。

(1)进入控制器目录(如图 6-48 所示),并运行控制器。

本实验中三台控制器的目录分别为 odl_be_member - 1、odl_be_member - 2、odl_be_

member – 3，下面以 odl_be_member – 2 为例进行说明。

（2）安装相应的功能模块。

    Karaf> feature:install odl – mdsal – clustering odl – openflowplugin – flow – services odl –

    restconf odl – l2switch – switch odl – openflowplugin – all odl – dlux – all odl – mdsal – all odl – mdsal –

    clustering

其中，odl – mdsal – clustering 为必要的集群组件。安装成功后，在控制器目录中的 configuration 目录内会有 initial 目录生成，下文的配置文件均位于该 initial 目录内。

（3）安装 jolokia（仅为测试用，可选装）。

    karaf> feature:install http

    karaf> bundle:install – s mvn:org. jolokia/jolokia – osgi/1. 1. 5

（4）关闭控制器。

```
root@controller-2: /home/sdn/桌面
opendaylight-user@root>feature:install odl-mdsal-clustering
odl-openflowplugin-flow-services odl-restconf odl-l2switch-s
witch odl-openflowplugin-all odl-dlux-all odl-mdsal-all
opendaylight-user@root>feature:install http
opendaylight-user@root>bundle:install -s mvn:org.jolokia/jol
okia-osgi/1.1.5
Bundle ID: 261
opendaylight-user@root>logout

root@controller-2:/home/sdn/桌面/odl_be_member-2#
```

图 6 – 48　控制器功能模块以及 jolokia 安装

2. 配置 akka. conf

akka. conf、module – shards. conf 这两个文件位于控制器目录下的/configuration/init/ 中，由于三台控制器的集群配置类似，故此步骤只讲解控制器角色为 member – 2 的配置。

（1）修改 roles。roles 相当于某一个控制器的身份 ID，也就是说，在这个集群中，每一个控制器的 roles 是唯一的。

对于 member – 2，将其设置为：

    roles = [

        "member – 2"

        ]

（2）修改 hostname，将 hostname 的值设置为运行该控制器的 IP 地址。例如，将 member – 2 设置成 192. 168. 10. 12，因此文件中应该改为：

    hostname ="192. 168. 10. 12"

（3）修改 seed – nodes。seed – nodes 用于通知刚启动的控制器所属的集群。send – nodes 在三台控制器的设置格式为：

    seed – nodes = ["akka. tcp://opendaylight – cluster – data@[controller1_IP]:2550",

        "akka. tcp://opendaylight – cluster – data@[controller2_IP]:2550",

    "akka. tcp://opendaylight – cluster – data@[controller3_IP]:2550"]

本例中可设置为：

    seed – nodes = ["akka. tcp://opendaylight – cluster – data@192. 168. 10. 11:2550", "akka. tcp：// opendaylight－cluster－data@192.168.10.12:2550",

"akka. tcp：// opendaylight－cluster－data@192.168.10.13:2550"]

3. 配置 module－shards. conf 文件

修改所有 replicas(此步骤用于设置集群的同步信息)，将每个 replicas 都设置为：

replicas ＝ [

       "member－1",

       "member－2",

       "member－3"

  ]

6.7.4 多节点集群验证

1. 验证集群是否搭建成功

(1) 分别启动控制器。三台控制器的启动时间要保证有一定间隔，最先启动完成的控制器将成为 leader 节点。例如，启动顺序是 member－1、member－2、member－3。

(2) 在任意控制器 karaf 控制台查看 leader 节点信息(以 member－1 为例)，运行命令为：

    log:tail|grep leader

(3) 在 member－3 中利用 Postman 插件查看集群的状态信息。URL 为：

    http：// 192.168.10.13:8181/jolokia/read/org.opendaylight.controller:Category ＝ Shards,

name＝member－3－shard－inventory－config, type＝DistributedConfigDatastore

HTTP 请求方式为 GET。从图 6－49、图 6－50 中均可以看出，member－1 被选举为 leader 控制器。

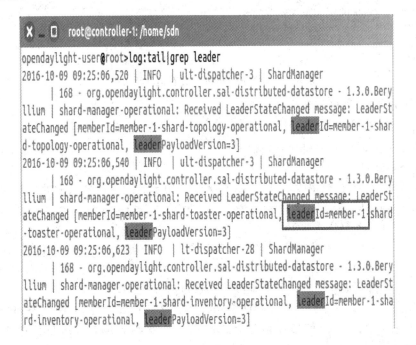

图 6－49 karaf 控制台查看集群信息

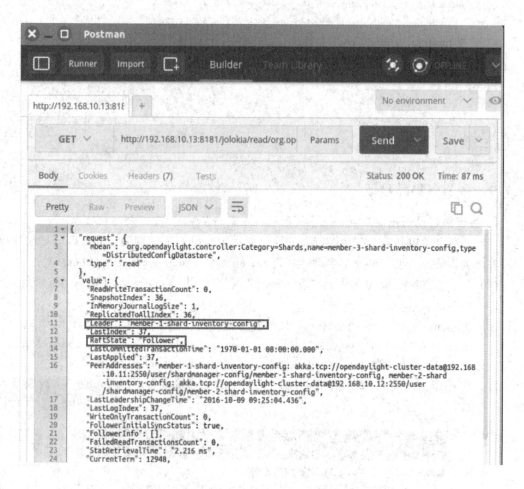

图 6 - 50　在 Postman 中查看集群状态信息

2. 将 SDN 交换机接入到集群网络

（1）配置 SDN 交换机，步骤如下：

① 创建网桥 br0，命令如下所示：

ovs - vsctl add - br br0

② 在网桥 br0 上挂载以太网端口 eth1、eth2，用于连接两台测试主机，命令如下所示：

ovs - vsctl add - port br0 eth1

ovs - vsctl add - port br0 eth2

③ 连接三台控制器，命令如下所示：

ovs - vsctl set - controller br0 tcp:192.168.10.11 tcp:192.168.10.12　tcp:192.168.10.13

由图 6 - 51 可以看出，三台控制器均已经连接到 SDN 交换机上。

（2）查看三台控制器 Web 界面的网络拓扑图。从三台控制器的 Web 界面均可以看到交换机的拓扑信息，无论该拓扑信息是由交换机发送给控制器，还是交换机先发送给 leader 控制器，leader 控制器再同步给其他控制器。

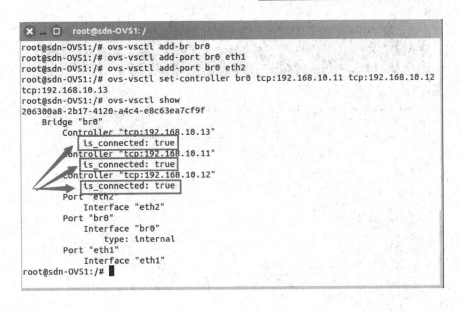

图 6-51 配置交换机

3. 利用 Postman 插件下发流表

（1）启动 member-1 中的 Postman 插件。（由于 member-1 为主控制器，所以能对交换机进行流表下发操作，而从控制器只对交换机具有只读权限，不具备写入权限）。

（2）设置 Postman 中的认证，使其能调用 OpenDaylight 的 restconf 接口。其中，Type 设置为 Basic Auth，Username 和 Password 均设置为 admin，如图 6-52 所示。

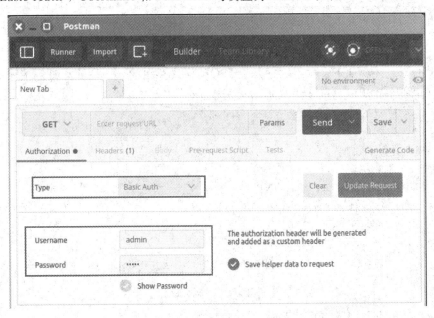

图 6-52 为 Postman 插件添加认证

（3）下发流表方式为 PUT，如图 6-53 所示。用到的 URL 为：
http://192.168.10.11:8181/restconf/config/opendaylight-inventory:nodes

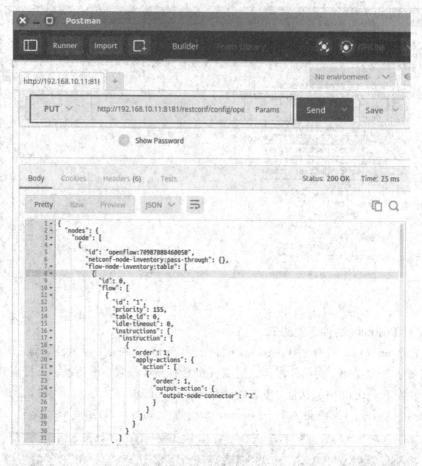

图 6 – 53 member – 1 下发流表

下发的流表内容如下。这些数据是以 JSON 格式存在的，一共下发四条流表，目的是实现测试主机 1 和测试主机 2 的双向 ping 通。

```
{
    "nodes": {
        "node": [
        {
            "id": "openflow:70987888460050",
            "netconf – node – inventory:pass – through": {},
            "flow – node – inventory:table": [
            {
                "id": 0,
                "flow": [
                {
                    "id": "1",
                        "priority": 155,
                        "table_id": 0,
                        "idle – timeout": 0,
                        "instructions": {
```

```
    "instruction" : [
      {
        "order" : 1,
        "apply - actions" : {
          "action" : [
            {
              "order" : 1,
              "output - action" : {
                "output - node - connector" : "2"
              }
            }
          ]
        }
      }
    ]
  },
  "cookie" : 1118481,
  "match" : {
    "in - port" : "1",
    "ethernet - match" : {
      "ethernet - type" : {
        "type" : 2054
      }
    }
  },
  "hard - timeout" : 0
},
{
  "id" : "2",
  "priority" : 155,
  "table_id" : 0,
  "idle - timeout" : 0,
  "instructions" : {
    "instruction" : [
      {
        "order" : 2,
        "apply - actions" : {
          "action" : [
            {
              "order" : 2,
              "output - action" : {
                "output - node - connector" : "2"
              }
            }
          ]
```

```
              }
            }
          ]
      },
  "cookie": 2236962,
  "match": {
    "in - port": "1",
    "ethernet - match": {
      "ethernet - type": {
        "type": 2048
        }
      }
    },
    "hard - timeout": 0
  },
  {
    "id": "3",
    "priority": 155,
    "table_id": 0,
    "idle - timeout": 0,
    "instructions": {
      "instruction": [
        {
          "order": 3,
          "apply - actions": {
            "action": [
              {
                "order": 3,
                "output - action": {
                  "output - node - connector": "1"
                }
              }
            ]
          }
        }
      ]
  },
  "cookie": 3355443,
  "match": {
    "in - port": "2",
    "ethernet - match": {
      "ethernet - type": {
        "type": 2054
        }
      }
```

```
            },
          "hard - timeout": 0
        },
        {
        "id": "4",
        "priority": 155,
        "table_id": 0,
        "idle - timeout": 0,
        "instructions": {
          "instruction": [
              {
                "order": 4,
                "apply - actions": {
                  "action": [
                      {
                        "order": 4,
                        "output - action": {
                          "output - node - connector": "1"
                        }
                      }
                    ]
                }
              }
            ]
        },
        "cookie": 4473924,
        "match": {
          "in - port": "2",
            "ethernet - match": {
              "ethernet - type": {
                "type": 2048
              }
            }
        },
        "hard - timeout": 0
      }
    ]
  }
 ]
}
}
```

（4）在交换机端查看流表下发情况。由图 6 - 54 可以看出，控制器下发给交换机的 4 条流表均下发成功。

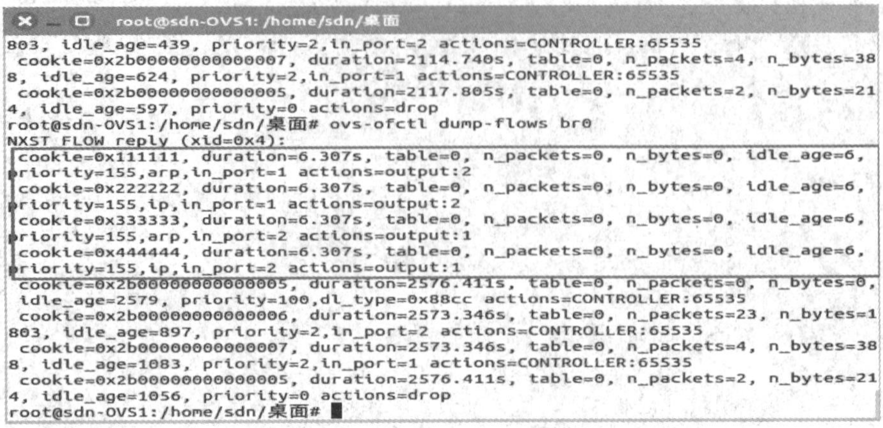

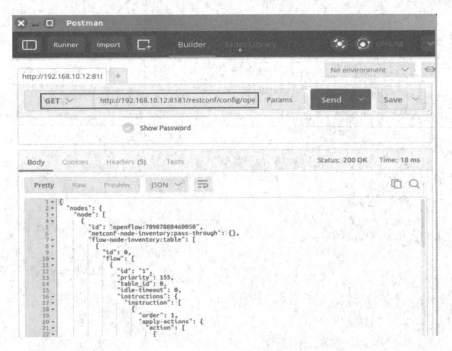

图 6-54 交换机端流表

（5）在控制器端获取流表。因为下发流表的是 member-1 控制器，为了验证集群网络信息的同步性，可以利用 Postman 插件查看从控制器 member-2 的流表信息。请求方式为 GET，请求 URL 为：

http://192.168.10.12:8181/restconf/config/opendaylight-inventory:nodes

同样，需要设置 Postman 中的认证，使其能调用 OpenDaylight 的 restconf 接口。其中，Type 设置为 Basic Auth，Username 和 Password 均设置为 admin。由图 6-55 可以看出，从控制器 member-2 也能获取到主控制器下发的流表，这充分说明主、从控制器是同步的。

图 6-55 member-2 查询流表

（6）测试流表的作用。通过测试主机 1 ping 测试主机 2，发现两台主机之间可以相互 ping 通，并且流表统计信息也显示数据包数量的增加，说明 member-1 下发的流表确实生效。

6.7.5　多节点集群抓包分析

在三台控制器上分别启动 Wireshark 抓包软件，同时分别启动 OpenDaylight 控制器软件并查看主、从控制器。由图 6-56 可以看出，此时 member-2 为主控制器，member-1和 member-3 为从控制器。接下来首先对从控制器的数据包进行分析（以 member-1 为例），然后对主控制器（member-2）的数据包进行分析。

```
✖ _ ▢   root@controller-2: /home/sdn
opendaylight-user@root>log:tail |grep leader
2016-10-09 14:03:13,481 | INFO | lt-dispatcher-36 | ShardManager
    | 164 - org.opendaylight.controller.sal-distributed-datastore - 1.3.0.Bery
llium | shard-manager-operational: Received LeaderStateChanged message: LeaderSt
ateChanged [memberId=member-2-shard-toaster-operational, LeaderId=member-2-shard
-toaster-operational, LeaderPayloadVersion=3]
2016-10-09 14:03:13,518 | INFO | lt-dispatcher-35 | ShardManager
    | 164 - org.opendaylight.controller.sal-distributed-datastore - 1.3.0.Bery
llium | shard-manager-operational: Received LeaderStateChanged message: LeaderSt
ateChanged [memberId=member-2-shard-default-operational, LeaderId=member-2-shard
-default-operational, LeaderPayloadVersion=3]
```

图 6-56　karaf 控制台查看主、从控制器

图 6-57 是从控制器 member-1 与交换机之间的数据包交换过程，首先分析从控制器member-1 的消息发送和接收情况。当控制器与交换机连接后，交换机与控制器会相互发

```
✖ _ ▢   *eth0  [Wireshark 1.10.6 (v1.10.6 from master-1.10)]
File  Edit  View  Go  Capture  Analyze  Statistics  Telephony  Tools  Internals  Help
Filter: of                                    ▼  Expression...  Clear  Apply  保存
No.    Time           Source           Destination      Protoco  Lengt  Info
1639  143.99190200  192.168.10.1     192.168.10.13    OF 1.3        74  of_hello
1645  144.07000800  192.168.10.13    192.168.10.1     OF 1.3 + C    90  of_hello + of_features_reques
1647  144.07069700  192.168.10.1     192.168.10.13    OF 1.3        98  of_features_reply
1758  145.20018900  NiciraNe_c1:ac:0b  Broadcast      OF 1.3       150  of_packet_in
1938  147.20079600  NiciraNe_f4:32:78  Broadcast      OF 1.3       150  of_packet_in
2111  148.99193500  192.168.10.1     192.168.10.13    OF 1.3        74  of_echo_request
2113  148.99579800  192.168.10.13    192.168.10.1     OF 1.3        74  of_echo_reply
2131  149.20131800  NiciraNe_a6:2f:60  Broadcast      OF 1.3       150  of_packet_in
2189  149.39015600  192.168.10.13    192.168.10.1     OF 1.3 + C   106  of_port_desc_stats_request +
2191  149.39074900  192.168.10.1     192.168.10.13    OF 1.3       274  of_port_desc_stats_reply
2193  149.39076900  192.168.10.1     192.168.10.13    OF 1.3        90  of_role_reply
2210  149.41931800  192.168.10.13    192.168.10.1     OF 1.3 + C    90  of_barrier_request + of_desc_
2213  149.42091600  192.168.10.1     192.168.10.13    OF 1.3        74  of_barrier_reply
2216  149.42266100  192.168.10.1     192.168.10.13    OF 1.3      1138  of_desc_stats_reply
2222  149.44481400  192.168.10.13    192.168.10.1     OF 1.3 + C    98  of_role_request + of_barrier_
2223  149.44525600  192.168.10.1     192.168.10.13    OF 1.3        90  of_role_reply
2224  149.44589200  192.168.10.1     192.168.10.13    OF 1.3        74  of_barrier_reply
6247  153.99162300  192.168.10.1     192.168.10.13    OF 1.3        74  of_echo_request
6254  153.99259400  192.168.10.13    192.168.10.1     OF 1.3        74  of_echo_reply
10621 158.99148300  192.168.10.1     192.168.10.13    OF 1.3        74  of_echo_request
10622 158.99280700  192.168.10.13    192.168.10.1     OF 1.3        74  of_echo_reply
11194 163.99755000  192.168.10.13    192.168.10.1     OF 1.3        74  of_echo_request
11195 163.99179900  192.168.10.1     192.168.10.13    OF 1.3        74  of_echo_reply
11702 168.99012200  192.168.10.1     192.168.10.13    OF 1.3        74  of_echo_request
11703 168.99120100  192.168.10.13    192.168.10.1     OF 1.3        74  of_echo_reply
12285 173.99064800  192.168.10.1     192.168.10.13    OF 1.3        74  of_echo_request
12286 173.99177700  192.168.10.13    192.168.10.1     OF 1.3        74  of_echo_reply
● ▨  OpenFlow (LOXI) (of), 8 bytes        Packets: 14592 · Dis...   Profile: Default
```

图 6-57　从控制器与交换机之间的数据包交换过程

出数据包来确定对方设备的状态信息以及协商版本号等，同时交换机会向控制器发送 role_ request 消息。一般情况下，控制器默认的身份是 OFPCR_ROLE_EQUAL，以这种身份控制器能够完全访问交换机，其他控制器也是一样的。默认情况下，控制器接收交换机所有的异步消息（如 packet_in），但由于在集群网络中控制器角色一般为 slave 或者 master，因此 member-3 作为从控制器会发送 role_reply 消息。

由图 6-58(a)和(b)可以看出，控制器身份为 OFPCR_ROLE_SLAVE。这样，控制器以只读方式接入到交换机。除了端口状态消息外，控制器默认不接收交换机的异步消息，而且拒绝执行改变交换机状态的 controller-to-switch 命令，如 OFPT_PACKET_OUT、OFPT_FLOW_MOD、OFPT_GROUP_MOD、OFPT_PORT_MOD、OFPT_TABLE_MOD 以及 OFPMP_TABLE_FEATURES。如果控制器发送了以上命令中的任意一个，那么交换机必须返回一个携带 OFPET_BAD_REQUEST 类型字段和 OFPBRC_IS_SLAVE 代码段的 OFPT_ERROR 消息。其他 controller-to-switch 消息，如 OFPT_MULTIPART_REQUEST 和 OFPT_ROLE_REQUEST，应该被正常处理。

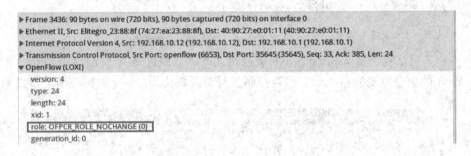

图 6-58(a)　从控制器中的 role_requst 消息

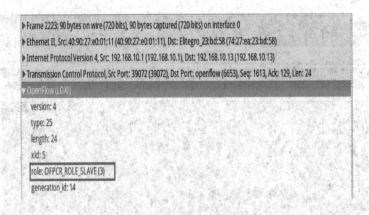

图 6-58（b）　从控制器中的 role_reply 消息

因此，在交换机确定控制器角色为 slave 时，交换机只会向控制器发送一些 echo 信息来维持 OpenFlow 通道的正常连接。图 6-59 展示了主控制器与交换机之间的数据包交换过程。

下面来分析主控制器的 OpenFlow 消息。当控制器与交换机连接后，交换机与控制器会相互发出数据包来确定对方设备的状态信息以及协商版本号等，同时交换机会向控制器发送 role_request 消息，由于 member-2 为主控制器，因此 role_reply 消息如图 6-60 所示。

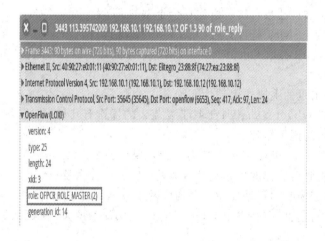

图 6 - 59　主控制器与交换机之间的数据包交换过程

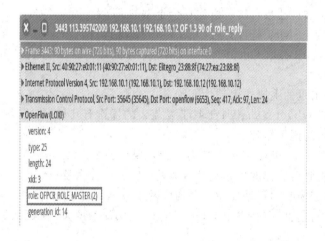

图 6 - 60　主控制器的 role_reply 消息

由图 6 - 60 可以看出，主控制器的身份为 OFPCR_ROLE_MASTER。这个角色与 OFPCR_ROLE_EQUAL 相似，可完全访问交换机。不同的是，控制器要确保它的角色是唯一的。当某个控制器切换到此身份时，交换机会让其他所有 OFPCR_ROLE_MASTER 控制器变成 OFPCR_ROLE_SLAVE。当交换机执行身份切换操作时，不会生成消息发送到正进行身份切换的控制器(大多数情况下控制器不再是可到达的)。

一个交换机可能同时连接多个相同状态的控制器，可能同时连接多个从控制器，但是最多同时连接一个主控制器。每个控制器会发送 OFPT_ROLE_REQUEST 消息给交换机告知自己的身份，交换机必须记住每个控制器连接的身份，控制器可能随时改变身份。SDN 从控制器中的拓扑、流表等信息并非由交换机发送给各个从控制器，而是由主控制器将信息通过 TCP 通道转发给从控制器的。

6.8 小　结

借助于开源的 OpenvSwitch 虚拟交换机软件，可以自己动手组建一个小型的 SDN，并在该网络上通过一些基础实验来帮助我们学习和掌握 SDN 的基本知识。流表是 SDN 交换机的转发规则，它是由控制器集中生成并通过 TCP 连接下发到 SDN 交换机上的。流表主要由匹配项和动作组成，多个流表之间通过 go-to-table 指令组成流水线处理，组表实际上可以看作是不同流表"共享"的动作集合。开源控制器 OpenDaylight 提供了 Web 界面用于配置和下发流表，也可以通过 Postman 工具下发 JSON 格式的流表配置数据。通过 Wireshark 抓包工具分析 OpenFlow 消息能够更好地帮助我们理解 SDN 控制器和交换机之间的关系和协议内容，以及在多控制器网络中控制器的角色。

复习思考题

1. 在 OpenvSwitch 虚拟交换机软件中连接到 SDN 控制器的命令是什么？

2. 如何确认 SDN 交换机(OVS)已经连接到 SDN 控制器？

3. 按照课本要求自己亲自动手组建一个小型的 SDN。

4. 如何检查 Wireshark 是否支持 OpenFlow1.3 协议？

5. 通过 Wireshark 抓取 OpenFlow1.3 消息，分析其中的 xid 能够发现什么特点？该字段的主要作用是什么？

6. Yang 模型工具的主要作用是什么？

7. 利用 OpenDaylight Yang UI 工具下发流表的操作有几种？它们各表示什么含义？其中，PUT 和 POST 的区别是什么？

8. 试述一下流表中 table id 的设置有何特殊要求？

9. 在配置流表时可选择的指令类型有哪些？各表示什么意思？

10. 指出设置流表时的行动集和行动列表两个概念的区别。

11. 当 SDN 交换机中存在多个 table id 等于 0 的流表时，交换机依据什么来选择哪个流表先执行？

12. 如何配置多个流表来组成流表流水线处理模式？

13. 简述网络负载均衡原理。

14. 假设某企业对外提供 WWW 和 FTP 两种服务，分别处于两台不同的物理主机上(WWW 位于 192.168.1.100 服务器上，FTP 位于 192.168.1.101 服务器上)，对外是固定的公网 IP 地址为 202.119.85.6 的路由器，该路由器和两台服务器通过 SDN 交换机相连，指出如何配置流表以达到分流的目的？

15. 利用组表来实现流表配置的主要步骤有哪些？

16. 简述利用 SDN 网关实现处于不同 SDN 内部的两台主机间通信的原理。

17. 在 SDN 控制器集群方式下，某控制器的角色如果是 slave，则 SDN 交换机向该控制器主要发送什么消息？

18. OpenvSwitch 交换机连接到多台控制器的命令是什么？

19. 以 OpenDaylight 集群实验为例，指出各控制器的信息同步是如何实现的。

第 7 章
SDN 应用编程案例

本章给出了三个 SDN 应用编程案例，分别是：

（1）基于 SDN 的 ARP 代理服务器；

（2）基于 SDN 的防 DDoS 网络攻击；

（3）基于 OpenDaylight 的 REST API 的应用与开发。

在 SDN 中，用户可以通过下发流表的方式改变特定类型数据包的接收目标主机，然后通过接收目标主机上的接收程序捕获相应的数据帧并进行分析，从而产生一种新的网络应用。例如，ARP 代理服务器就是通过集中捕获 ARP 请求数据帧，记录不同 IP 地址对应的MAC 地址，并构造 ARP 响应包发送给请求主机的方式实现 ARP 代理服务器的功能。类似地，基于 SDN 的防 DDoS 网络攻击也是将可能存在攻击的数据包转到"清洗服务器"上进行特征检测，对可疑的数据包不进行转发，正常的数据包则被转发到目标服务器上。基于OpenDaylight 的 REST API 的应用与开发则是采用 Java 语言编程的方式，通过调用OpenDaylight 提供的 REST API 实现流表的提取和下发操作，充分展示了 SDN 可编程的特点。

7.1 基于 SDN 的 ARP 代理服务器

地址解析协议（Address Resolution Protocol，ARP）是根据 IP 地址获取 MAC 地址（物理地址）的一个数据链路层协议。PC 主机发送信息时，将包含目标 IP 地址的 ARP 请求广播到网络上的所有主机，并接收返回消息，从而获得目标主机的 MAC 地址。收到返回消息后，将该 IP 地址和 MAC 地址存入本机 ARP 缓存中并保留一定时间，下次请求时直接查询 ARP 缓存以节约资源。地址解析协议是建立在网络中各个主机互相信任的基础上的，网络中的主机可以自主发送 ARP 应答消息，其他主机收到应答报文时不会检测该报文的真实性就会将其记入本机 ARP 缓存。

ARP 协议的处理机制存在两个问题：其一是可能造成网络的不安全。例如，攻击者可以向某一主机发送伪 ARP 应答报文，使其发送的信息到达错误的主机，或无法到达预期的主机，或者直接删除，从而构成了一个 ARP 欺骗。其二是 ARP 请求包以广播的方式发送给网络上所有的主机，这无疑会占用一定的网络资源。因此，在一些关键的网络中，可能采取 ARP 代理服务器而非 ARP 广播方式。例如，在电力系统的网络中，通常禁止使用ARP 广播。所谓 ARP 代理服务器，就是由中间设备代替其他主机响应 ARP 请求，实际上就是一台专门用于接收所有 ARP 请求，并根据本地存储的 MAC 地址和 IP 地址的对应关系数据库生成 ARP 响应数据包的软件。这样既可以避免 ARP 造成的网络不安全的问题，又能节省网络带宽资源。

此外，在一些大型的服务器上每天都会收到成千上万台终端的 ARP 请求，每当服务器接收到相应的 ARP 请求时，必然要对其进行应答，这无疑会占用服务器的一定资源。同时，ARP 请求会产生一定的网络广播，占据一部分的网络带宽，在有环的网络中还会产生网络广播风暴，有网络瘫痪的风险。因此，将 ARP 的应答功能从服务器中剥离出来是十分必要的。

在传统网络中，ARP 代理服务器通常设置在路由器上。例如，主机 PC1(202.119. 167.100)和主机 PC2(202.119.167.200)虽然属于不同的广播域，但它们处于同一网段中，所以当 PC1 向 PC2 发出 ARP 请求广播包，请求获得 PC2 的 MAC 地址时，由于路由器不会转发广播包，因此 ARP 请求只能到达路由器，不能到达 PC2。而当在路由器上启用 ARP 代理后，路由器会查看 ARP 请求，发现 IP 地址 202.119.167.200 属于它连接的另一个网络，因此路由器就会用自己的接口 MAC 地址代替 PC2 的 MAC 地址，向 PC1 发送一个 ARP 应答。PC1 收到 ARP 应答后，会认为路由器的 MAC 地址就是 PC2 的 MAC 地址，不会感知到 ARP 代理的存在。这种路由器上的 ARP 实际上并不是专为解决 ARP 所带来两个问题，而是专注于网络的透明传输。ARP 代理服务器的设计思路是设置一台专门的主机用于接收所有的 ARP 请求，这就要求交换机可以识别 ARP 请求数据包，并将该数据包以单播的方式发送给 ARP 代理服务器，代理服务器解析接收到的数据包，根据所请求的 IP 地址查找本地数据库，找到对应的 MAC 地址，再封装成 ARP 响应包发送给请求者。

传统的交换机由于无法直接进行编程，所以除非厂商自己，其他用户很难在普通的交换机上实现上述识别 ARP 请求并转发到特定主机的功能。但在 SDN 交换机上由于流表可以由用户自己设定，因而利用 SDN 技术可以轻松实现识别 ARP 请求并转发到特定主机的功能。

7.1.1 基于 SDN 的 ARP 代理服务器实现原理

本节中 ARP 代理服务器是利用 SDN 技术实现的，远端 PC 的 ARP 请求包通过 SDN 交换机时，SDN 交换机应用流表将该数据包转发到 ARP 代理服务器，ARP 代理服务器捕获该数据包并进行 ARP 代答，具体实现流程如图 7-1 所示。终端主机数据包通过入端口进入 SDN 交换机，在 SDN 交换机上配置相应的流表，该流表设置为：判断进入的数据包是否为 ARP 请求包，动作设置为出端口到代理服务器所连接的物理端口。代理服务器收到该数据包，分析帧结构的目的 IP 地址，并从本地数据库中得到该 IP 地址对应的 MAC 地址，将该 IP 地址和 MAC 地址作为源 IP 地址和源 MAC 地址，将 ARP 请求中的源 IP 地址和源 MAC 地址作为目的 IP 地址和目的 MAC 地址封装成 ARP 响应数据帧，以单播方式发送到网络上，从而完成 ARP 代理功能。另外，为了保证本地保存的 IP 地址和 MAC 地址对应关系的正确性，每收到一个 ARP 请求，均要将源 IP 地址和源 MAC 地址与本地保存的数据进行比对，如果不一致将更新本地数据库，如果不存在则在本地数据库中记录该 IP 地址和 MAC 地址的对应关系。本节中的 ARP 代理服务器程序采用 C 语言编写，应用原始套接字编程技术实现，在 7.1.3 节中将对 ARP 代理服务器的源码进行详细分析。

SDN 交换机上的流表可以通过 SDN 控制器 OpenDaylight(ODL)设置，或者直接通过

OpenvSwitch 交换机上的流表设置命令完成，也可以通过调用 ODL 提供的 REST API 接口直接在 ARP 代理服务器程序中设置。

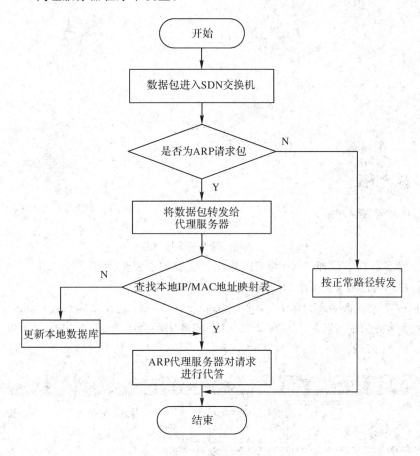

图 7-1　ARP 代理服务器实现流程图

7.1.2　基于 SDN 的 ARP 代理服务器网络设置

实验中用到的主要设备有：安装有 OpenDaylight Beryllium 版本的控制器一台、OpenvSwitch2.5.0 版本的交换机一台、终端 PC 三台。终端 PC 的配置信息如表 7-1 所示，网络拓扑图如图 7-2 所示。

表 7-1　主机配置信息

主机名	主机 IP 地址	对应 MAC 地址	端口号
PC1	192.168.1.101	00:1c:25:c1:e1:0f	2
PC2	192.168.1.102	74:27:ea:23:bd:52	3
PC3	192.168.1.103	00:1c:25:c1:e2:26	4

本节中通过主机 PC1 ping PC2 来验证和测试 ARP 代理服务器软件的正确性。如果 ARP 代理服务器未启动，则 PC1 不能 ping 通 PC2，反之则能 ping 通。这个结果说明 ARP

PC3:ARP代理服务器
SDN控制器
SDN交换机
PC1:192.168.1.101
PC2:192.168.1.102

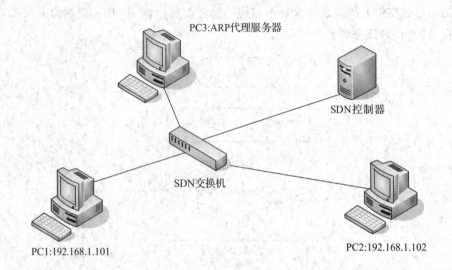

图 7-2　ARP 代理服务器网络拓扑图

代理服务器确实起到了代理 ARP 响应的作用。实验的主要步骤如下：

(1) 在 ODL 控制器端启动 OpenDaylight 控制器。

(2) 在 PC2 上查询 ARP 缓冲表，并删除 PC2 的 MAC 地址以确保使用 ping 命令时能够首先发出的是 ARP 请求包。查看本机 ARP 缓冲表的命令为 arp，删除命令为 arp -d 主机名，如图 7-3 所示。

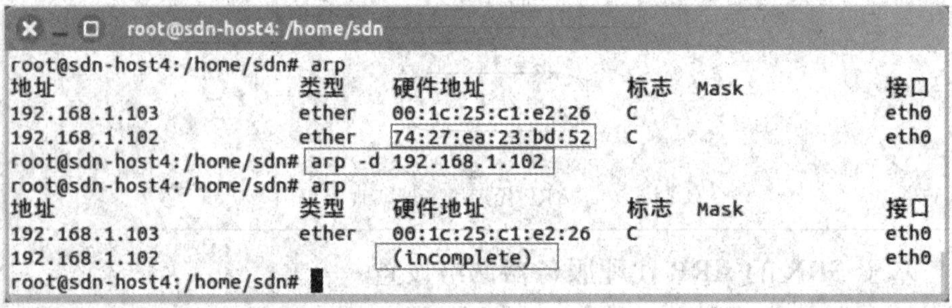

root@sdn-host4: /home/sdn
root@sdn-host4:/home/sdn# arp
地址 类型 硬件地址 标志 Mask 接口
192.168.1.103 ether 00:1c:25:c1:e2:26 C eth0
192.168.1.102 ether 74:27:ea:23:bd:52 C eth0
root@sdn-host4:/home/sdn# arp -d 192.168.1.102
root@sdn-host4:/home/sdn# arp
地址 类型 硬件地址 标志 Mask 接口
192.168.1.103 ether 00:1c:25:c1:e2:26 C eth0
192.168.1.102 (incomplete) eth0
root@sdn-host4:/home/sdn#

图 7-3　查看 ARP 缓冲表以及删除 MAC 地址

(3) 在 SDN 交换机端上使用 ovs-ofctl add-flow 命令添加如下流表：

```
ovs-ofctl add-flow br0 priority=152, arp, arp_op=1, actions=output:4
```

其中各参数含义如下：

① br0：表示本例 SDN 交换机中设置的网桥。

② priority =152：表示流表的优先级，一般设置的值大于 100。根据 OpenFlow1.3 协议规定，在同一标号的流表中，优先级越高的流表项被越先选中进行条件匹配。

③ arp，arp_op=1：表示匹配的数据包为 ARP 请求包，arp_op=1 表示 ARP 类型，即请求包。

④ actions=output:4：表示流表动作是将匹配到的数据包发到 SDN 交换机的物理端口 4，也就是转发给 ARP 代理服务器所在的终端 PC3。

(4) 查看流表，验证流表是否设置成功(见图 7-4)。

```
X — □   root@sdn-OVS3: /home/sdn/桌面
root@sdn-OVS3:/home/sdn/桌面# ovs-ofctl dump-flows br0 -O OpenFlow13
OFPST_FLOW reply (OF1.3) (xid=0x2):
 cookie=0x0, duration=10.343s, table=0, n_packets=0, n_bytes=0, reset_counts priority=152,arp,arp_op=1 actions=ou
tput:4
 cookie=0x2b00000000000001, duration=117.199s, table=0, n_packets=0, n_bytes=0, priority=100,dl_type=0x88cc actio
ns=CONTROLLER:65535
 cookie=0x2a00000000000002, duration=98.159s, table=0, n_packets=0, n_bytes=0, idle_timeout=1800, hard_timeout=36
00, priority=10,dl_src=00:1c:25:c1:e1:0f,dl_dst=74:27:ea:23:bd:52 actions=output:3
 cookie=0x2a00000000000003, duration=98.159s, table=0, n_packets=1, n_bytes=60, idle_timeout=1800, hard_timeout=3
600, priority=10,dl_src=74:27:ea:23:bd:52,dl_dst=00:1c:25:c1:e1:0f actions=output:2
 cookie=0x2a00000000000004, duration=93.702s, table=0, n_packets=2, n_bytes=158, idle_timeout=1800, hard_timeout=
3600, priority=10,dl_src=00:1c:25:c1:e1:0f,dl_dst=00:1c:25:c1:e2:26 actions=output:4
 cookie=0x2a00000000000005, duration=93.702s, table=0, n_packets=2, n_bytes=158, idle_timeout=1800, hard_timeout=
3600, priority=10,dl_src=00:1c:25:c1:e2:26,dl_dst=00:1c:25:c1:e1:0f actions=output:2
 cookie=0x2b00000000000001, duration=115.221s, table=0, n_packets=6, n_bytes=474, priority=2,in_port=2 actions=ou
tput:3,output:4,CONTROLLER:65535
 cookie=0x2b00000000000002, duration=115.221s, table=0, n_packets=2, n_bytes=158, priority=2,in_port=4 actions=ou
tput:3,output:2,CONTROLLER:65535
 cookie=0x2b00000000000000, duration=115.220s, table=0, n_packets=3, n_bytes=256, priority=2,in_port=3 actions=ou
tput:2,output:4,CONTROLLER:65535
root@sdn-OVS3:/home/sdn/桌面#
```

图 7-4 查看 SDN 交换机的所有流表

（5）在 PC1 上执行 ping PC2 的命令。由于 PC1 现在不知道 PC2 的 MAC 地址，所以此次 ping 命令将首先发送的是 ARP 请求包，但是由于流表项的作用，使得发送的 ARP 包转给了 PC3，所以发现 ping 不通，但是匹配的流表项有数据包增加，证明流表生效，如图7-5和图 7-6 所示。

```
X — □   root@sdn-host4: /home/sdn
root@sdn-host4:/home/sdn# ping 192.168.1.102
PING 192.168.1.102 (192.168.1.102) 56(84) bytes of data.
From 192.168.1.101 icmp_seq=1 Destination Host Unreachable
From 192.168.1.101 icmp_seq=2 Destination Host Unreachable
From 192.168.1.101 icmp_seq=3 Destination Host Unreachable
^C
--- 192.168.1.102 ping statistics ---
6 packets transmitted, 0 received, +3 errors, 100% packet loss, time 5032ms
pipe 3
root@sdn-host4:/home/sdn#
```

图 7-5 在未启动 ARP 代理服务器的情况下 PC1 ping PC2

```
X — □   root@sdn-OVS3: /home/sdn/桌面
root@sdn-OVS3:/home/sdn/桌面# ovs-ofctl dump-flows br0 -O OpenFlow13
OFPST_FLOW reply (OF1.3) (xid=0x2):
 cookie=0x0, duration=107.775s, table=0, n_packets=6, n_bytes=360, reset_counts priority=152,arp,arp_op=1 actions
=output:4
 cookie=0x2b00000000000001, duration=214.631s, table=0, n_packets=0, n_bytes=0, priority=100,dl_type=0x88cc actio
ns=CONTROLLER:65535
 cookie=0x2a00000000000002, duration=195.591s, table=0, n_packets=0, n_bytes=0, idle_timeout=1800, hard_timeout=3
600, priority=10,dl_src=00:1c:25:c1:e1:0f,dl_dst=74:27:ea:23:bd:52 actions=output:3
 cookie=0x2a00000000000003, duration=195.591s, table=0, n_packets=1, n_bytes=60, idle_timeout=1800, hard_timeout=
3600, priority=10,dl_src=74:27:ea:23:bd:52,dl_dst=00:1c:25:c1:e1:0f actions=output:2
 cookie=0x2a00000000000004, duration=191.134s, table=0, n_packets=2, n_bytes=158, idle_timeout=1800, hard_timeout
=3600, priority=10,dl_src=00:1c:25:c1:e1:0f,dl_dst=00:1c:25:c1:e2:26 actions=output:4
 cookie=0x2a00000000000005, duration=191.134s, table=0, n_packets=2, n_bytes=158, idle_timeout=1800, hard_timeout
=3600, priority=10,dl_src=00:1c:25:c1:e2:26,dl_dst=00:1c:25:c1:e1:0f actions=output:2
 cookie=0x2b00000000000001, duration=212.653s, table=0, n_packets=6, n_bytes=474, priority=2,in_port=2 actions=ou
tput:3,output:4,CONTROLLER:65535
 cookie=0x2b00000000000002, duration=212.653s, table=0, n_packets=2, n_bytes=158, priority=2,in_port=4 actions=ou
tput:3,output:2,CONTROLLER:65535
 cookie=0x2b00000000000000, duration=212.652s, table=0, n_packets=3, n_bytes=256, priority=2,in_port=3 actions=ou
tput:2,output:4,CONTROLLER:65535
root@sdn-OVS3:/home/sdn/桌面#
```

图 7-6 SDN 交换机上流表项统计数据包数量增加

（6）在 PC3 上启动 ARP 代理服务器程序，该服务器代理程序为 arp_proxy。在启动代理服务器程序之前需要将本地网卡设置为混杂模式，该命令如下：

　　　$ # sudo ifconfig eth0 promisc

运行代理程序的命令为：

```
$ # ./arp_proxy
```

(7) 在 PC1 上再次 ping PC2，这时发现 PC1 可以 ping 通 PC2，说明 ARP 代理服务器已经发出了 ARP 响应。查看 PC1 的本地 ARP 缓冲表，可以看到 PC2 的 MAC 地址，同时，在 PC3 上也能看到。这说明 PC3 上的 ARP 代理服务器已经收到 PC1 发送的 ARP 请求包，并成功发送 ARP 响应(如图 7-7、图 7-8、图 7-9 所示)。

```
✕ _ ☐   root@sdn-host4: /home/sdn
root@sdn-host4:/home/sdn# ping 192.168.1.102
PING 192.168.1.102 (192.168.1.102) 56(84) bytes of data.
64 bytes from 192.168.1.102: icmp_seq=1 ttl=64 time=1.08 ms
64 bytes from 192.168.1.102: icmp_seq=2 ttl=64 time=0.329 ms
64 bytes from 192.168.1.102: icmp_seq=3 ttl=64 time=0.327 ms
^C
--- 192.168.1.102 ping statistics ---
3 packets transmitted, 3 received, 0% packet loss, time 2000ms
rtt min/avg/max/mdev = 0.327/0.579/1.082/0.355 ms
root@sdn-host4:/home/sdn# ▮
```

图 7-7　在启动 ARP 代理服务器的情况下 PC1 ping PC2

```
✕ _ ☐   root@sdn-host4: /home/sdn
root@sdn-host4:/home/sdn# arp
地址                  类型      硬件地址              标志  Mask         接口
192.168.1.103        ether    00:1c:25:c1:e2:26    C                  eth0
192.168.1.102        ether    74:27:ea:23:bd:52    C                  eth0
root@sdn-host4:/home/sdn# ▮
```

图 7-8　在启动 ARP 代理服务器的情况下查看 PC1 的 ARP 缓冲表

```
✕ _ ☐   root@sdn-host1: /home/sdn/桌面
root@sdn-host1:/home/sdn/桌面# gcc -o arp_proxy a.c
root@sdn-host1:/home/sdn/桌面# ./arp_proxy
========= ARP request  info ==============
源IP地址:.192.168.1.101
源 mac地址 : :00:1c:25:c1:e1:0f
目的IP地址:.192.168.1.102
目的 mac地址:00:00:00:00:00:00
sendto() ok!!!
```

图 7-9　在 PC3 上 ARP 代理服务器的运行情况

7.1.3　ARP 代理服务器的源码分析

ARP 代理服务器程序需要接收数据链路层的帧，这里采用原始套接字技术来实现收、发底层数据帧的功能。获取数据链路层帧的另一种方法是采用 PCAP 开发包，该开发库给抓包程序提供了一个高层次的接口，网络上的所有数据包，甚至是那些发送给其他主机的数据包，通过这种机制都可以捕获。本例中的 ARP 代理服务器采用 C 语言编程，逻辑结构简单。为了简化对 ARP 代理服务器的编程，这里忽略了对本地数据存储的访问与更新，仅专注于 ARP 请求包的接收和分析，以及 ARP 应答包的封装和发送。除 main 函数外，程序由三个函数组成。其中，arp_request_recv 函数完成 ARP 请求包的接收和分析，arp_response_send 函数完成 ARP 应答包的封装和发送，print_arp_request 函数主要负责打印接收到的 ARP 请求包。

ARP 协议的帧格式如图 7－10 所示，分为以太网首部和 ARP 协议字段两部分，其中，以太网首部共 12 B(目的 MAC 和源 MAC 各占 6 B)。ARP 协议字段部分又分为 ARP 首部和 ARP 数据部分。ARP 首部包括帧类型(2 B)、硬件类型(2 B)、协议类型(2 B)、硬件地址长度(1 B)、协议地址长度(1 B)和操作类型(2 B)。ARP 数据部分包括发送者 MAC 地址(6 B)、发送者 IP 地址(4 B)、目的 MAC 地址(6 B)和目的 IP 地址(4 B)。

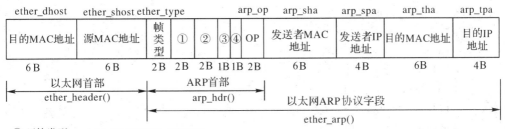

①硬件类型，arp_hrd(ARPHRD_ETHER);
②协议类型，arp_pro(ETHERTYPE_IP);
③硬件地址长度，arp_hin(6);
④协议地址长度，arp_pln(6)。

图 7－10　ARP 协议帧格式

以太网首部定义如下(C 语言):

```
typedef struct ehhdr
{
    unsigned char eh_dst[6];        /* destination ethernet addrress */
    unsigned char eh_src[6];        /* source ethernet addresss */
    unsigned short eh_type;         /* ethernet pachet type */
} EHHDR, * PEHHDR;
```

以太网 ARP 字段定义如下:

```
typedef struct arphdr
{
    unsigned short arp_hrd;         /* format of hardware address */
    unsigned short arp_pro;         /* format of protocol address */
    unsigned char arp_hln;          /* length of hardware address */
    unsigned char arp_pln;          /* length of protocol address */
    unsigned short arp_op;          /* ARP/RARP operation */
    unsigned char arp_sha[6];       /* sender hardware address */
    unsigned long arp_spa;          /* sender protocol address */
    unsigned char arp_tha[6];       /* target hardware address */
    unsigned long arp_tpa;          /* target protocol address */
} ARPHDR, * PARPHDR;
```

定义整个 ARP 报文包，总长度为 42 B:

```
typedef struct arpPacket
{
    EHHDR ehhdr;
```

```
        ARPHDR arphdr;
}   ARPPACKET，* PARPPACKET;
```

程序中需要包含下列头文件以及宏定义：

```
# include <stdio. h>
# include <string. h>
# include <unistd. h>
# include <stdlib. h>
# include <sys/ioctl. h>
# include <sys/socket. h>
# include <arpa/inet. h>
# include <netinet/in. h>
# include <netinet/if_ether. h>
# include <net/ethernet. h>
# include <net/if_arp. h>
# include <net/if. h>
# include <netpacket/packet. h>


# define ETHER_HEADER_LEN sizeof(struct ether_header)    /* 以太网帧首部长度 */
# define ETHER_ARP_LEN sizeof(struct ether_arp)    /* 整个 ARP 结构长度 */
# define ETHER_ARP_PACKET_LEN ETHER_HEADER_LEN + ETHER_ARP_LEN
# define IP_ADDR_LEN 4    /* IP 地址长度 */


char arp_mac1[6] = {0x00,0x1c,0x25,0xc1,0xe1,0x0f};   //192.168.1.101 mac
char arp_mac2[6] = {0x74,0x27,0xea,0x23,0xbd,0x52};   //192.168.1.102 mac
```

函数 arp_request_recv 代码如下：

```
void arp_request_recv ( int s )
{
    struct ether_arp *arp_request;
    int retlen;
    char buf[ETHER_ARP_PACKET_LEN ] = {0};

    while (1)
    {
        bzero(buf, ETHER_ARP_PACKET_LEN);
        retlen = recv(s, buf, sizeof(buf)-1, 0);

        if (retlen > 0)
        {
            /* 剥去以太头部 */
            arp_request = (struct ether_arp *)(buf + ETHER_HEADER_LEN);
            if (ntohs(arp_request->arp_op) == ARPOP_REQUEST)
            {
                print_arp_request(s,arp_request);
```

```
            arp_response_send(s,arp_request,arp_mac); //发送 ARP 响应
        }
    }
}
```

该函数一直不断地接收数据帧，一旦接收到相关的数据帧，则判断是否为 ARP 请求 ARPOP_REQUEST。如果是，则打印接收到的 ARP 请求数据帧的源 IP 地址、源 MAC 地址以及目的 IP 地址，接下来调用 arp_response_send 函数发送 ARP 应答包。具体代码如下：

```
void arp_response_send(int s, struct ether_arp * arp_request,char * arp_mac)
{
    struct sockaddr_ll saddr_ll;
    struct ether_header * eth_header;
    struct ether_arp * arp_res;
    struct ifreq ifr;
    char buf\[ETHER_ARP_PACKET_LEN\] = {0};
    int ret_len;

    //填充以太网首部
    eth_header = (struct ether_header * )buf;
    memcpy(eth_header ->ether_shost, arp_mac, ETH_ALEN);
    memcpy(eth_header ->ether_dhost, arp_request ->arp_sha, ETH_ALEN);
    eth_header ->ether_type = htons(ETHERTYPE_ARP);

    /* 整个 ARP 应答包 */
    arp_res = (struct ether_arp * )(buf+ETHER_HEADER_LEN);
    arp_res ->arp_hrd = htons(ARPHRD_ETHER);
    arp_res ->arp_pro = htons(ETHERTYPE_IP);
    arp_res ->arp_hln = ETH_ALEN;
    arp_res ->arp_pln = IP_ADDR_LEN;
    arp_res ->arp_op = htons(2);

    memcpy(arp_res ->arp_tha, arp_request ->arp_sha, ETH_ALEN);
    memcpy(arp_res ->arp_sha, arp_mac, ETH_ALEN);
    memcpy(arp_res ->arp_tpa, arp_request ->arp_spa, IP_ADDR_LEN);
    memcpy(arp_res ->arp_spa, arp_request ->arp_tpa, IP_ADDR_LEN);

    bzero(&saddr_ll, sizeof(struct sockaddr_ll));
    bzero(&ifr, sizeof(struct ifreq));

    memcpy(ifr.ifr_name, "eth1", 4); /* 网卡接口名 */
```

```
                    /* 获取网卡接口索引 */
                    if (ioctl(s, SIOCGIFINDEX, &ifr) == -1)
                        printf("ioctl() get ifindex");

                    saddr_ll. sll_ifindex = ifr. ifr_ifindex;
                    saddr_ll. sll_family = PF_PACKET;

                    memcpy(saddr_ll. sll_addr,arp_request->arp_sha,ETH_ALEN);

                    ret_len = sendto(s, buf, ETHER_ARP_PACKET_LEN, 0, (struct sockaddr *)&saddr_ll,
                        sizeof(struct sockaddr_ll)); // 发送数据
                    if ( ret_len > 0)
                        printf("sendto() ok!!! \\n");
                }
```

函数 print_arp_request 代码如下：

```
    void print_arp_request(int s,struct ether_arp * arp_request)
    {
        int i = 0;
        printf("========= ARP request  info ===============\n");

        printf("源 IP 地址:");
        for (i = 0; i < IP_ADDR_LEN; i++)
            printf(". %u", arp_request->arp_spa[i]);

        printf("\n 源 mac 地址: ");
        for (i = 0; i < ETH_ALEN; i++)
            printf(":%02x", arp_request->arp_sha[i]);

        printf("\n 目的 IP 地址:");
        for (i = 0; i < IP_ADDR_LEN; i++)
            printf(". %u", arp_request->arp_tpa[i]);

        printf("\n 目的 mac 地址");
        for (i = 0; i < ETH_ALEN; i++)
            printf(":%02x", arp_request->arp_tha[i]);
        printf("\n");
    }
```

入口函数 main 代码如下：

```
    int main(int argc, const char * argv[])
    {
        struct ether_arp  arp_request;
        int sock;
```

```
if ((sock = socket(PF_PACKET, SOCK_RAW, htons(ETH_P_ARP))) == -1)
    printf("socket()\n");

arp_request_recv(sock);
return 0;
}
```

7.2　基于 SDN 的防 DDoS 网络攻击

在当前的网络环境中 DDoS 攻击已经非常普遍，而且攻击的流量在几秒之内可以达到几吉比特每秒或者更大。在传统网络中要防御这些攻击比较困难，而 SDN 可以为最复杂的环境提供更高级的网络监控功能，控制器和交换机能够分辨各种数据包的属性，从而能够对进入应用服务器的流量进行必要的"清洗"，实现对恶意访问数据的拦截。

7.2.1　DDoS 防御实现原理

近年来，分布式拒绝服务（Distributed Denial of Service，DDoS）攻击不断在因特网上出现，并在应用过程中渐渐得到完善，在 Unix 或 Windows NT 操作系统上已有一系列比较成熟的软件产品，如 Trinoo、TFN、TFN2K、STACHELDRATH 等，其核心内容及攻击思路都是类似的。要了解 DDoS 的原理，首先要知道拒绝服务攻击（DoS）的含义，DoS 是指攻击者利用大量的数据"淹没"目标主机，耗尽目标主机的可用资源直至主机系统崩溃，最终导致目标主机无法为正常用户提供服务（例如 Web 页面服务）。早期的拒绝服务攻击主要是针对处理能力比较弱的单机，如个人 PC，或是窄带宽连接的网站，对拥有高带宽连接、高性能设备的服务器则影响不大，这主要是因为早期的 DoS 攻击者往往是单兵作战，很难在短时间内单独制造出大量的攻击数据。但在 1999 年年底，伴随着 DDoS 的出现，这种高性能服务器高枕无忧的局面就再也不存在了。DDoS 攻击是指攻击者借助于客户/服务器技术，将多个计算机联合起来作为攻击平台，对一个或多个目标发动攻击，从而成倍地提高拒绝服务攻击的数量。在这种借助于数百甚至数千台被植入攻击守护进程的攻击主机同时发起的集团作战行为中，网络服务提供商所面对的破坏力是空前巨大的。

图 7-11 是典型的 DDoS 网络攻击示意图，攻击者利用一些软件植入手段将攻击程序植入到连接在互联网的主机上，被植入攻击程序的计算机通常被称为"肉鸡"，即被木马软件控制的傀儡计算机，然后攻击者利用这些"肉鸡"发送大量的攻击报文给服务器，从而造成服务器服务质量下降或系统严重瘫痪。

DDoS 攻击的形式很多，主要的或使用频繁的攻击方式有：TCP SYN Flood 攻击、TCP ACK Flood 攻击、UDP Flood 攻击、ICMP Flood 攻击、Connection Flood 攻击、HTTP Get 攻击、UDP DNS Query Flood 攻击等。其中，TCP SYN Flood 攻击是当前网络上最为常见的 DDoS 攻击，也是最为经典的拒绝服务攻击。由于 TCP SYN Flood 攻击的普遍性，因此，本节主要研究基于 SDN 对 TCP SYN Flood 攻击的防护。

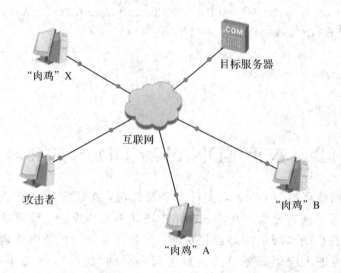

图 7 - 11　DDoS 网络攻击示意图

正常的 TCP 连接需要用到如图 7 - 12 所示的三次握手,当客户端发送一个带 SYN 标志的 TCP 报文到服务器(第一次握手)时,服务器进程应回应客户端 ACK 报文(第二次握手),这个报文同时带有 ACK 标志和 SYN 标志,表示对刚才客户端 SYN 报文的回应,同时也表示服务器发送 SYN 报文给客户端,询问客户端是否准备好进行 TCP 通信。最后客户端再次发送一个 ACK 报文给服务器(第三次握手),这时表明 TCP 连接成功。

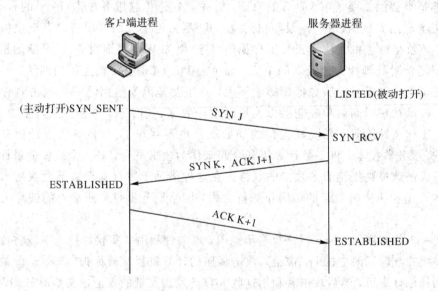

图 7 - 12　TCP 建立连接的三次握手

如图 7 - 13 所示,TCP SYN Flood 攻击利用了上述 TCP 连接协议实现上的一个缺陷。攻击者通过向网络服务器发送大量的伪造源 IP 地址的 SYN 报文,服务器进程在发出 SYN +ACK 应答报文后,由于第一次握手中服务器收到的 SYN 报文源地址是伪造的,因此服务器不可能再接收到客户端的 ACK 报文,即第三次握手无法完成。在此情况下,服务器进程一般会给客户端重发 SYN +ACK,并等待一段时间后再丢弃这个未完成的连接,这就可能造成目标服务器中的半开连接队列被占满。通常一台服务器可用的 TCP 连接数是有限的，如果恶意攻击者快速连续地发送此类连接请求，则服务器可用的 TCP 连接队列可能很快就会阻塞，因而导致系统可用资源以及网络可用带宽急剧下降，结果无法向普通用户提供正常的网络服务。TCP SYN Flood 攻击最早出现在 1996 年，至今仍然出现在现实网络环境中，很多操作系统和防火墙、路由器都无法有效地防御这种攻击，并且由于 SYN 报文的源 IP 地址是伪造的，事后追查起来也相当困难。

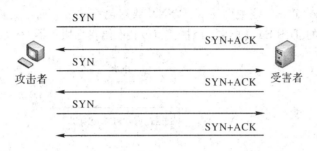

图 7 - 13　TCP SYN Flood 攻击示意图

　　传统的 TCP SYN Flood 防御技术通常有两种。第一种是尽量缩短 SYN 超时等待时间。由于 TCP SYN Flood 攻击的效果取决于服务器上保持的 SYN 半连接数，即这些无效连接占用服务器资源的多少和时长，这些半连接数应等于 SYN 攻击的频度乘以 SYN 的超时等待时间，所以通过缩短从接收到 SYN 报文到确定这个报文无效并丢弃该连接的时间，可以成倍地降低服务器的负荷。但过低的 SYN 超时等待时间的设置可能会影响用户的正常访问，即普通用户由于无法连接 TCP 服务器而不能与服务器进行通信。第二种方法是设置 SYN Cookie，就是给每一个请求连接的 IP 地址分配一个 Cookie，如果短时间内连续接收到某个 IP 的重复 SYN 报文，就认为是受到了攻击，那么以后从这个 IP 地址发来的报文一概丢弃。

　　本节中 TCP SYN Flood 的防御思路基本上与上述第二种方式相似，主要利用 SDN 流表配置实现对所有来访数据报文进行"清洗"，其原理是将发往目标服务器的 TCP SYN 数据包通过 SDN 交换机转发到另一台代理服务器（简称"清洗服务器"）上，然后由该服务器对 SDN 交换机转发来的数据包进行清洗，如果发现可能是 TCP SYN Flood 数据攻击报文，则丢弃该报文，否则将清洗后的正常数据包发往目标服务器，从而实现对 SYN Flood 攻击的防御功能。本节中的 DDoS 防御服务器模块并未直接在控制器上开发（内嵌在控制器中），而是使用独立的服务器来完成入侵检测功能，这样做的好处是可以避免对开源控制器源代码结构的理解，缺点是不能很方便地利用控制器所提供的网络基本服务功能。例如，不能直接利用控制器接收的 pack_in 报文进行报文检测，需要自己编写接收数据帧的程序。与直接在控制器上开发的 DDoS 防御模块相比，本方案的优点是可以减轻控制器的负担，和控制器之间的交集比较少，理解起来相对容易。此外，也可以通过 REST API 调用 SDN 控制器提供的底层网络服务功能，充分利用 SDN 可编程的特点。

　　基于 SDN 的 TCP SYN Flood 防御实现流程如图 7 - 14 所示。数据包进入 SDN 交换机匹配对应的流表，如果是 TCP SYN 报文，则将该报文的目的 MAC 地址和 IP 地址修改为"清洗"服务器的 MAC 地址和 IP 地址，"清洗"服务器收到该报文后将记录该报文的源 IP 地址和接收时间。由于网络中存在很多主机，为此需要建立一张关于网络中所有主机的记录表，该表中的记录是有时间限制的,被加入该表一定时间后数据将被删除。这张记录表定义了单位时间内对应主机的违规次数(阈值),也就是主机的"诚信度"。例如,主机 A 在 100 ms 内发送了 6 次(阈值)TCP SYN 数据包,则可以认为是一次"违规"记录。阈值、时间片长度等参数是可以动态调整和设置的。"诚信度"表的建立、管理以及相关参数的确立是一个复杂的过程,为了降低 DDoS 防御代码实现的难度和便于理解,我们只是简单地记录主机发送连续 TCP SYN 报文的数量。一旦某个主机连续发送的 TCP SYN 数据报文达到某个阈值,则认为该主机可能发起 TCP SYN Flood 攻击,该主机的 TCP SYN 数据包将被丢弃而不会被发往目标服务器;否则就认为是正常的 TCP SYN 报文,该报文将被转发给目标服务器。

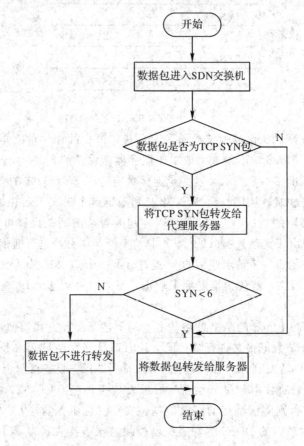

图 7-14   TCP SYN Flood 防御功能实现流程

7.2.2   基于 SDN 的 DDoS 防御网络配置

基于 SDN 的 DDoS 防御网络拓扑结构如图 7-15 所示,主要设备有 SDN 控制器、安装有 OpenvSwitch2.5.0 版本的 SDN 交换机一台以及 PC1~PC3。PC2 为攻击计算机,用于发送 TCP SYN 数据包(使用 hping3 工具模拟发送 SYN 数据包),IP 地址为 192.168.1.102。PC1 为被攻击的目标服务器,IP 地址为 192.168.1.101。PC3 为"清洗"服务器,用于检测和过滤 TCP SYN Flood 攻击的数据包,IP 地址为 192.168.1.103。

下面将展示通过 OpenDaylight 控制器的 Web 界面部署流表的过程,网络配置或实战过程如下:

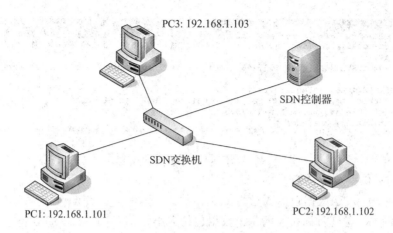

图 7 - 15　基于 SDN 的 DDoS 防御网络拓扑图

（1）直接在交换机上添加流表，实现对 PC2 的 TCP SYN 数据包的转发，如图 7 - 16 所示。第一条流表的作用是将过滤好的数据包转发给服务器 PC1，第二条流表的作用是将 PC2 的数据包转发给 DDoS 的清洗服务器 PC3。TCP 的 flag 标志位数值设置如下所示：

$$0：fin \qquad 1：syn \qquad 2：rst \qquad 3：psh \quad 4：ack$$
$$5：urg \qquad 6：ece \qquad 7：cwr \qquad 8：ns$$

```
✕ _ ☐   root@sdn-OVS3: ~
root@sdn-OVS3:~# ovs-ofctl add-flow br0 priority=155,tcp,in_port=4,action=output:
1
root@sdn-OVS3:~# ovs-ofctl add-flow br0 priority=155,tcp,tcp_flags=0x2,in_port=3,
action=output:4
root@sdn-OVS3:~# clear
```

图 7 - 16　在交换机上增加流表

设置流表匹配类型为 tcp_flags＝0x2，即为 TCP SYN 数据包。图 7 - 17 所示为交换机成功设置后显示的流表信息。

```
✕ _ ☐   root@sdn-OVS3: ~
root@sdn-OVS3:~# ovs-ofctl dump-flows br0 -O OpenFlow13
OFPST_FLOW reply (OF1.3) (xid=0x2):
 cookie=0x0, duration=8.576s, table=0, n_packets=0, n_bytes=0, reset_counts prior
ity=155,tcp,in_port=4 actions=output:1
 cookie=0x0, duration=6.392s, table=0, n_packets=0, n_bytes=0, reset_counts prior
ity=155,tcp,in_port=3,tcp_flags=syn actions=output:4
 cookie=0x2b00000000000003, duration=337296.018s, table=0, n_packets=0, n_bytes=0
, priority=100,dl_type=0x88cc actions=CONTROLLER:65535
 cookie=0x2a00000000000014, duration=94.222s, table=0, n_packets=0, n_bytes=0, id
le_timeout=1800, hard_timeout=3600, priority=10,dl_src=74:27:ea:23:bd:52,dl_dst=0
0:1c:25:c1:e1:0f actions=output:1
```

图 7 - 17　交换机上显示已配置成功的流表

（2）在 PC3 上编译并运行 DDoS 清洗服务器软件。运行该软件之前应确保网卡已被设置为混杂模式，具体代码见 7.2.3 节。

（3）在 PC2 中使用 hping3 工具对 PC1(192.168.1.101)进行 TCP SYN Flood 攻击，如图 7 - 18 所示。

```
✕ — □   root@sdn-host3: /home/sdn
root@sdn-host3:/home/sdn# hping3 192.168.1.101 -c 10000 -d 120 -S -w 64 -p 8080
--faster
HPING 192.168.1.101 (eth0 192.168.1.101): S set, 40 headers + 120 data bytes

--- 192.168.1.101 hping statistic ---
10000 packets transmitted, 0 packets received, 100% packet loss
round-trip min/avg/max = 0.0/0.0/0.0 ms
root@sdn-host3:/home/sdn# █
```

图 7 - 18   模拟 TCP SYN Flood 攻击

命令中的具体参数解释如下：

① - c 10000：发送数据包的数量为 10 000 个；

② - d 120：发送到目标机器的每个数据包的大小为 120 B；

③ - S：只发送 SYN 数据包；

④ - w 64：TCP 窗口大小为 64；

⑤ - p 8080：攻击的目的端口为 8080；

⑥ — faster：每秒发送 100 个数据包；

⑦ 192.168.1.101：为 PC1 的 IP 地址，即被攻击目标服务器的 IP 地址。

7.2.3   基于 SDN 的 DDoS 防御源码分析

本节中的源码是在 7.1.3 节中源码的基础上改进的，函数 ip_frame_recv 代替了函数 arp_request_recv，该函数一直不断地接收源主机数据帧并打印接收到的数据帧的源 IP 地址、源 MAC 地址以及目的 IP 地址。注意，该程序只能接收到源主机发送的 TCP SYN。接下来调用 ip_ddos_proc 函数处理接收到的 TCP SYN 数据报文，如果在短时间内(200 ms)接收到的 TCP SYN 的数量大于 6 则函数返回，即该数据包不会被转发给目标服务器，否则将该 IP 包转发到目的服务器的端口 eth0 上。

函数 ip_frame_recv 代码如下：

```c
void ip_frame_recv ( int   sock )
{
    struct ether_ header * ethheader;
    struct iphdr * ipheader;
    int retlen;
    char buf[1024 ] = {0};

    while (1)
    {
        bzero(buf, sizeof(buf));
        retlen = recv(s, buf, sizeof(buf)-1, 0);

        if (retlen > 0)
        {
            ethheader = (struct ether_header * )buf; / * 以太头部 * /
            ipheader = (struct iphdr * )(buf + sizeof(struct ether_header)); / * IP头部 * /
```

```
                print_ip(ethheader,ipheader);;
                 ip_ddos_proc(s,buf,retlen);   // IP 包处理
             }
         }
     }
```

函数 ip_ddos_proc 代码如下。其中，syncnt 用于记录源主机连续接收的 TCP SYN 报文的数量。当 syncnt 等于 0 时，获得计时器开始时间，每接收到一个 TCP SYN 报文则 syncnt 加 1，当计时时间超过 200 ms 时，将 syncnt 置 0。

```
     int syncnt = 0;
     struct timeval start,cur;
     void ip_ddos_proc(int s, char * buf, int len)
     {
         struct sockaddr_ll saddr_ll;
         struct ether_header * eth_header;
         struct ifreq ifr;
         struct iphdr  * ipheader;
         int ret_len;
         struct tcphdr * tcpheader;

         if(syncnt==0)
             gettimeofday(&start,NULL);   //获得计时器开始时间

         ipheader = (struct iphdr * )(buf + sizeof(struct ether_header)); /* IP 头部 */
         printf("protocol:%u\\n",ipheader->protocol);
         if(ipheader->protocol == 6)
         {
             tcpheader = (struct tcphdr * )(buf+sizeof(struct ether_header)
                         +sizeof(struct iphdr));
             if(tcpheader->syn==1)
             {
                 int tuse;   //计时器，单位为 ms

                 gettimeofday(&cur,NULL);   //获得当前时间
             tuse = 1000 * (cur.tv_sec - start.tv_sec)+(cur.tv_usec - start.tv_usec)/1000;
                     printf("ms=%d\\n",tuse);
                 if(tuse>=200)            //200 ms 清 0
                    syncnt=0;
                 else
                    syncnt++;
             }

             printf("syncnt=%d\\n",syncnt);
             if(syncnt>6)    //200 ms 内超过 6 次，丢弃数据包(不再转发)
                 return;
```

```
        }

    bzero(&saddr_ll, sizeof(struct sockaddr_ll));
    bzero(&ifr, sizeof(struct ifreq));

    memcpy(ifr.ifr_name, "eth0", 4); /* 网卡接口名 */

    /* 获取网卡接口索引 */
    if (ioctl(s, SIOCGIFINDEX, &ifr) == -1)
        err_exit("ioctl() get ifindex");

    saddr_ll.sll_ifindex = ifr.ifr_ifindex;
    saddr_ll.sll_family = PF_PACKET;

    memcpy(saddr_ll.sll_addr, arp_request->arp_sha, ETH_ALEN);

    ret_len = sendto(s, buf, ETHER_ARP_PACKET_LEN, 0, (struct sockaddr *)&saddr_ll,
        sizeof(struct sockaddr_ll)); // 发送数据
    if ( ret_len > 0)  printf("sendto() ok!!! \\n");
    }
```

7.2.4 基于 SDN 的 DDoS 防御实验数据分析

在 PC3 上用 Wireshark 工具捕获的 SYN 数据包如图 7-19 所示。可以看出，SYN＝1，ACK＝0，说明该数据包为 SYN 请求包。

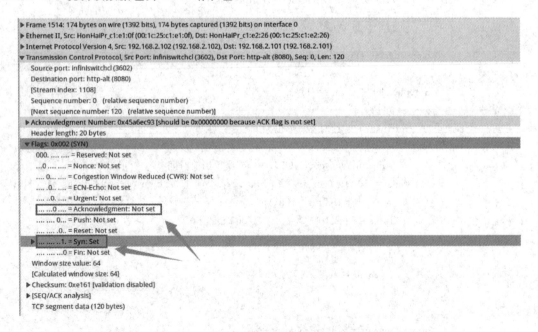

图 7-19 TCP SYN 数据包内容

从 PC3 的程序运行结果（如图 7 - 20 所示）可以看出，运行结果没有"sendto( )OK！！！"，表明数据包没有被转发。

```
X _ ☐    root@sdn-host1: /home/sdn/桌面/sdn_code
===============ip frame info================
from mac:74:27:ea:23:bd:52
from ip:192.168.1.102
dst  mac:00:1c:25:c1:e1:0f
dst  ip:192.168.1.101
protocol:6
ms=1
syncnt=9
===============ip frame info================
from mac:74:27:ea:23:bd:52
from ip:192.168.1.102
dst  mac:00:1c:25:c1:e1:0f
dst  ip:192.168.1.101
protocol:6
ms=1
syncnt=10
===============ip frame info================
from mac:74:27:ea:23:bd:52
from ip:192.168.1.102
dst  mac:00:1c:25:c1:e1:0f
dst  ip:192.168.1.101
protocol:6
ms=1
```

图 7 - 20 防 DDoS 攻击程序运行结果

流表攻击前后的变化如图 7 - 21 所示。由下发的两条流表的数据包前后变化可以看出，PC1 发出的 TCP SYN Flood 攻击数据包进入 PC3，PC3 通过程序对数据包进行过滤，将非 TCP SYN Flood 攻击的数据包发送给交换机。

```
X _ ☐    root@sdn-OVS3: ~
root@sdn-OVS3:~# ovs-ofctl dump-flows br0 -O OpenFlow13
OFPST_FLOW reply (OF1.3) (xid=0x2):
 cookie=0x0, duration=38.368s, table=0, n_packets=13, n_bytes=2262, reset_counts
priority=155,tcp,in_port=4 actions=output:1
 cookie=0x0, duration=36.184s, table=0, n_packets=10000, n_bytes=1740000, reset_c
ounts priority=155,tcp,in_port=3,tcp_flags=syn actions=output:4
 cookie=0x2b00000000000003, duration=337325.810s, table=0, n_packets=0, n_bytes=0
, priority=100,dl_type=0x88cc actions=CONTROLLER:65535
 cookie=0x2a00000000000014, duration=124.014s, table=0, n_packets=1, n_bytes=60,
idle_timeout=1800, hard_timeout=3600, priority=10,dl_src=74:27:ea:23:bd:52,dl_dst
=00:1c:25:c1:e1:0f actions=output:1
 cookie=0x2a00000000000015, duration=124.014s, table=0, n_packets=14, n_bytes=840
, idle_timeout=1800, hard_timeout=3600, priority=10,dl_src=00:1c:25:c1:e1:0f,dl_d
st=74:27:ea:23:bd:52 actions=output:3
```

图 7 - 21 流表变化

本实验主要实现对 TCP SYN Flood 攻击的防护。首先由 PC2 模拟发送 TCP SYNFlood 攻击，攻击对象为 PC1 服务器。当 PC2 发送数据包到 OpenvSwitch 交换机上时，交换机下发流表将数据包转给 PC3 代理服务器，在 PC3 上运行 C 语言编写的数据包过滤程序，将非 TCP SYN Flood 攻击的数据包发送给交换机，按照数据包的头部进行正常的数据转发，从而有效地实现对 TCP SYN Flood 攻击的防护。

7.3 基于 OpenDaylight REST API 的应用与开发

本节主要介绍通过 OpenDaylight REST API 在 Java 应用程序中进行流表操作的方法，通过本节的实际应用将进一步体会 SDN 可编程的特点。

7.3.1 OpenDaylight REST API 简介

从根本上说，REST 是一种软件架构风格，REST 可以有效地降低网络应用开发的复杂性，同时提高系统的可伸缩性。OpenDaylight REST API 是使用 OpenDaylight 进行上层应用开发的一种极为简单的开发方式，开发者可以直接对 OpenDaylight REST API 进行远程调用，而忽略 OpenDaylight 实现的底层细节，通过调用 APl 进行功能的创新与开发，使得 OpenDaylight 的开发更为简单和快速。

OpenDaylight RESTCONF 是最具代表性的一种 OpenDaylight REST API。RESTCONF 是基于 HTTP（HyperText Transfer Protocol）协议的，OpenDaylight RESTCONF 提供 REST API 可以操作基于 Yang 模型的数据和调用基于 Yang 模型的 RPC(Remote Procedure Call Protocol)，一般将 XML 或者 JSON 作为 HTTP 的传送载体。

JSON(JavaScript Object Notation) 类似于 XML，用于数据交换和传输，是一种轻量级的数据交换格式。JSON 代码简洁明了，可读性强，易于阅读和编写，同时也易于机器解析和生成。JSON 的结构非常简单，它只有对象和数组两种结构，通过这两种结构可以表示各种复杂的结构。

JSON 中的对象表示为"{}"括起来的内容，通用的数据结构为 {KEY1：VALUE1，KEY2：VALUE2，…}，采用键值对的形式。在面向对象的语言中，KEY 为对象的属性，VALUE 为对应的属性值。JSON 中的数组表示为"[]"括起来的内容，例如，数据结构可以是["flow"，"table"，"group"，…]，取值方式和所有语言一样，使用索引获取，字段值的类型可以是数字、字符串、数组、对象等。

常用的几种 HTTP 请求是 GET、POST、PUT 和 DELETE。其中，GET 是向特定的资源发出请求，它是默认的 HTTP 请求方法。在日常使用中，通常使用 GET 来对指定资源请求数据，获取相关的信息，在 SDN 中可以用于获取统计信息或者具体的流表信息。POST 也是 HTTP 请求中常用的一种，它是用来提交数据的，一般来说，使用 POST 提交数据的位置在 HTTP 请求的正文里，其目的在于提交数据并用于服务器端的存储，而不允许用户过多地更改相应数据。PUT 和 POST 的作用类似，PUT 是对已有的数据进行修改，向指定的 URL 传送更新资源，而 POST 是提交不存在的数据。顾名思义，DELETE 就是通过 HTTP 请求删除指定的 URL 上的资源，在 SDN 中可以进行删除指定的流表等操作。

7.3.2 使用 Postman 调用 RESTCONF 接口进行流表操作

Postman 是 Chrome 浏览器中一个非常有名的插件。Postman 一般用于调试网页程序，它可以发送几乎所有类型的 HTTP 请求，如 POST、GET、DELECT、PUT 等。开发人员调试一个网页是否正常运行，并非简单地调试网页的 HTML、CSS、脚本等信息是否正常运行，而是调试用户的大部分数据能否通过 HTTP 请求来与服务器进行交互。Postman 插件就充当着这种交互方式的"桥梁"，它可以利用 Chrome 插件的形式把各种模拟用户 HTTP 请求的数据发送到服务器，以便开发人员能够及时地作出正确的响应。

采用编程语言（例如 Java）调用 REST API 最难判断的是发送给控制器的数据及格式 （JSON 格式）书写是否正确，通常可以先用某些工具将这些数据调试正确，然后再拷贝到 程序中使用，这样可以更高效地开发网络应用程序。为此我们先观察一下如何在 Postman 中下发 JSON 格式的流表数据，这种流表操作的方式实际上是对 OpenDaylight REST API 的应用，与其他方式的流表管理相比较，Postman 管理流表具有简单、方便等特点。

接下来在控制器端使用 Chrome 浏览器的 Postman 插件进行相关配置（URL 填写、流 表的 JSON 格式书写、RESTCONF 接口认证等），进行获取并查看流表、删除流表、下发流 表等操作，具体操作过程如下。由于 Postman 插件支持多种格式，如 JSON、XML、 HTML 等，下面以 JSON 为例进行流表操作。

1. 准备工作

（1）在 Chrome 浏览器中安装 Postman 插件。

（2）启动控制器上的 OpenDaylight，并安装好需要的插件（如 odl - restconfig - all 插件）。

（3）启动 OpenvSwitch 交换机，并将交换机连接到控制器上，使得 OpenDaylight 的 Web 管理界面能够看到这台 OpenvSwitch 交换机，并记住交换机的 DPID（Data Plan ID， 数据面标识符）。每台交换机的 DPID 可能不同，本节中交换机的 DPID 为 OpenFlow：619144302644。

2. 对 Postman 进行配置

（1）由于调用服务器端的 REST 接口需要授权，因此要在 Postman 中设置授权。如图 7 - 22 所示，在 Authorization 中的 Type 右侧选择 Basic Auth，在 Username 和 Password 中填 入 admin。

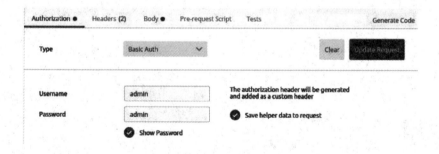

图 7 - 22　Postman 设置授权

（2）指定 Postman 的数据交换的内容类型，这里使用的是 JSON。在 Headers 中的 Content-Type 右侧填入 application/json，如图 7 - 23 所示。

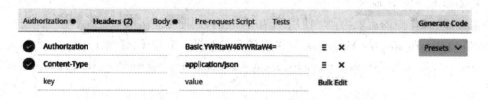

图 7 - 23　Postman 设置内容类型

3. GET 请求显示流表

（1）确定要查看的流表（使用 Yang UI 工具下发完成一条流表），确保通过查看命令可以看到图 7-24 中所下发的流表。

```
root@sdn-OVS3: /home/sdn/桌面
root@sdn-OVS3:/home/sdn/桌面# ovs-ofctl dump-flows br0
NXST_FLOW reply (xid=0x4):
 cookie=0x2b00000000000000, duration=328.878s, table=0, n_packets=0, n_bytes=0, idle
_age=328, priority=2,in_port=1 actions=CONTROLLER:65535
 cookie=0x55555555, duration=65.290s, table=0, n_packets=0, n_bytes=0, idle_age=65,
priority=110,in_port=0 actions=drop
 cookie=0x2b00000000000001, duration=330.853s, table=0, n_packets=0, n_bytes=0, idle
_age=333, priority=100,dl_type=0x88cc actions=CONTROLLER:65535
 cookie=0x2b00000000000001, duration=330.853s, table=0, n_packets=0, n_bytes=0, idle
_age=333, priority=0 actions=drop
root@sdn-OVS3:/home/sdn/桌面#
```

图 7-24 交换机中的流表

（2）在 Postman 中 HTTP 请求选择 GET，其中 URL 地址为：

http://127.0.0.1:8181/restconf/config/opendaylightinventory:nodes/node/openflow:
619144302644/table/0

点击 Send 获取流表内容，流表内容为 JSON 格式，如图 7-25 所示。

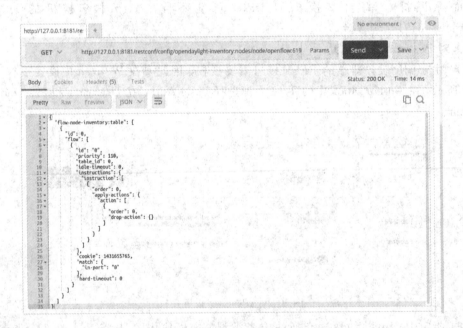

图 7-25 Postman 获取流表

4. DELETE 删除流表

以 GET 操作中的流表为例，使用 Postman 将其删除，如图 7-26 所示。

（1）在 Postman 中的 HTTP 处请求选择 DELETE，其中 URL 地址为：

http://127.0.0.1:8181/restconf/config/opendaylightinventory:nodes/node/openflow:619144302644/
table/0

（2）在交换机中查看流表，发现流表已经被删除。

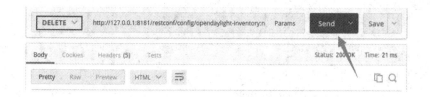

图 7-26　Postman 删除流表

5. PUT 下发流表

（1）在 Postman 中的 HTTP 请求处选择 PUT，其中 URL 地址为：

http://127.0.0.1:8181/restconf/config/opendaylightinventory：nodes/node/openflow：619144302644

同时在 body 下添加如下 JSON 格式的内容，最后点击 Send 下发流表，如图 7-27 所示。

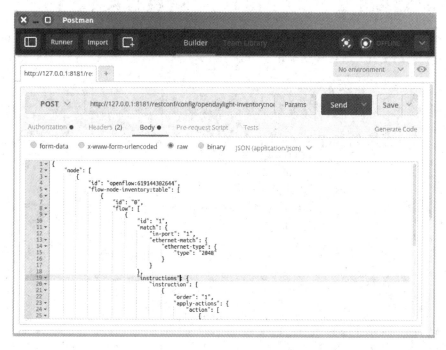

图 7-27　Postman 下发流表

```
{
    node": [
        {
            "id": "openflow:619144302644",
            "flow - node - inventory:table": [
                {
                    "id": "0",
                    "flow": [
                        {
                            "id": "1",
                            "match": {
                                "in - port": "1",
                                "ethernet - match": {
```

```
                                "ethernet - type": {
                                    "type": "2048"
                                }
                            }
                        },
                        "instructions": {
                            "instruction": [
                                {
                                    "order": "1",
                                    "apply - actions": {
                                        "action": [
                                            {
                                                "order": "1",
                                                "drop - action": {}
                                            }
                                        ]
                                    }
                                }
                            ]
                        },
                        "priority"      : "155",
                        "idle - timeout": "0",
                        "hard - timeout": "0",
                        "cookie"        : "0x8888888",
                        "table_id"      : "0"
                    }
                ]
            }
        ],
        "netconf - node - inventory:pass - through": {}
    }
    ]
}
```

（2）在交换机端查看流表是否下发成功，如图 7 - 28 所示。可以看出，流表下发成功。

图 7 - 28　交换机端流表被添加

7.3.3　Java 应用程序中调用 OpenDaylight REST API

本节将运用 Java 语言来编程，实现对 REST API 的简单调用、实现流表的增删改查等操作及流表的获取和下发。具体环境配置以及实现过程如下所示。

1. 编程实现流表的 GET 操作

（1）使用 OpenDaylight Yang UI 工具下发一条流表。

（2）为 Eclipse 导入 jar 包，实现 GET 功能所使用的 jar 包为 commons - codec. jar。

（3）编写源程序并编译运行，输出结果如图 7 - 29 所示，以 JSON 格式显示交换机上的流表信息。

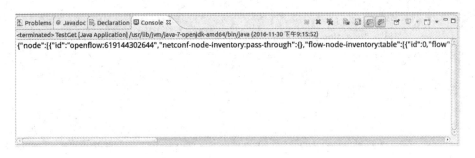

图 7 - 29　Java 程序获取流表内容

```
package njit. my;
import org. apache. commons. codec. binary. Base64;
import java. net. * ;
public class TestGet {

    public static final String ADD_URL = "http://127. 0. 0. 1:8181/restconf/"
        + "config/openday
light - inventory:nodes/node/openflow:619144302644";

    public static void main(String[] args) throws Exception
    {
        URL = new URL(ADD_URL);
        URLConnection cnn = url. openConnection();

        String authStringEnc = new String( Base64. encodeBase64(("admin" +
                ":" + "admin"). getBytes()));

        String author = "Basic " + authStringEnc;
        cnn. setRequestProperty("Authorization", author);
        java. io. BufferedReader br = new java. io. BufferedReader(
                new java. io. InputStreamReader(cnn. getInputStream()));

        String s = "";
```

```
        if( (s = br. readLine())! = null)    //读取每一行的输出内容
      {
            System. out. println(s);
      }
    }
  }
```

2. 编程实现流表的 PUT 操作

流表内容的 JSON 格式如下：

```
{
    "node": [
        {
        "id": "openflow:619144302644",
        "flow - node - inventory:table": [
            {
            "id": "0",
            "flow": [
                {
                "id": "1",                    .
                "match": {
                  "in - port": "1",
                    "ethernet - match": {
                    "ethernet - type": {
                        "type": "2048"
                    }
                  }
                },
                "instructions": {
                  "instruction": [
                    {
                      "order": "1",
                      "apply - actions": {
                        "action": [
                          {
                              "order": "1",
                              "drop - action": {}
                          }
                        ]
                      }
                    }
                  ]
                },
                "priority"      : "155",
                "idle - timeout": "0",
```

```
                "hard – timeout": "0",
                "cookie"       : "0x6666666",
                "table_id"      : "0"
            }
        ]
      }
    ],
    "netconf – node – inventory:pass – through": {}
  }
]
}
```

具体操作如下：

（1）在 Eclipse 中导入 jar 包，实现 PUT 功能所使用的 jar 包有 ezmorph – 1. 0. 6. jar、commons – lang – 2. 4. jar、commons – logging – 1. 1. 1. jar 和 json – lib – 0. 9. jar。

（2）编写源程序并编译运行。

```
package njit. my;
import java. io. IOException;
import java. io. OutputStreamWriter;
import java. io. UnsupportedEncodingException;
import java. net. HttpURLConnection;
import java. net. MalformedURLException;
import java. net. URL;
import org. apache. commons. codec. binary. Base64;
import net. sf. json. JSONArray;
import net. sf. json. JSONObject;


public class TestPUT {

    public static final String ADD_URL = "http://127. 0. 0. 1:8181/restconf/"
            + "config/opendaylight –
inventory:nodes/node/openflow:619144302644";

    public static void main(String[] args){
      try {
          URL = new URL(ADD_URL);
          HttpURLConnection connection = (HttpURLConnection) url
                                             . openConnection();

           String authStringEnc = new String(Base64. encodeBase64(
        ("admin" + ":" + "admin"). getBytes()));
          String author = "Basic " + authStringEnc;
```

```
connection. setRequestProperty("Authorization", author);
connection. setDoOutput(true);
connection. setDoInput(true);
connection. setRequestMethod("PUT");
connection. setUseCaches(false);
connection. setInstanceFollowRedirects(true);

connection. setRequestProperty("Content - Type", "application/json");
connection. connect();

OutputStreamWriter out = new OutputStreamWriter
(connection. getOutputStream());

JSONObject obj = new JSONObject();
JSONObject node = new JSONObject();
JSONObject table = new JSONObject();
JSONObject flow = new JSONObject();
JSONObject match = new JSONObject();
JSONObject ethernet_match = new JSONObject();
JSONObject ethernet_type = new JSONObject();
JSONObject instructions = new JSONObject();
JSONObject instruction = new JSONObject();
JSONObject apply_actions = new JSONObject();
JSONObject action = new JSONObject();
JSONObject empty = new JSONObject();
JSONArray act = new JSONArray();
JSONArray ins = new JSONArray();
JSONArray flo = new JSONArray();
JSONArray tab = new JSONArray();
JSONArray nod = new JSONArray();

action. put("drop - action", empty);
action. put("order", "1");
act. put(0, action);
apply_actions. put("action", act);
instruction. put("apply - actions", apply_actions);
instruction. put("order", "1");
ins. put(0, instruction);
instructions. put("instruction", ins);
flow. put("instructions", instructions);
ethernet_type. put("type", "2048");
ethernet_match. put("ethernet - type", ethernet_type);
match. put("ethernet - match", ethernet_match);
```

```
            match. put("in - port", "1");
            flow. put("match", match);
            flow. put("id", "1");
            flow. put("priority", "155");
            flow. put("idle - timeout", "0");
            flow. put("hard - timeout", "0");
            flow. put("cookie", "0x6666666");
            flow. put("table_id", "0");
            flo. put(0, flow);
            table. put("flow", flo);
            table. put("id", "0");
            tab. put(0, table);
            node. put("flow - node - inventory:table", tab);
            node. put("id", "openflow:619144302644");
            nod. put(0, node);
            obj. put("node", nod);

            out. write(obj. toString());
            out. flush();
            out. close();
            connection. getInputStream();
            connection. disconnect();
        } catch (MalformedURLException e) {
            e. printStackTrace();
        } catch (UnsupportedEncodingException e) {
            e. printStackTrace();
        } catch (IOException e) {
            e. printStackTrace();
        }
    }
}
```

　　在交换机端查看流表下发结果，如图 7 - 30 所示。结果表明，TestPUT 应用程序能够利用 OpenDaylight 提供的 REST API 调用网络服务。

```
X _ □   root@sdn-OVS3: /home/sdn/桌面
root@sdn-OVS3:/home/sdn/桌面# ovs-ofctl dump-flows br0
NXST_FLOW reply (xid=0x4):
 cookie=0x8888888, duration=11.880s, table=0, n_packets=0, n_bytes=0, idle_age=11, p
riority=155,ip,in_port=1 actions=drop
 cookie=0x2b00000000000001, duration=860.545s, table=0, n_packets=0, n_bytes=0, idle
_age=862, priority=100,dl_type=0x88cc actions=CONTROLLER:65535
 cookie=0x2b00000000000000, duration=858.570s, table=0, n_packets=0, n_bytes=0, idle
_age=858, priority=2,in_port=1 actions=CONTROLLER:65535
 cookie=0x2b00000000000001, duration=860.545s, table=0, n_packets=0, n_bytes=0, idle
_age=862, priority=0 actions=drop
root@sdn-OVS3:/home/sdn/桌面# ▮
```

图 7 - 30　运行 TestPUT 程序后交换机上增加了新的流表

7.4 小   结

本章通过 C 语言编程的方式实现了简单的 ARP 代理服务程序和防 DDoS 网络攻击程序，这两个案例充分利用了 SDN 流表能够匹配特定数据包类型的能力以及具备的改变数据包转发行为的特点，可以较为容易地扩展网络的功能，实现一些特殊网络需求。基于 SDN 的 OpenDaylight REST API 应用与开发案例则采用 Java 编程语言，通过 HTTP 协议调用 OpenDaylight 提供的 REST API 函数，这里的函数实际上就是一些特定的 URL，其中网络传递的数据封装在 URL 的请求参数中，这些数据以 JSON 格式提交。

复习思考题

1. 简述 ARP 代理服务器的原理。
2. 如何查看某机器上的本地 ARP 缓存表？
3. 何谓网卡的混杂模式？如何设置网卡为混杂模式？
4. 仔细阅读 ARP 帧格式并用 C 语言来表示该帧格式。
5. ARP 代理服务器程序中使用的是原始套接字编程，哪一句代码能够表明其是原始套接字编程？
6. 简述 DDoS TCP SYN Flood 攻击的原理。
7. 简述 SDN 防御 TCP SYN Flood 攻击的原理。
8. 编写 Java 程序，调用 OpenDaylight 提供的 REST API 接口实现读取流表和下发流表操作。

参 考 文 献

[1] 张卫峰. 深度解析 SDN：利益、战略、技术、实践[M]. 北京：电子工业出版社，2014.

[2] 晁通，宫永直树，岩田淳. 图解 OpenFlow[M]. 北京：人民邮电出版社，2016.

[3] 阿泽多摩利克. 软件定义网络：基于 OpenFlow 的 SDN 技术揭秘[M]. 徐磊，译. 北京：机械工业出版社，2014.

[4] THOMAS D N, KEN G. 软件定义网络：SDN 与 OpenFlow 解析[M]. 北京：人民邮电出版社，2014.

[5] 黄韬，刘江，魏亮，等. 学术中国·院士系列：软件定义网络核心原理与应用实践[M]. 北京：人民邮电出版社，2014.

[6] 郑毅，华一强，何晓峰. SDN 的特征、发展现状及趋势[J]. 电信科学，2013，29(9)：102 - 107.

[7] MCKEOWN N, ANDERSON T, BALAKRISHNAN H, et al. OpenFlow：Enabling Innovation in Campus Networks[J]. AcmSigcomm Computer Communications Review，2008，38(2)：69 - 74.

[8] GREENE K. TR10：Software-defined networking [J]. MIT Technology Review，2009，38(8)：66 - 69.

[9] Open networking foundation [EB/OL]. [2016 - 4 - 1]. http：//www. opennetworking. org.

[10] Open Networking Foundation. Software - defined networking：the new norm for network. [EB/OL]. [2016 - 4 - 1]. http：//www. Opennetworking. org/images/stories/downloads/sdn - resources/white - papers/wp - sdn - newnorm. pdf.

[11] Open Daylight[EB/OL]. [2016 - 4 - 1]. http：//www. opendaylight. org.

[12] 邓书华，卢泽斌，罗成程，等. SDN 研究简述[J]. 计算机应用研究，2014，31(11)：3209 - 3213.

[13] 赵慧玲，冯明，史凡. SDN：未来网络演进的重要趋势[J]. 电信科学，2012，11：1 - 5.

[14] 雷葆华，王峰，王茜. SDN 核心技术剖析和实战指南[M]. 北京：电子工业出版社，2013：2 - 7.

[15] 曾珊，陈刚，齐法制. 软件定义网络性能研究[J]. 计算机科学，2015(S1)：243 - 248.

[16] 梁昊驰. SDN 可扩展路由及流表资源优化研究[D]. 合肥：中国科学技术大学，2015.

[17] KENNY P, OUELLET P, DEHAK N, et al. A study of interspeaker variability in speaker verification[J]. Audio, Speech, and Language Processing, IEEE Transactions on, 2008, 16(5)：980 - 988.

[18] DEHAK N, KENNY P, DEHAK R, et al. Front-end factor analysis for speaker verification[J]. Audio, Speech，and Language Processing，IEEE Transactions on, 2011, 19(4)：788 - 798.

[19] HINTON G, DENG L, YU D, et al. Deep neural networks for acoustic modeling in speech recognition：The shared views of four research groups[J]. Signal Processing Magazine, IEEE, 2012, 29(6)：82 - 97.

[20] MARTIN A F, GREENBERG C S. The NIST 2010 speaker recognition evaluation[C]Interspeech 2010, 11th Annual Conference of the International Speech Communication Association, Makuhari, Chiba, Japan, 2010：2726 - 2729.

[21] KENNY P. Bayesian speaker verification with heavy-tailed Priors[C]. Proceedings Odyssey Speaker and Language Recognition Workshop, Brno, CzechRepublic, 2010.

[22] LARCHER A, LEE K A, MA B, et al. Phonetically-constrained PLDA mod-eling for text - dependent speaker verification with multiple short utterances[C]. Acoustics，Speech and Signal

Processing (ICASSP), 2013 IEEE International Conference on, 2013: 7673 - 7677.

[23] YEGNANARAYANA B, KISHORE S P. AANN: an alternative to GMM for pattern recognition [J]. Neural Networks, 2002, 15(3):459 - 469.

[24] HECK L P, KONIG Y, SNMEZ M K, et al. Robustness to telephone handset distortion in speaker recognition by discriminative feature design[J]. Speech Communication, 2000, 31(2): 181 - 192.

[25] LEE H, PHAM P, LARGMAN Y, et al. Unsupervised feature learning for audio classification using convolutional deep belief networks[C]. Advances in neural information processing systems, 2009: 1096 - 1104.

[26] STAFYLAKIS T, KENNY P, SENOUSSAOUI M, et al. Preliminary investigation of Boltzmann machine classifiers for speaker recognition [C]. Proceedings Odyssey Speaker and Language Recognition Workshop, 2012.

[27] http: //soft. zdnet. com. cn/software_zone/2012/0220/2079743. shtml.

[28] http: //www. ctiforum. com/news/world/365880. html.

[29] http: //www8. hp. com/tw/zh/products/networking - switches/product - detail. html? oid =5443167.

[30] http: //net. it168. com/a2012/1126/1427/000001427054. shtml.

[31] http: //www. arista. com/zh/products/7150 - series.

[32] http: //net. it168. com/a2012/1031/1415/000001415809. shtml.

[33] http: //www. d1net. com/data/news/243044. html.

[34] http: //www. it165. net/network/html/201311/1216. html.

[35] http: //resource. centecnetworks. com/sdn/? p=270.

[36] http: //book. 2cto. com/201310/34173. html.

[37] http: //net. zol. com. cn/405/4054842. html.

[38] http: //www. sdnap. com/sdnproducts.

[39] http: //baike. haosou. com/doc/6704813 - 6918787. html.

[40] http: //enterprise. huawei. com/cn/products/network/switch/campus - switch/hw - 277502. html.

[41] http: //www. cnblogs. com/god_like_donkey/archive/2009/11/18/1605572. html.

[42] http: //wiki. dzsc. com/info/7443. html # dzt25981.

[43] http: //www. sdnlab. com/2788. html.

[44] http://www. p4. org.

[45] https://www. sdxcentral. com/articles/contributed/sd-wan-manifesto-eight-critical.

[46] 柴瑶琳，穆琙博，马军锋. SD-WAN 关键技术[J]. 中兴通讯技术，2019，25(2):19-23.

[47] https://www. gdyunjie. com/news/news744. html.